21 世纪高等教育建筑环境与能源应用工程系列教材

绿色数据中心高效适用制冷技术及应用

黄翔（西安工程大学）

邵双全（华中科技大学）

吴学渊（广东省电信规划设计院有限公司）

何锁盈（山东大学）

田振武（中通服咨询设计研究院有限公司）　编著

孙铁柱（西安工程大学）

周峰（北京工业大学）

金洋帆（西安工程大学）

严政（广东省电信规划设计院有限公司）

屈名勋（西安工程大学）

罗志刚　　　　　　　　　　　　　　　　　　主审

U0239705

机 械 工 业 出 版 社

本书依据工业和信息化部、国家机关事务管理局、国家能源局联合印发的《关于加强绿色数据中心建设的指导意见》指出的加快绿色数据中心先进适用技术产品的推广应用，从技术原理、系统设计、性能评价、应用案例等方面重点介绍国家推广的高效制冷技术：行级空调、热管背板、氟泵技术、蒸发冷却、蒸发冷凝、喷淋降温、液冷技术及其他制冷新技术，并介绍了数据中心冷却技术相关标准。

　　本书可作为高校建筑环境与能源应用工程、能源与动力工程等专业教材，也可供相关领域科研人员、工程技术人员参考。

　　本书配有ppt电子课件，免费提供给选用本书作为教材的授课教师。需要者请登录机械工业出版社教育服务网（www.cmpedu.com）注册下载。

图书在版编目（CIP）数据

绿色数据中心高效适用制冷技术及应用/黄翔等编著. —北京：机械工业出版社，2021.5（2022.7重印）

21世纪高等教育建筑环境与能源应用工程系列教材

ISBN 978-7-111-68088-8

Ⅰ.①绿… Ⅱ.①黄… Ⅲ.①制冷技术-高等学校-教材 Ⅳ.①TB66

中国版本图书馆CIP数据核字（2021）第078206号

机械工业出版社（北京市百万庄大街22号　邮政编码100037）
策划编辑：刘　涛　责任编辑：刘　涛
责任校对：樊钟英　封面设计：马精明
责任印制：李　昂
北京捷迅佳彩印刷有限公司印刷
2022年7月第1版第2次印刷
184mm×260mm·18印张·441千字
标准书号：ISBN 978-7-111-68088-8
定价：59.00元

电话服务　　　　　　　　网络服务
客服电话：010-88361066　　机　工　官　网：www.cmpbook.com
　　　　　010-88379833　　机　工　官　博：weibo.com/cmp1952
　　　　　010-68326294　　金　书　网：www.golden-book.com
封底无防伪标均为盗版　机工教育服务网：www.cmpedu.com

序

    5G 时代的到来和"新基建"号角的吹响，从 2020 年不平凡的一年开始，我国数据中心启动了新的一个黄金发展十年。同时也为制冷空调行业带来了前所未有的机遇和发展，催生了一大批先进适用技术在绿色数据中心的落地。在这种形势下，西安工程大学黄翔教授等人编著的教材《绿色数据中心高效适用制冷技术及应用》的出版恰逢其时。

    该书的内容正像书名所示，充分体现了"绿色、高效、适用"这六个字。书中紧密围绕工业和信息化部、国家机关事务管理局、国家能源局联合印发的《关于加强绿色数据中心建设的指导意见》和《绿色数据中心先进适用技术产品目录》中所推荐的行级空调、热管背板、氟泵技术、蒸发冷却、蒸发冷凝、喷淋降温、液冷技术等绿色数据中心先进适用技术，抓住了这些技术的核心点和关键点，系统地介绍了各种冷却技术的原理、系统设计、性能评价、应用案例等，具有高度的概括性和较强的逻辑性。同时采用深入浅出的表述方式，满足不同类型读者的需要。

    这是一本非常好的专业选修课教材，能使学生在学习完专业基础课之后，将所学的知识在数据中心冷却这个载体中得到系统的应用与提升，进一步加深和巩固前面学习的内容。同时也为今后的工作打下坚实的基础。

    该书的作者来自产学研用不同领域，写作内容充分体现了理论与应用的结合、学术与工程的结合、科学与技术的结合、IT 技术与制冷空调技术的结合、教科书与技术读物的结合。这一点是十分值得称道的。

    愿《绿色数据中心高效适用制冷技术及应用》一书的出版发行，能促进我国绿色数据中心冷却技术的进一步提升和发展。

中国科学院院士、西安交通大学教授

陶文铨

2020 年 12 月于西安

前　言

统计数据显示，2010—2019 年，中国数据中心市场增长了 19 倍，年增长率平均在 35%以上，市场规模达到 2700 亿元，这是中国数据中心行业发展的第一个黄金十年。目前中国超大型数据中心数量约占全球的 10%，位列世界第二。2019 年中国数据中心数量大约为 7.4 万个、机架数量达到 227 万架，国内有 27 个省、自治区、直辖市建有大型或超大型数据中心。目前已形成京津冀、长三角、大湾区、川渝陕等全国四大区域数据中心群落。

2020 年，受新冠肺炎疫情的影响，供应链放缓、服务器短缺，数据中心的投产期出现了一定滞后。随着复工复产和 5G 建设的推进以及疫情防控对远程办公、线上视频会议等应用的推动，流量呈爆发式增长，机柜需求逐步释放，"新基建"红利与 5G 应用加速爆发，同时云计算的增值业务快速发展。这对于数据中心基础设施和服务器扩容等相关建设会有极大促进，大量资金进入数据中心行业。2020 年开始，中国数据中心迎来新一轮投资热潮，启动了下一个黄金十年。

"新基建"形势下，数据中心资源正成为战略资源。投资成本和市场需求成为数据中心建设的重要考量因素，能耗指标和供电容量仍然是数据中心发展的主要限制因素。数据中心建设模式需要顺应"新基建"形势下的变革，总体发展趋势是绿色节能和预制模块化。

数据中心的发展之迅速和能源消耗之巨大引起了数据中心行业乃至国家和世界能源类相关组织和机构的高度重视，中国电子学会发布的《中国绿色数据中心发展报告》（2020 年）指出，2019 年全国数据中心按照标称功率计算的理论年总用电量为（1000 亿~1200 亿）kW·h，实际发生的年总用电量在600 亿 kW·h 左右，约为三峡水电站年发电量（1200 亿 kW·h）的一半左右。工业和信息化部、国家机关事务管理局、国家能源局联合印发的《关于加强绿色数据中心建设的指导意见》中明确指出：加快绿色数据中心先进适用技术产品推广应用，重点包括热管背板、间接式蒸发冷却、行级空调、喷淋降温等高效制冷系统。

2019 年 10 月，为加快绿色数据中心先进适用技术产品推广应用，推动数据中心节能与绿色发展水平持续提升，工业和信息化部印发了《绿色数据中心先进适用技术产品目录（2019）》，目录涉及能源、资源利用效率提升、可再生能源利用、分布式供能等4个领域50项技术产品。间接蒸发冷却技术及机组被列为绿色数据中心先进适用技术。

2020年9月，按照《工业和信息化部办公厅关于开展2020年度国家工业和通信业节能技术装备产品推荐工作的通知》（工信厅节能函［2020］90号）要求，经企业申报、省级工业和信息化主管部门及行业协会推荐、专家评审等，工业和信息化部形成了《国家绿色数据中心先进适用技术产品目录（2020）》，并发布。其中蒸发冷却式冷水机组、间接蒸发冷却技术及机组均被列为绿色数据中心先进适用技术。

本书具有以下三个特色：

（1）目标定位明确　主要针对工业和信息化部、国家机关事务管理局、国家能源局联合印发的《关于加强绿色数据中心建设的指导意见》中指出的加快绿色数据中心先进适用技术产品——热管背板、间接式蒸发冷却、行级空调、喷淋降温等高效制冷系统的推广应用，重点介绍行级空调、热管背板、氟泵技术、蒸发冷却、蒸发冷凝、喷淋降温、液冷技术及其他制冷新技术及数据中心冷却技术标准等，充分体现技术的高效适用性。

（2）结构体系完整　对每一种高效制冷技术都从技术原理、系统设计、性能评价、应用案例等方面进行阐述，充分展现技术的系统完整性。

（3）编写形式简洁　采用深入浅出的方法，抓住高效制冷技术的核心内容和关键点，高度提炼和概括，充分表现技术的高度概括性。

本书共分为10章，第1章绪论（由黄翔、田振武完成）；第2章行级空调（由邵双全、吴学渊完成）；第3章热管背板（由邵双全、吴学渊完成）；第4章氟泵技术（由邵双全、周峰完成）；第5章蒸发冷却（由黄翔、田振武、金洋帆完成）；第6章蒸发冷凝（由黄翔、金洋帆完成）；第7章喷淋降温（由何锁盈、孙铁柱完成）；第8章液冷技术（由吴学渊、严政完成）；第9章其他制冷新技术（由何锁盈、黄翔完成）；第10章数据中心冷却技术标准（由黄翔、吴学渊、屈名勋完成）；附录（由金洋帆、屈名勋完成）。本书由中数智慧（北京）信息技术研究院有限公司罗志刚副院长主审。

本书的编写得到了国家自然科学基金（51676145）和"十三五"国家重点研发计划项目（2016YFC0700404、2016YFC0700407）的资助，同时对参加本书部分编写整理工作的西安工程大学在读研究生杜妍、王红利表示感谢！在撰写本书的过程中，曙光信息产业股份有限公司、中国移动通信集团广东有限公司、深圳绿色云图科技有限公司、广东合一新材料研究院有限公司、苏州英维克温控技术有限公司、南京佳力图机房环境技术股份有限公司、澳蓝（福建）实业有限公司、新疆华奕新能源科技有限公司以及中创美纵信息科技（重庆）有限公司、广州华德工业有限公司提供了相关技术的工程案例。在撰写本书的过程中，还得到了许多前辈和同仁的关怀与帮助。80岁高龄的制冷空调界德高望重的老前辈、国际数值传热学著名专家、首届国家级教学名师、中国科学院院士、西安交通大学陶文铨教授为本书作序，给予编写组全体成员极大的鼓励与鞭策，在此表示衷心的感谢！中讯邮电咨询设计有限公司李红霞总工，华信咨询设计研究院有限公司马德副院长、夏春华技术总监，中通服咨询设计研究院有限公司戴新强所长，中国移动通信集团设计院有限公司罗海亮总监，广东省电信规划设计院有限公司许新毅副总工程师，上海邮电设计咨询研究院数字基建院王颖副院长，中国建筑设计研究院智能工程中心劳逸民副总工程师等专家对本书的编写也提出了宝贵意见。机械工业出版社刘涛作为本书的策划编辑和责任编辑，对本书的编写给予了鼎力支持，借此机会一并表示感谢！由于时间仓促，书中不足之处在所难免，希望同行专家批评指正，以便后期再版时修正。

黄翔　邵双全　吴学渊
2020年10月

目 录

序

前言

第1章 绪论 ……………………………… 1

1.1 绿色数据中心概述 ……………… 1

1.1.1 什么是数据中心 …………… 1

1.1.2 数据中心及单机柜功率发展趋势 … 1

1.1.3 数据中心评价标准 ………… 3

1.1.4 数据中心散热的不同尺度 … 4

1.1.5 绿色数据中心概念 ………… 6

1.2 数据中心制冷空调系统架构 …… 6

1.2.1 冷源系统 …………………… 7

1.2.2 空调冷量输配系统 ………… 8

1.2.3 空调末端 …………………… 9

1.3 数据中心制冷技术发展历程及方向 … 9

1.3.1 数据中心制冷技术发展历程 … 9

1.3.2 数据中心制冷技术发展方向 … 10

参考文献 …………………………… 12

第2章 行级空调 ………………………… 13

2.1 行级空调工作原理与排热过程 … 13

2.1.1 直膨式行级空调排热过程 … 14

2.1.2 冷冻水式行级空调排热过程 … 14

2.1.3 热管式行级空调排热过程 … 15

2.2 行级空调管网配置及使用特点 … 16

2.2.1 行级空调管网配置 ………… 16

2.2.2 行级空调使用特点 ………… 16

2.3 行级空调设备与应用 …………… 17

2.3.1 直膨式行级空调 …………… 17

2.3.2 冷冻水式行级空调 ………… 20

2.3.3 热管式行级空调 …………… 22

2.3.4 顶置式热管行级空调 ……… 24

2.3.5 底置式行级空调 …………… 26

2.4 行级空调在数据中心的应用案例 … 27

2.4.1 水冷行级空调应用案例 …… 27

2.4.2 热管行级空调应用案例 …… 29

参考文献 …………………………… 29

第3章 热管背板 ………………………… 30

3.1 热管背板冷却技术概述 ………… 30

3.2 不同类型的热管背板冷却技术原理与特点 … 30

3.2.1 回路热管背板冷却技术 …… 30

3.2.2 蒸发冷却辅助回路热管背板冷却技术 … 33

3.2.3 蒸气压缩制冷与回路热管冷却一体式背板冷却技术 … 35

3.3 热管背板冷却技术在数据中心的应用案例 … 38

3.3.1 热管背板空调系统应用案例一 … 38

3.3.2 热管背板空调系统应用案例二 … 40

3.3.3 双冷源一体式热管背板机房空调应用案例 … 40

参考文献 …………………………… 41

第4章 氟泵技术 ………………………… 43

4.1 氟泵辅助动力型回路热管技术 … 44

4.1.1 回路热管冷却与蒸气压缩制冷辨析 … 44

4.1.2 不同驱动形式回路热管辨析 … 49

4.2 液泵辅助驱动回路热管技术 …… 51

4.2.1 液泵驱动热管系统 ………… 51

4.2.2 液泵驱动热管与蒸气压缩制冷复合系统 … 52

4.2.3 基于冷凝蒸发器/储液器的液泵驱动热管与蒸气压缩制冷复合型制冷系统 … 53

4.3 气泵（压缩机）驱动回路热管技术 …… 54

4.3.1 变频转子压缩机（气泵）驱动热管
复合型制冷系统 ………… 55
4.3.2 变频涡旋压缩机（气泵）驱动热管
复合型制冷系统 ………… 57
4.3.3 磁悬浮压缩机（气泵）/液泵驱动
热管复合型制冷系统—冷冻水
末端型 ………… 60
4.3.4 磁悬浮压缩机（气泵）/液泵驱动
热管复合型制冷系统—冷媒
末端型 ………… 62
4.4 氟泵技术应用案例 ………… 65
4.4.1 案例一 ………… 65
4.4.2 案例二 ………… 65
参考文献 ………… 67
第5章 蒸发冷却 ………… 70
5.1 蒸发冷却原理及设备分类 ………… 70
5.2 直接蒸发冷气机 ………… 71
5.2.1 直接蒸发冷气机的工作原理 ………… 71
5.2.2 直接蒸发冷气机性能评价 ………… 72
5.3 间接蒸发冷却空调机组 ………… 74
5.3.1 间接蒸发冷却空调机组的工作
原理 ………… 74
5.3.2 间接蒸发冷却空调机组性能
评价 ………… 76
5.4 蒸发冷却冷水机组 ………… 78
5.4.1 蒸发冷却冷水机组的工作原理 ………… 78
5.4.2 蒸发冷却冷水机组性能评价 ………… 80
5.5 土建式蒸发冷却空调系统 ………… 81
5.5.1 土建式蒸发冷却空调系统的
组成 ………… 81
5.5.2 土建式蒸发冷却空调系统运行
过程 ………… 82
5.6 蒸发冷却技术在数据中心的应用
案例 ………… 83
5.6.1 直接蒸发冷气机典型应用案例 ………… 83
5.6.2 间接蒸发冷却空调机组典型应用
案例 ………… 84
5.6.3 蒸发冷却冷水机组典型应用
案例 ………… 85
5.6.4 土建式蒸发冷却空调系统典型
应用案例 ………… 88
参考文献 ………… 90
第6章 蒸发冷凝 ………… 91

6.1 蒸发冷凝原理及设备分类 ………… 91
6.1.1 蒸发冷凝技术原理 ………… 91
6.1.2 蒸发冷凝设备分类 ………… 92
6.2 蒸发冷凝空调机组 ………… 97
6.2.1 蒸发冷凝空调机组的工作原理 ………… 97
6.2.2 蒸发冷凝空调机组性能评价 ………… 99
6.3 蒸发冷凝冷水机组 ………… 100
6.3.1 蒸发冷凝冷水机组的工作原理 ………… 100
6.3.2 蒸发冷凝冷水机组性能评价 ………… 101
6.4 蒸发冷凝技术在数据中心的应用
案例 ………… 102
6.4.1 北疆某数据中心应用案例 ………… 102
6.4.2 珠海某数据中心应用案例 ………… 105
6.4.3 甘肃某数据中心应用案例 ………… 108
参考文献 ………… 109
第7章 喷淋降温 ………… 111
7.1 自动喷淋技术简介 ………… 111
7.1.1 国内外研究现状 ………… 111
7.1.2 喷淋降温技术原理 ………… 114
7.1.3 喷淋降温技术应用形式 ………… 122
7.1.4 喷淋降温性能评价 ………… 123
7.2 先进喷淋系统 ………… 126
7.2.1 重力喷淋系统 ………… 126
7.2.2 压力喷淋系统 ………… 126
7.2.3 高压细水雾 ………… 126
7.2.4 智能控制喷淋系统 ………… 127
7.3 喷淋降温系统水质处理 ………… 129
7.3.1 蒸发冷却空调系统结垢顺序和
趋势判定 ………… 129
7.3.2 喷淋降温水处理的常用方法与
设备 ………… 130
7.4 喷淋降温在数据中心的应用案例 ………… 141
7.4.1 喷淋降温应用于直接蒸发
冷却器 ………… 141
7.4.2 喷淋降温应用于空调冷凝器 ………… 144
7.4.3 喷淋降温直接应用于发热设备 ………… 145
参考文献 ………… 149
第8章 液冷技术 ………… 154
8.1 液冷技术发展概况 ………… 154
8.1.1 工业液冷技术发展概况 ………… 154
8.1.2 计算机液冷技术的发展 ………… 155
8.2 液冷系统原理及优势 ………… 156
8.2.1 液冷系统原理 ………… 156

8.2.2 液冷散热技术优势 ·······157
8.3 液冷技术的分类 ·······160
8.3.1 冷板式液冷技术 ·······160
8.3.2 喷淋式液冷技术 ·······167
8.3.3 浸没式液冷技术 ·······170
8.4 液冷技术总体要求及对比分析 ·······171
8.4.1 液冷系统要求 ·······171
8.4.2 液冷技术对比分析 ·······171
8.5 液冷技术在数据中心的应用案例 ·······172
8.5.1 水冷板式液冷应用案例 ·······172
8.5.2 第二代冷板式液冷应用案例 ·······173
8.5.3 非水冷板式液冷应用案例 ·······174
8.5.4 喷淋式液冷应用案例 ·······175
8.5.5 单相浸没式液冷应用案例 ·······176
8.5.6 相变浸没式液冷技术应用案例 ···177
参考文献 ·······180

第9章 其他制冷新技术 ·······181
9.1 CO_2 制冷技术 ·······181
9.2 太阳能制冷技术 ·······184
9.3 蒸发冷却热管技术 ·······188
9.4 辐射制冷 ·······192
9.5 膜蒸发冷却冷水技术 ·······195
9.6 低品位能源驱动的吸收式制冷技术 ···196
参考文献 ·······198

第10章 数据中心冷却技术标准 ·······199
10.1 标准概况 ·······199
10.1.1 国外标准概况 ·······200
10.1.2 我国标准概况 ·······206
10.2 国家标准 ·······208
10.2.1 《数据中心设计规范》（GB 50174—2017） ·······208
10.2.2 《数据中心基础设施施工及验收规范》（GB 50462—2015） ···213
10.2.3 《数据中心 资源利用 第1部分：术语》（GB/T 32910.1—2017） ·······216

10.2.4 《数据中心 资源利用 第2部分：关键性能指标设置要求》（GB/T 32910.2—2017） ·······218
10.3 行业标准 ·······219
10.3.1 《数据中心制冷与空调设计标准》（T/CECS 487—2017） ·······219
10.3.2 《数据中心等级评定标准》（T/CECS 488—2017） ·······227
10.3.3 《集装箱式数据中心总体技术要求》（YD/T 2728—2014） ·······227
10.4 团体标准 ·······230
10.4.1 《液/气双通道散热数据中心机房设计规范》（T/CIE 051—2018） ·······230
10.4.2 《非水冷板式间接液冷数据中心设计规范》 ·······231
10.4.3 《单相浸没式直接液冷数据中心设计规范》 ·······233
10.4.4 《数据中心蒸发冷却空调技术规范》（TDZJN 10—2020） ·······235
10.4.5 《液/气双通道散热系统通用技术规范》（T/CIE 050—2018） ·······247
10.5 相关白皮书 ·······249
10.5.1 《绿色数据中心白皮书》—2019 ·······249
10.5.2 《数据中心间接蒸发冷却技术白皮书》 ·······254
10.5.3 《数据中心冷源系统技术白皮书》 ·······257
10.5.4 《数据中心蒸发冷却冷水系统及高效空调末端集成技术白皮书》 ·······264
参考文献 ·······269
附录 国家绿色数据中心先进适用技术产品目录（2020）高效制冷/冷却技术产品 ·······270

第 1 章

绪论

1.1 绿色数据中心概述

1.1.1 什么是数据中心

通常数据中心作为一幢建筑单体（为少数，如 IDC 或大型企业数据中心）或某一建筑中的一部分（占公共建筑物中的一个局部区域）的形式构建，如图 1-1 所示。

一个数据中心通常主要包括主机房、辅助区、支持区和行政管理区等。

主机房主要是用于电子信息处理、存储、交换和传输设备的安装和运行的建筑空间，包括服务器机房、网络机房、存储机房等功能区域。辅助区是用于电子信息设备和软件的安装、调试、维护、运行监控和管理的场所，包括进线间、测试机房、监控中心、备件库、打印室、维修室等区域。支持区是支持并保障完成信息处理过程和必要的技术作业的场所，包括变配电室、柴油发电机房、UPS 室、电池室、空调机房、动力站房、消防设施用房、消防和安防控制室等。行政管理区是用于日常行政管理及客户对托管设备进行管理的场所，包括工作人员办公室、门厅、值班室、盥洗室、更衣间和用户工作室等。在数据中心中，主机房一般安排在中间位置，并且尽量使主机房设计为规整的四方形。应尽量避免采用圆形、L 形以及过于狭长的长方形建筑，此类数据中心不利于机房内的设备布置以及气流组织分配。

1.1.2 数据中心及单机柜功率发展趋势

近年来，随着大数据、互联网、5G 时代的快速发展，在国家"新基建"新形势背景下，数据中心需求逐年呈指数上升，伴随而来的是高能耗问题日益突出，尤其是以空调为主的基础设施越来越受到社会普遍关注。

（1）机柜数量增加 如图 1-2 所示，新形势下数据中心的发展趋势呈数量和热流密度双向增长。据统计，截至 2020 年底，全国范围内机柜数超过 2000 架的数据中心规划新增单体项目总数约 300 个，规划新增机柜数 220 余万架；以广东为例，全省数据中心建设目标：第一阶段（2021—2022 年），到 2022 年年底，规划建设在用折合标准机架数累计约 47 万个；第二阶段（2023—2025 年），到 2025 年年底，规划建设在用折合标准机架数累计约 100 万个。

目前，电子设备由于制造工艺的进步和集成技术的快速发展，体积越来越小，而伴随着体积的不断减小，性能、速度不断提升，单位面积电子元件能耗越来越大，发热密度越来越高。电子设备热流密度的增加，对设备的可靠性提出了很大的挑战。

图 1-3 所示为 2017—2021 年电子信息设备功率与机房散热能力的变化趋势，2017—

a)

b)

图 1-1 典型数据中心示意图

a）数据中心示意图　b）某数据中心平面图

2020—2022年全国规划新增机柜数量的行业分析

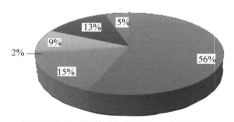

5%
13%
9%
2%
56%
15%

■ 第三方56%　■ 互联网企业15%　■ 金融2%
■ 企业9%　■ 运营商13%　■ 政府5%

图 1-2 机柜数增长图

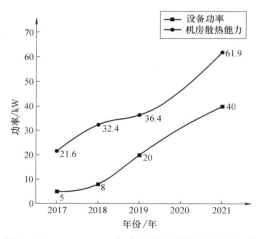

图 1-3 2017—2021 年电子信息设备功率与机房
散热能力的变化趋势

2021 年机房散热能力随着电子信息设备功率的增大而增大，2019 年前机房散热能力可以匹配电子信息的设备功率，然而 2019 年之后，机房散热能力无法满足电子信息的设备功率要求。

目前，厂商不断推出体积更小、功能更强、功耗更大的服务器，IT 机架功耗从过去的 2~3kW 提升到现在的 5~10kW，在超算领域甚至达到几十千瓦或几百千瓦，服务器功率均向 $5W/cm^2$ 以上的高热流密度元件迈进，传统散热方式已难以满足服务器运行要求，图 1-4 所示为高容量机柜实景图。当

图 1-4　高容量机柜实景图

机房中设备的功率密度差异较大时，如果对机房整体降温，则会造成机房温度不均或过度制冷，大大增加耗电，从而导致数据中心出现"能源高浪费、热岛现象突出、资源利用率低"等问题。

（2）机柜容量（热流密度）增加　当单机柜功耗大于 8kW 时，或服务器的热流密度大于 $5W/cm^2$ 时，传统的风冷散热形式已很难满足服务器的散热要求，目前单机柜容量较大的机柜均采取"特殊"措施对其进行散热（图 1-5），通过牺牲机房空间、提升系统建设和运营成本、增加运维难度、大大降低了系统的总拥有成本（Total Cost of Ownership，TCO）；这与新形势下对数据中心的节能要求背道而驰。

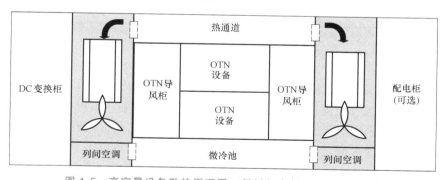

图 1-5　高容量设备散热原理图（导风柜占据一个机柜空间）

1.1.3　数据中心评价标准

数据中心评价通常有以下 5 个标准：

（1）面积利用率　该指标是对于在土建条件受限（一定）情况下，数据中心所能产出的最大机柜数。该指标直接决定数据中心的生产能力，新建数据中心的单机柜占地面积为 $5~11m^2$。在工艺方案规划中，可采用一定的技术手段，通过减少机柜间距和辅助配套用房的面积来提高面积利用率。

（2）负荷利用率　该指标是对于在电力容量条件受限（一定）情况下，数据中心所能产生的最大 IT 容量（即最大 PUE 值），该指标决定着数据中心的生产能力。一般新建数据

中心的电力负荷利用率为 65%～75%，在技术方案的选择中，可采用先进的技术架构，通过提升电力设备的效率、降低相关机电设备（尤其是空调设备）的额定功率来提高电力负荷利用率。

（3）部署速度　数据中心作为信息化的物理载体，其需求随着信息化程度变化而变化。需求方首要关注的是部署速度，一般新建传统土建数据中心的交付周期为 20～30 个月，而采用仓储式（工厂预制）建设的数据中心交付周期可缩短至 12～18 个月，集装箱式数据机房交付周期甚至可实现 1 个月。数据中心的建设周期不仅和成本挂钩，也和技术方案的选择相关，在设计技术方案时，可通过采用模块化设备和 BIM 技术来提升部署速度。

（4）PUE 值　近年来，国家对新建数据中心的 PUE 要求愈发严苛，尤其是以深圳地区 PUE 值要求达到 1.25 以下最甚，该政策不是简单地要求实现 PUE 数值的降低，而是为了降低社会能源的消耗，更是降低建设单位的总运行费用。尽管数据中心的初投资较大，但从整个 TCO 考量，后期运营成本才是最大资本投入，故一个数据中心 PUE 的多少直接决定未来资本的投入。以一个标准数据中心为例，按照生命周期 12 年测算，后期运营成本占总成本的 80% 以上。目前国内数据中心对运维的重视程度还远远不够，尤其是老旧数据中心的运维成本很高，数据中心运维已成为业界重点关注对象，它不仅决定运维单位的资本投入，同时也对其引发的社会能耗产生深远影响。表 1-1 所示为某运营商项目 TCO 分析。

表 1-1　某运营商项目 TCO 分析

序号	人民币（万元）	占比（%）
建设费用	23600	22
全生命周期内运行费用	81600	78
TCO	105200	100

注：1. 以单栋数据中心约 4000 个机柜，单机柜功耗为 5kW 进行测算。
　　2. 测算周期为 12 年。
　　3. TCO 为总拥有成本，即数据中心全生命周期建设成本和运行成本的总和。

（5）单机柜（或每 kW）的造价　该指标的考量主要是因为数据中心初投资较大，一般可达到 2～3 万/kW（或 2 万元/m² 左右），它直接决定建设单位一次性的资本投入，在方案设计中，一般可通过采用成熟技术产品以及优化系统来降低其造价。表 1-2 所示为单机柜占地面积及单机架造价参考值。

表 1-2　单机柜占地面积及单机架造价参考值

序号	技术经济评价标准	单机架面积/（m²/架）	单机架造价标准/（万元/架）
1	单机架平均功耗 4kW（20A）	5～7	11.4
2	单机架平均功耗 6kW（32A）	6～9	14.8
3	单机架平均功耗 8kW（40A）	8～11	18.8

注：表中数据中心建设等级为 A 级进行测算。

综上所述，在对数据中心的方案设计选择时，应充分考量土建、机电等系统的特点和应用场景，合理选择最适合的设计方案，力求达到最低的 TCO。

1.1.4　数据中心散热的不同尺度

人类开展科技革命以来，自服务器诞生，散热一直是一个难以突破的技术瓶颈，而随着它的发展，解决散热问题的重要性日益凸显。常见的服务器主要依靠的是通过冷空气进行制冷的手段，但是随着超级计算机的发展，芯片的集成度以及计算速度不断提高，能耗也不断增加，散热问题愈发亟待解决。

风冷已经不足以满足目前的制冷需求，甚至散热已经制约了服务器和数据中心的发展。传统的风冷散热方式是直接移热方式，依靠单相流体的对流换热方法和强制风冷方法只能用于热流密度不大于 $10W/cm^2$ 的电子器件，对于热流密度大于 $10W/cm^2$ 的电子器件就显得无能为力。然而，CPU 芯片的发热量已由几年前的 $1\times10^5W/m^2$ 左右猛增到现在的 $1\times10^6W/m^2$ 左右。

如果散热不良，产生的过高温度不仅会降低芯片的工作稳定性，增加出错率，同时还会因为模块内部与外部环境间过大的温差而产生过大的热应力，影响芯片的电性能、工作频率、机械强度及可靠性。研究和实际应用表明，电子器件的故障发生率是随工作温度的提高而呈指数关系增长的，单个半导体器件的温度每升高 10℃，系统的可靠性将降低 50%。由于高温会对电子器件的性能产生非常有害的影响，例如高温会危及半导体的节点，损伤电路的连接界面，增加导体的阻值和形成机械应力的损伤。因此，液体冷却服务器应运而生。

数据中心的散热形式从房间级到行级到机柜级再到芯片级，其目的是缩小冷热源的距离，尽可能减少输送能耗，最大可能地提高散热效率。如图 1-6 所示，随着数据中心机柜功率的不断提升，其制冷方式也随之发生一些变化。表 1-3 为不同类型数据中心的推荐制冷方式，表 1-4 为数据中心不同尺度散热技术对比。

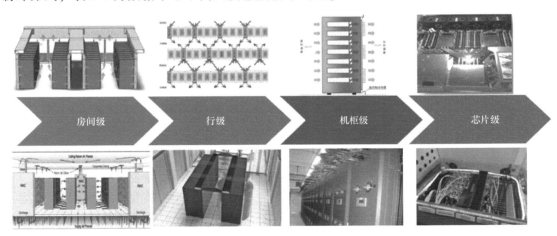

图 1-6　数据中心散热发展进程

表 1-3　不同类型数据中心的推荐制冷方式

单机柜功率	数据中心密度	制冷方式
1.2kW/机柜以下	超低密度数据中心	房间级-风冷
1.2~2.7kW/机柜	低密度数据中心	房间级-风冷
2.7~7.5kW/机柜	中、低密度数据中心	行级-风冷/水冷
7.5~18kW/机柜	中、高密度数据中心	行级-水冷；液冷-冷板式
18~30kW/机柜	高密度数据中心	液冷-冷板式；液冷-浸没式

表 1-4　数据中心不同尺度散热技术对比

分项	房间级	行级	机柜级	芯片级
原理	空调置于独立的房间内,冷风经过地板(风管)送至机房内冷通道,经服务器升温后,回到空调,完成循环	空调置于机房内,与机柜一起成行排列,冷风直接送至冷通道,经服务器升温后,回到空调,完成循环	空调置于机柜背面,冷风直接送至冷通道,经服务器升温后,迅速被空调降温,产生冷风送至冷通道,完成循环	将服务器的热量经过流体直接正向散热至室外环境中,可理解成全年自然冷却
特点	适用于单机柜功率低于6kW的数据机房;动力和网络维护完全隔离,安全性较高;造价较低,耗电较高;无法解决大功率机柜制冷需求	适用于单机柜功率大于6kW的数据机房;需占用机柜位置,机房出柜率下降;造价较高;耗电较低;可解决较大功率机柜制冷需求	适用于单机柜功率大于6kW的数据机房,可解决大功率机柜制冷需求;无须占用机柜位置;维护难度较大,冷媒泄漏不易检测;造价较高;耗电较低	适用于节能要求高的数据机房,尤其是大功率的机柜,服务器需定制,服务器投资较高,可靠性、维护性较好,使用寿命较长
适用场景	应用历史最长,客户接受度最高,应用最广泛,低功率机柜一般优先采用该技术路线	互联网客户应用最多(易和机柜整体形成模块,便于快速方便部署),高功率机柜可采用该技术路线	属于新型节能技术,适用于建筑条件受限(机柜数较高)且机柜功耗较高机房	在数据中心领域属新型节能技术,适用于节能性较强的数据机房

1.1.5　绿色数据中心概念

绿色数据中心(Green Data Center)是指在数据机房中的 IT 系统、空调暖通系统、机械系统、照明系统和电气系统等能取得最大化的能源效率和最小化的环境影响。

绿色数据中心的本质是一整套贯穿全生命周期的规划、设计、建设、运维的方法论,而不是简单地堆叠所谓的节能产品。对绿色数据中心需要全面的理解和整体的认识,包括地理位置、气候环境、物理建筑、基础设施、系统建设、运维措施和员工等众多维度。数据中心建设与使用过程中,包括数据中心选址、建筑物选择和设计、数据中心的平面布局、机房装修、制冷与散热系统、通风系统、电气系统、布线系统、机柜的布局、环境监控系统、运营监控中心、安防系统、整体气流的组织以及微环境控制等一系列的子系统都属于基础设施的建造范畴,所以新一代数据中心被看作是一个广泛而完整的系统工程。

为促进新一代数据中心高质量发展,国家指出以提升数据中心绿色发展水平为目标,以加快技术产品创新和应用为路径,以建立完善绿色标准评价体系等长效机制为保障,大力推动绿色数据中心创建、运维和改造,引导数据中心走高效、清洁、集约、循环的绿色发展道路,实现数据中心持续健康发展。近年来,我国数据中心领域在不断地探索与实践中,形成了一批具有创新性的绿色技术产品、解决方案,包括热管背板、间接式蒸发冷却、行级空调、喷淋降温等高效制冷系统,详见附录。本书将重点介绍行级空调、热管背板、氟泵技术、蒸发冷却、蒸发冷凝、喷淋降温、液冷技术、其他制冷新技术及数据中心冷却技术标准等内容。

1.2　数据中心制冷空调系统架构

随着材料科学和制冷技术的不断创新和发展,高温服务器的应用使得全年100%自然冷却成为可能，这将进一步减少能源消耗、提高能源利用率，建设绿色节能的数据中心是必然趋势。

数据中心机房内服务器设备散热属于稳态热源，服务器全年不间断运行，这就要求数据中心有一套全年不间断运行的空调冷却系统，把服务器散热量排至室外大气或其他自然冷源中。为保证服务器的冷却需要，即使在冬季也需要提供相应的冷却运行。随着 IT 技术的不断发展，机柜的功率密度不断提高。几年前，服务器机柜功率大多在 1~2kW/机架，现在绝大多数数据中心的服务器功率达到了 5~6kW/机架，最高的功率已高达 35kW/机架，随着服务器技术进步，其功率密度还将进一步提高。因此，数据中心需要根据功率密度的不同，同时考虑到建筑规模、负荷特点、当地气候条件、能源状况、节能环保要求等因素，综合比较后确定合理的空调冷却系统。数据中心制冷空调系统主要由冷源系统、输配系统、空调末端以及控制系统等几部分组成。

1.2.1　冷源系统

数据中心冷源系统的任务是提供一定的传热温差，将 IT 设备散发的热量排至室外。合理、有效、最大化利用室外天然自然冷源，降低空调系统的能耗、提高空调系统全年运行效率是空调系统设计建设的基本原则。在满足服务器设备正常安全运行需要的空气温度、湿度、洁净度的条件下，空调系统的冷却热交换环节少、各环节换热效率高、换热距离短，快速地把服务器散热带出机房，是数据中心选择空调冷源系统形式、提高冷却效率的关键，也是今后数据中心冷源系统发展的方向。数据中心全年不间断高效冷却的主要途径有过渡季节和冬季时冷源侧自然冷源的综合利用，以及高品位余热（如电厂的余热）驱动溴化锂主机制冷。

按冷源来源形式分类，冷源可分为自然冷源和人工冷源两大类，人工冷源主要是指通过人工制冷设备获取冷量的冷源形式；自然冷源是指利用自然界的天然冷源提供冷量。任何冷却系统在设计建设运行中，条件许可时应首选自然冷源，自然冷源不满足冷却需要时，才采用人工冷源。在现有的冷却系统中，除了芯片级冷却方式采用纯自然冷源外，其他冷却系统一般采用相结合的方式，自然冷源和人工冷源在系统中相互融合配合使用。

冷源还可分为集中式冷源和分布式冷源，集中式冷源是指冷源设备集中设置，然后通过冷量输送系统按需输送到负荷区域；分布式冷源是指冷源设备按区域进行分散布置。集中式冷源主要是以冷水机组为核心，包括循环水泵、板式换热器、蓄冷装置、冷却塔等，设备之间相互协作能实现为数据中心机房提供冷量的目的。分布式冷源主要包括单元式直膨制冷空调机组、模块化分布式制冷机组、自带冷源分布式空气处理单元、天然气分布式能源系统等，其中机房空气处理单元 AHU（DX）、模块化蒸发冷却空调设备、模块化冷水机组、风冷机房空调、水冷机房空调、双冷源机房空调等都是分布式冷源应用的代表性产品。图 1-7 所示为数据中心冷源图。

数据中心冷源系统按照其冷凝方式又可分为风冷系统、水冷系统和蒸发冷凝系统。风冷系统简单紧凑，控制方便，但冷却效率较低，其运行状况与环境干球温度相关度比较大，而且性能变化受环境温度影响较大。水冷系统效率较高，但需要配置冷却水系统，系统较为复杂，其运行状况与环境的湿球温度和冷却水系统的换热相关，因而需要考虑水冷机组与其配套的水泵、冷却塔以及相应连接管路的选型及运行控制等。蒸发冷凝系统冷却效率很高，相

图 1-7　数据中心冷源图

对于水冷系统来说，蒸发冷凝系统集成化程度高，且较为简单，但应注意冷凝器侧水在高温环境中容易结垢的问题。

1.2.2　空调冷量输配系统

空调冷量输配系统是冷源和末端之间能量传递的桥梁和渠道，通过流体（物质）的转运与分配，把冷源设备产生的冷量输送到空调末端，通过末端的热交换带走机房的 IT 设备产生的热量。不同的空调系统形式，其冷量输配系统介质和输配方式不同。按冷却末端空调设备的形式划分，主要分为风冷空调、水冷空调及热管空调。图 1-8 所示为数据中心冷量输配系统图。

图 1-8　数据中心冷量输配系统图

（1）风冷空调（直膨式）　空调末端多采用风冷机房专用空调设备，其冷量输配形式是制冷工质通过制冷剂管道进行输配。一般适用于房间级和行（列）级。

（2）水冷空调　冷量输配系统由水、管网、水泵组成。以水为载冷剂，通过水管网将冷水主机或自然冷源的冷量输送至空调末端的蒸发器，通过室内空调机的热交换，带走 IT 设备的散热。一般适用于房间级和行（列）级。

（3）热管空调　其冷量输配形式由两部分组成，第一部分由水、管网、水泵组成；第二部分由冷量分配单元 CDU（The Chill Water Distribution Unit）冷媒管网组成。主机或自然冷源的冷量由第一冷量输送系统，至冷量分配单元，再通过第二冷量输配系统将冷量从分配单元 CDU 输送至热管型空调末端蒸发器。适用于房间级、行（列）级、机柜级、芯片级。

1.2.3　空调末端

为满足数据中心机柜散热的需求，空调冷却系统的末端设备种类较多，随着数据中心 IT 设备的发展，还会产生新型空调冷却系统末端设备。冷却系统的末端设备要求采用大风量、小焓差的设计理念，实现干工况运行，减少再热及加湿的能源消耗。按布置位置和冷却区域分类，空调末端分为：芯片级（以处理一组芯片或者一台服务器的散热量为目的）、机柜级（以处理一台机柜的散热量为目的，一般装在服务器的背板，也称背板空调）、行（列）级（以处理一列的多台服务器的散热量为目的）、房间级（以处理整个机房内的服务器的散热量为目的），图 1-9 所示为数据中心末端实物图。从房间级空调、行（列）级空调、机柜级空调到芯片级空调，与被冷却的对象（服务器和主要 IT 元器件）越接近，冷却效率越高。

图 1-9　数据中心末端实物图

（1）直接膨胀式系统　空调末端多采用风冷机房专用空调设备，其冷量输配形式是制冷工质通过制冷剂管道进行输配，一般适用于房间级和行（列）级。

（2）冷水系统　地区不同所选取系统形式也不尽相同，可分为以下几种形式：①将水冷冷水机组与板式换热器结合，其系统形式是应用最广泛的自然冷却，该形式节能效果较优，耗水量大；②风冷冷水机组与干冷器结合，其系统形式适用于缺水地区，节能效果较水冷相对不显著；③冷源采用江河湖泊的恒温水，为空调系统提供冷水；④水冷冷水机组与闭式冷却塔的双冷源系统结合以及水侧间接蒸发冷却。

（3）直接新风系统　对于空气质量好、气候温和的地区，可采用组合式机组模式与风机墙模式。

（4）间接新风换热系统　对于干空气能富足地区，可使用空-空换热器、转轮换热器以及空气侧间接蒸发机组。

（5）乙二醇系统　对于冬季室外冷量充足地区，充分利用室外环境温度对其进行降温。

1.3　数据中心制冷技术发展历程及方向

1.3.1　数据中心制冷技术发展历程

1994 年，我国最早的国际互联网络诞生。1998—2004 年我国互联网产业全面起步和推广，此时的数据中心正处于雏形阶段，更多地被称为计算机机房或计算机中心，多数部署在如电信和银行这样需要信息交互的企业。当时的计算机机房业务量不大，机架位不多，规模也较小，IT设备形式多样，单机柜功耗一般为1~2kW。受当时技术所限，IT设备对运行环境的温度、湿度和洁净度要求都非常高，温度精度达到±1℃，相对湿度精度达到±5%，洁净度达到十万级。依据当时的经济和技术水平，计算机机房多采用风冷直膨式精密空调维持IT设备的工作环境，保证IT设备正常运行。

2005—2009年互联网行业高速发展，数据业务需求猛增，原本规模小、功率密度低的数据中心必须承担更多的IT设备。此时的单机柜功率密度增加至3~5kW，数据中心的规模也逐渐变大，开始出现几百到上千个机柜的中型数据中心。随着规模越来越大，数据中心能耗急剧增加，节能问题开始受到重视。传统的风冷直膨式系统能效比COP较低，在北京地区COP为2.5~3.0，空调设备耗电惊人，在数据中心整体耗电中占比很高。而且，随着装机需求的扩大，既有数据中心预留的风冷冷凝器安装位置严重不足，噪声扰民问题凸显，制约了数据中心的扩容。此时，在办公建筑中大量采用的冷冻水系统开始逐渐应用到数据中心制冷系统中，由于冷水机组的COP可以达到3.0~6.0，大型离心冷水机组甚至更高，采用冷冻水系统可以大幅降低数据中心运行能耗。

2010年至今，随着数据中心制冷技术的发展和人们对数据中心能耗的进一步关注，自然冷却的理念逐渐被应用到数据中心。在我国北方地区，冬季室外温度较低，利用水侧自然冷却系统，冬季无须开启机械制冷机组，通过冷却塔与板式换热器"免费"制取冷源，减少数据中心运行能耗。水侧自然冷却系统是在原有冷冻水系统上，增加一组板式换热器及相关切换阀组，高温天气时仍采用冷水机组机械制冷，在低温季节将冷却塔制备的低温冷却水与高温冷冻水进行热交换，在过渡季节则将较低温的冷却水与较高温的冷冻水进行预冷却后再进入冷水机组，也可以达到降低冷水机组负荷和减少其运行时间的目的。采用水侧自然冷却系统的传统数据中心的冷冻水温度一般为7~12℃，以北京地区为例，全年39%的时间可以利用自然冷却，如果将冷冻水温度提高到10~15℃，全年自然冷却时间将延长至46%。同时由于蒸发温度的提高，冷水机组COP可以提升10%。另一方面，随着服务器耐受温度的提升，冷冻水温度可以进一步提高，全年自然冷却的时间也将进一步延长。目前国内技术领先的数据中心已经将冷冻水温度提高至15~21℃，全年自然冷却时间可以达到70%，甚至更长。水侧自然冷却系统虽然相对复杂，但应用在大型数据中心的节能效果显著。水侧自然冷却系统日渐成熟，已经成为我国当前数据中心项目设计中最受认可的空调系统方案。我国目前PUE能效管理最佳的数据中心也正是基于水侧自然冷却系统，全年PUE已实现1.32。

1.3.2 数据中心制冷技术发展方向

1. 提高制冷系统效率

传统的未进行节能规划设计的数据中心，制冷系统的能耗是IT设备的1.4倍左右。经过精心规划设计并最大可能地采用节能的制冷方案和设备后，在IT设备满负荷时，制冷系统能耗与IT设备能耗之比，在没有自然冷源的环境下可降到0.5左右，而在全年都有自然冷源的环境下，可降到0.2左右。除提高设备容量利用率以提高制冷设备的工作效率之外，节能改造的要点如下：

减少和消除机房内冷热气流混合，改善冷却效果；防止冷热气流混合，可提高机房专用空调机的回风温度。具体措施包括机架隔板配置、机房冷热通道布局、空调设备的正确安放、冷通道或热通道封闭。

缩短冷热气传输距离，减少传输阻力。相关技术涉及 IT 机房面积和长宽尺寸、送风方案（下送上回或上送下回）、是否铺设送风和回风管道、下送风地板高度、房间层高、线缆铺设方案等一系列内容。

直接利用自然冷源，大幅度降低制冷功率；可利用地下水或地表水作为冷源，或利用部分地区冬季或春秋季室外温度较低的空气作为冷源。这就涉及数据中心选址、冷源的采集、传输和热交换方法问题。

改造提高空调的性能，包括使用涡旋式压缩机；使用变频技术空调机组；适当放大冷凝器，增加散热面积，降低冷凝温度、提高制冷系数；添加冷冻油添加剂，减阻抗磨，增强冷凝器和蒸发器的换热；夏季采取对风冷冷凝器进行遮阳，水雾降温等措施。

在方案设计阶段，应对多种方案进行技术经济比较，选取节能型的空调系统，如带板式换热器的水冷型冷水机组，带乙二醇自然冷却系统的空调机，带氟泵节能模块的机房专用空调机等。大型数据中心还可以进一步考虑采用冷热电三联供方案（燃气内燃发电机产生的余热，供吸收式冷水机组制冷和冬季供暖）。

提高建筑物围护结构热工性能；合理控制窗墙比；采用新型墙体材料与复合墙体围护结构；采用气密性好的门窗；尽量采用具有隔热保温性能的吸热玻璃、反射玻璃、低辐射玻璃等，避免使用单层玻璃；机房围护结构应严格密封，减少漏风量等。

随着科技的进步和电子技术的不断发展，IT 设备电子元器件的可靠性、耐热性得到了进一步的提升，低耗能 CPU 系统也已涌现，使得 IT 设备对环境温度的苛刻要求得到进一步缓解，也为机房环境温度的提升创造了条件。因此，适当提高机柜进风温度，可以减少空调系统的能耗，同时针对单机柜功率较大的情况，大力推广液冷系统。

2. 提高水资源利用效率

（1）提高供水温度　在冷机开启的时间段内，提高冷却水温度，不仅节省冷塔风扇做功消耗的电量，而且还会使水蒸发量有所减少。在冬季板式换热器开启的时间段，提高冷冻水供水温度，使冷却水温度提升（板换开启后冷却水直接给冷冻水降温），蒸发量也有所减少。

（2）提高冷却水浓缩倍数　对冷却水进行水处理加药，必定要配合着排污，来控制冷却水的浓缩倍数，从而控制冷却水中钙镁离子的含量，延缓管道及设备结垢。一般情况下，做水处理的厂商会建议 4 倍浓缩倍数，跟进每周检测补充水的电导率调整冷却水排污电导率设定值。由于冷却水排污量比较大，尝试逐步提升排污电导率设定，控制冷却水浓缩倍数在 5 倍左右。

（3）提高反渗透进水水质及温度　适当增加反渗透膜的数量或提升进水水质，会提高产水量，减少废水排放。进水水温每提升 1℃，产水量会提升 2.5%～3.0%（以 25℃为标准）。

（4）适当安排设备日常维护　数据中心有一项例行维护是冷塔清洗，最初的清洗频次为每月一次，后来由于冷却水系统做了加药处理，清洗频次修改为累计运行 2 个月后清洗，这样的安排更加合理。不仅节省了人力成本，也提高了数据中心用水效率。

（5）废水污水处理二次利用　对数据中心排放的废水（冷却水排污、冷凝水、生活用水等）回收再利用。对于雨水充足地区可做雨水收集利用。

3. 提高可再生能源利用效率

数据中心的能耗问题引起了全球的广泛关注，对计算机系统可持续能力的设计已不可避免。虽然可再生能源具有间歇不稳定的特点，但是设计可再生能源驱动的数据中心除了可以降低数据中心的碳排放外还有许多其他的好处。

可再生能源发电是高度模块化的，可以逐渐增加发电容量来匹配负载的增长。如此，减小了数据中心因电力系统超额配置的损失，因为服务器负载需要很长一段时间才能增长到升级的配置容量。此外，可再生能源发电系统规划和建造的间隔时间（又称为筹建时间）要比传统的发电厂短很多，降低了投资和监管的风险。而且，可再生能源的价格和可用性相对平稳，使 IT 公司的长远规划变得简单。

4. 提高资源循环利用

数据中心每天都产生大量的废热，如果允许数据中心热源接入城市供热系统，同时接收供热、开放区域供热。使用专门用于热回收的热泵，热泵的冷凝器侧与区域供热系统进行热交换，传递热量，而不是将热量散发到外部空气中。

数据中心热回收可以以两种方式进行。其一是数据中心可以使用热泵生产自己的冷却水，并在合适的温度下将多余的热量排入区域供热网络。其二是数据中心的多余热量通过回水管被运送到生产工厂，在生产工厂中多余的热量进入大型集中式热泵的蒸发器侧，为区域供热网络供热。

参 考 文 献

［1］ 朱永忠. 数据中心制冷技术的应用及发展 ［J］. 工程建设标准化，2015（8）：62-66.

［2］ 中国电子技术标准化研究院. 绿色数据中心白皮书 ［Z］. 2019.

［3］ 中国工程建设标准化协会信息通信专业委员会数据中心工作组. 数据中心空调系统应用白皮书 ［Z］. 2011.

［4］ 任华华，安真，韩立，等. 云计算，冷相随——云时代的数据处理环境与制冷方法 ［M］. 北京：电子工业出版社，2016.

［5］ 张泉，李震，等. 数据中心节能技术与应用 ［M］. 北京：机械工业出版社，2018.

［6］ 中国制冷学会数据中心工作组. 中国数据中心冷却技术年度发展研究报告 2017 ［M］. 北京：中国建筑工业出版社，2018.

第 2 章

行级空调

伴随着 IT 设备的不断演进，IT 机柜的功率密度也在不断升高，主流功率密度已经从传统的 1~3kW 上升到目前的 5~10kW，在部分场景如超算，其单柜功率密度已经超过 20kW。这样的功率密度，传统的房间级制冷方案已经不能满足需求，容易出现局部热点问题，存在可靠性隐患。基于此，行级空调应运而生，目前行级空调方案已经非常成熟。

行级空调属于精密空调的一种，可以理解成在房间级空调基础上，将空调设置成与机柜模块大小一致的"小空调"，安装在热源体旁边进行制冷，它完全具备房间级空调的基本功能（恒温恒湿）。

因为房间级空调制冷受空间因素制约较大，当机柜热量达到一定程度时，需要活动地板的高度较高和冷热通道的间距较大，这就使得建筑成本大大增加，且设置机柜的数量大大减少。故随着单机柜容量逐渐增加，行级空调制冷逐渐被应用。为防止水进入机房风险，也可搭配热管技术使用。后期 BAT 用户为了实现机房快速交付，产生了模块化机房的理念，该模块可将电源、电池、机柜、空调、弱电等在工厂预制，以实现快速部署。

故行级空调的最大特点就是可实现机房模块化实施以及支持大功率机柜散热，同时相对于房间级空调，还具备了功耗低、风量小、噪声低等优点。

2.1 行级空调工作原理与排热过程

行级空调冷却系统也称为列间级空调冷却系统，空调末端与服务器并列布置在服务器机柜列间。配置行级空调的机房，一般需要封闭冷（热）通道，形成冷通道和热通道，行级空调容量配置一般以列为冷却单元。行级机房空调为水平送风机组，是专门为数据中心机房和通信信息机房研发设计的一款空调末端，主要适用于单机柜耗电 6~10kW 的中高热密度数据中心。对于中高热密度数据中心，传统的房间级空调冷却方式由于送风距离、送风量等原因，造成机房内不同区域温差较大，机房内送风温度低的问题。与房间级空调冷却系统相比，行级空调贴近热源，可以高效率冷却服务器设备，不产生局部过热问题，可以实现更大的循环风量，且由于空气路径短、系统阻力小，需要的风机动力相对较小。行级空调冷却系统同时采用封闭冷、热通道的方式，隔离机柜进排风，避免冷热空气混合，有效地控制因冷风气流和热风气流短路而导致的冷却效果降低。行级空调系统数据中心机房的气流组织如图 2-1 所示。

行级空调冷却系统按照冷却介质的不同，分为直接蒸发冷媒式、热管式、冷冻水式。直接蒸发冷媒式（又称直膨式）使用的量和规模都少，一般用在小型数据中心。多数情况下行级空调冷却系统采用冷水式。热管式是为了防止冷水进入机房，在冷水式冷却系统上设置

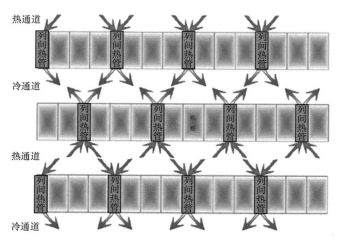

图 2-1　行级空调系统数据中心机房的气流组织示意图

的一个变异系统，其冷源部分与冷水式一样，末端为热管式，增加了一个中间换热器（冷量分配单元 CDU），在冷水不允许进入机房时使用。

行级空调冷却系统的末端采用大风量小焓差的设计理念，干工况运行（无冷冻除湿功能），无再热功能（降低温度控制精度）和加湿器，一般机房内采用温湿度独立控制，行级空调冷却系统的末端设备负责机房温度的控制，湿度由独立设置的湿度控制系统承担。

2.1.1　直膨式行级空调排热过程

直膨式行级空调冷却系统，由室内机、冷媒管网、室外散热器组成，室内外机一一对应。一台行级空调为一个独立系统。换热过程主要包括冷通道内空调送出的低温冷空气与服务器之间的换热、回风与行级空调末端内部的表冷器盘管之间的换热、气液冷媒与室外大气之间的换热。直膨式行级空调冷却系统排热流程如图 2-2 所示。

图 2-2　直膨式行级空调冷却系统排热流程

行级空调末端散热设备与机柜相邻布置，末端设备的出风温度近似服务器机柜进风区域的温度，一般设置在 18~27℃；通过服务器吸收热量后，温度升至小于 45℃ 时排出服务器，末端设备的进风温度范围一般在 30~40℃，服务器芯片的热量通过空气循环传递热量到机柜外，在室内蒸发器盘管内直接蒸发（膨胀）吸收热量将排到机柜外的热量带出机房，由自带的压缩机提升排热温度，通过冷媒管网、室外冷凝器，把热量排至室外大气中。

2.1.2　冷冻水式行级空调排热过程

冷冻水式行级空调系统由行级水冷末端、冷水管网、换热器、冷却水管网、制冷机、冷却塔组成。换热过程主要是空调送出的低温冷空气首先进入冷通道内，然后进入服务器，与服务器芯片换热，回风与行级空调末端内部的表冷器盘管换热，以及盘管内流动的冷媒介质与室外大气换热。当室外自然的热汇温度不满足要求时，还需要增加机械制冷以及相应的冷却水系统。具体的排热流程如图 2-3 所示。换热环节如下：第一环节是行级空调设备的风机把低温空气送至冷通道内，通过服务器进风口进入服务器，吸收服务器的热量，温度升高后排出机柜，再进入行级空调冷却降温。第二环节通过行级空调冷却盘管将机房散热排至冷水系统。第三环节分两种方式：①当室外气候条件达到热汇排放温度要求时，由换热器、循环水管、水泵、室外冷却塔等冷凝排放设备组成，将服务器热量排至室外大气环境；②当室外条件达不到热汇排放温度要求时，由换热器、循环水管、人工冷源（制冷机）设备组成，先由换热器、水泵、冷却塔进行预冷，然后由人工冷源（制冷机）将排热温度提升。第四环节由制冷机、冷却水管、泵、室外散热设备组成，将服务器热量排至室外大气。

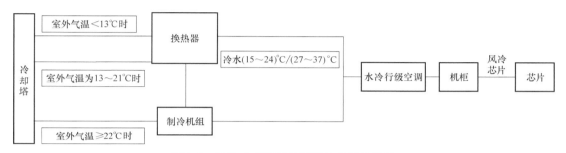

图 2-3　冷冻水式行级空调系统的排热流程

冷冻水式行级空调系统因其适用范围较广、技术成熟、投资性价比合理，是目前数据中心常用的一种空调系统形式。本书根据其各换热环节特点，以最大化利用自然冷源、提高空调系统全年冷却效率为目标，给出今后应实现的空调系统流程配置标准。

冷冻水式行级空调系统，末端散热设备与机柜相邻布置，末端设备的出风温度近似服务器机柜进风区域的温度，送风温度一般设置在 18~27℃；通过服务器吸收热量后，温升至小于 45℃ 时排出服务器，末端设备的进风温度范围一般在 30~40℃，通过行级空调的表冷器盘管把热量排至一次侧冷水系统，一次侧冷水系统的供水温度范围为 15~24℃，回水温度范围为 27~37℃。水为载冷剂，当室外空气温度在 13℃ 以下时，可以通过冷却水管网、换热器、室外冷却设备直接排放至室外；当室外空气温度高于 22℃ 时，首先由换热器、冷却塔进行预处理，水温度降至气候条件或系统配置允许的温度，然后送至冷水管网，再由人工冷源（制冷机）提升排热温度至 37℃，通过冷却水管网、冷却塔排至室外大气。

2.1.3　热管式行级空调排热过程

热管式行级空调系统由热管式行级末端、氟利昂冷媒网、换热器（CDU）、冷水管网、换热器、冷却水管网、制冷机、冷却塔组成。热管式在冷水式基础上增加了一个氟管网换热部分。热管式行级空调系统排热流程如图 2-4 所示。排热如下：第一环节是行级空调设备的风机把低温空气送至冷通道内，通过服务器进风口进入服务器，吸收服务器的热量，温度升高后排出机柜，再进入行级空调冷却降温。第二环节通过行级空调冷却盘管将散热排至氟冷媒管网系统。第三环节通过氟冷媒管网和中间换热器（CDU）排至冷水系统。第四环节分两种方式：①当室外气候条件达到热汇排放温度要求时，由换热器、循环水管、水泵、室外冷却塔等冷凝排放设备组成，直接将散热排至室外大气环境；②但当室外条件达不到热汇排放温度要求时，由热管换热器、循环水管、水泵、人工冷源（制冷机）设备组成，由人工冷源（制冷机）将排热温度提升。第五环节是由制冷机、冷却水管、泵、室外散热设备组成，将服务器热量排至室外大气。

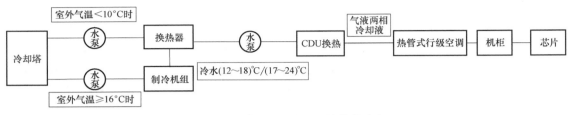

图 2-4　热管式行级空调系统排热流程

空调末端散热设备与机柜相邻布置，末端设备的出风温度为服务器机柜进风区域的温度，送风温度一般设置在 18~27℃；通过服务器吸收热量后，温度升至小于 45℃时排出服务器，末端设备的进风温度范围一般在 30~40℃，服务器的热量通过空气循环排到机柜外，空调热管内制冷剂利用工质相变（气/液态转变）实现热量传递，制冷剂的温度一般为 18~24℃，通过中间换热器（CDU）间接传递到一次侧冷水系统；一次侧冷水系统的温度范围供水为 12~18℃、回水为 17~24℃。水为载冷剂，当室外空气温度在 10℃ 以下时，可以通过冷却水管网、室外冷却设备直接排至室外，当室外空气温度高于 16℃时，通过人工冷源（制冷机）提升排热温度至 37℃，通过冷却水管网、冷却塔排至室外大气。

2.2　行级空调管网配置及使用特点

2.2.1　行级空调管网配置

直膨式行级空调冷却系统室内末端与室外散热器是一一对应组成的独立空调系统，其热量输配管路为氟利昂冷媒液汽管，为了保证冷却系统效率，室内机和室外机之间的水平距离及高差均有要求，使用条件有限制，一般只适合机房面积小，机房旁边有室外机平台的小型数据中心使用。

冷水式行级空调冷却系统输配管为水管网，采用环管或两路备份方式。为了保证每个末端的冷水量供给均匀或按需分配，在系统管道的重要分支节点设置平衡阀。

热管式行级冷却系统的冷水部分管网与其他冷水系统一样采用环管或两路备份方式，只有制冷剂冷却液环路有其特殊性。在实际工程中，为了保证空调末端背板的冷量，其制冷剂环路管需考虑背板冷却液均匀及安全，行级末端的制冷剂管网系统采用两路或环路设计。每环路负荷按总负荷配置，平常工作时运行负荷为 50%。当一路系统出现故障时，另一路运行负荷恢复为 100% 设计负荷运行。为了保证每个末端的冷媒流量均匀，需要配置平衡设施，或是限制每列支路数量，以保证机房通道内送风温度和风量均匀，系统高效稳定运行。

2.2.2　行级空调使用特点

行级空调冷却系统与房间级式相比具有以下特点：

（1）优势　将制冷设备布置在 IT 机柜之间，贴近热负载；封闭冷通道或热通道，消除冷热空气掺混，降低制冷量损耗。水平送风方式，缩短空调送风和回风路径，降低了风机运行能耗。无须高架地板，降低机房层高，由机柜、空调、电源等组成模块化机房，根据客户需求配置模块内机柜数量，外观及尺寸定制服务，保证空调机组外观和服务器机柜协调美观，机柜排列中间或两端任意布置，均可达到理想制冷效果。布置快速、方便，用户可随业务发展逐步增加冷却设备，扩展便捷，可以减少工程初投资，性价比较高，是目前中密度数据中心常采用的冷却系统方式。

（2）需注意问题　直膨式行级空调冷却系统由于采用风冷模式，无利用室外自然冷源的技术措施，系统设计及全年冷却效率均较低，而且使用场景有限制；热管式行级空调冷却系统制冷剂管网路长度有限制要求，热管式行级空调之间冷媒平衡、液管汽管布置等比较复杂；冷水式行级空调冷却系统有压冷水管路进入机房，存在安全隐患。

2.3　行级空调设备与应用

行级空调是一种使空调机组与机柜并行排列的制冷方案，空调机组均匀穿插在机柜列间，保证送风均匀性。行级空调由于和机柜并列放置，因此在尺寸上也和机柜保持一致，高度为 2000mm 或 2200mm，也有一些根据客户需求设计为 2500mm，深度多为 1100mm 或 1200mm，宽度有两种：300mm（因为宽度为标准机柜一半，又称半柜行级空调）和 600mm（宽度和标准机柜相同，又称全柜行级空调）。

相比于传统房间级空调，行级制冷方案送风距离短，因此可以采用"零静压"设计，以降低风机功耗。同时制冷链路冷量损耗小，因此可以设计更高的送回风温度，一般行级回风温度可以设计在 35℃以上，以提高制冷效率。

在方案设计上，行级空调通常会搭配冷通道或者热通道密闭技术，从而隔离开冷热气流，提升冷量使用率，形成近端制冷，密闭通道的方案。同时，因为行级空调与机柜、通道组件、供配电、管理系统等其他系统的强相关性，行级制冷方案一般会和其他系统融合在一起形成一套完整的微模块解决方案，微模块内各系统为同一供应商，包括空调在内的各子系统可以在工厂预安装、预调测，从而缩短部署时间。

图 2-5 所示为典型的行级空调冷通道密闭方案。冷却路径为：行级空调通过水平送风，将冷空调送入密闭通道内，冷空调被周围机柜吸收，从机柜后方排出热空气，再被旁边的空调吸入冷却，重新进入通道内。由于采用了水平送风，行级方案可以不采用架

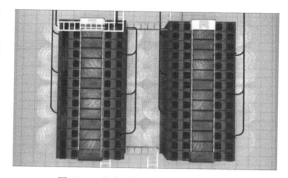

图 2-5　行级空调冷通道密闭方案

空地板，通过上走管上走线的方案布局，能够有效降低机房层高要求。

2.3.1　直膨式行级空调

1. 直膨式行级空调系统原理

直膨胀式行级空调系统（简称直膨式空调）指的是机组自带压缩机，通过制冷剂在室

内蒸发器盘管内直接蒸发（膨胀）吸收热量带到室外实现制冷。直膨式空调机组传统意义上的四大件为压缩机、冷凝器、膨胀阀以及蒸发器，这是制冷剂环路需要经过的四个主要器件。而实际要实现各部件协同运行和冷量输出，还需要一套控制系统和风机。

以室内回风温度37℃，室外温度35℃这一常用工况阐述各主要部件工作过程如下：压缩机将低温低压的制冷剂过热蒸气压缩成高温高压气体，流进冷凝器；在冷凝器中高温高压的制冷剂气体，其饱和温度（即冷凝温度）高于室外空气温度，向室外35℃空气散热，冷凝变为具有一定过冷度的高温高压液体（温度略高于室外空气温度），保证液体不会闪发，流入膨胀阀；在膨胀阀内，制冷剂的过冷液体流经节流阀，通过流路紧缩导致流速增加、压力下降，饱和温度下降，最终变为低温低压气液两相制冷剂，饱和温度（即蒸发温度）低于室内回风温度，进入蒸发器；在蒸发器内，低温低压气液两相制冷剂从室内37℃空气吸热，蒸发变为具有一定过热度的低温低压蒸气（液态完全蒸发后气体继续吸热升温，保证5~10℃左右过热度，压缩机无液击风险，且保证系统的稳定），重新流回压缩机，进行下一次的制冷循环。

图2-6所示是风冷直膨式空调系统的组成，水冷直膨式空调系统与风冷系统的室内侧结构一致，差别在于室外侧的换热方式不同，风冷式冷凝器中的制冷剂和室外空气直接换热，而水冷式冷凝器中的制冷剂是和冷却塔产生的冷水进行换热。

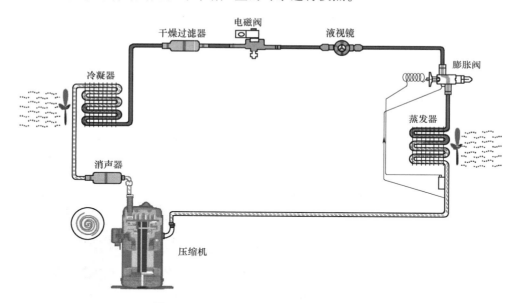

图2-6　风冷直膨式行级空调系统的组成

相较而言，风冷式的系统更简单，易于部署，同时维护难度小，因此应用更为广泛。而水冷式的系统相对复杂，维护难度大，且耗水量较大，因此应用受到一定限制。但是水冷式不受连管与落差制约，对于室内外侧部署相对位置要求较低，同时能够解决风冷式大规模的散热问题。具体对比见表2-1。

2. 风冷直膨式行级空调系统典型性能参数

风冷直膨式行级空调没有统一的工况标准，主流厂家的回风温度在37~38℃，典型参数见表2-2。

表 2-1　风冷式和水冷式直膨空调系统对比

类别	风冷式直膨系统	水冷式直膨系统
系统组成	室外侧仅风冷冷凝器,系统构成相对简单	室外侧有板换、冷塔及水管路,系统构成复杂
维护难度	维护简单	维护难度大
耗水量	系统内仅有制冷剂,不消耗水	室外侧使用水冷却,耗水量大,适用于水源充足地区
室内外侧距离	连管长度一般在 100m 以内,室内外机落差在 −10~+40m 以内	无明显限制
室外侧占地	室外机占地面积大,多用于小规模(1000kW 以下)部署	占地面积较风冷式小,可适应较大规模部署
系统效率	受室外侧温度影响大,夏季高温时会出现效率衰减	效率相对恒定,在夏季高温时会高于风冷式

表 2-2　风冷直膨式行级空调典型参数

参数	单位	半柜(300mm)	全柜(600mm)
送风方式		水平送风	
总冷量	kW	25.0	42.0
显热比		1	1
风量	m³/h	5000	8600
制冷量额定工况	回风温度:37.8℃,相对湿度:20%,室外温度:35℃		

　　风冷直膨式行级空调的性能受到室内回风以及室外环境变化的影响较大,表 2-3 所示为典型风冷直膨式行级空调在不同回风和室外环境温度下的性能变化。

表 2-3　风冷直膨式行级空调变工况参数

室外温度	回风温湿度	37.8℃/20%		32℃/31%	
	产品型号	半柜	全柜	半柜	全柜
5℃	总冷量/kW	27.2	46.6	25.1	40.8
15℃	总冷量/kW	26.7	45.2	24.7	39.7
25℃	总冷量/kW	26.1	44.0	24.2	38.3
35℃	总冷量/kW	25.0	42.0	22.7	36.2
45℃	总冷量/kW	21.5	34.7	20.1	32.7

3. 直膨式行级空调系统特点

　　风冷直膨式行级空调和水冷直膨式行级空调因为运行原理几乎完全一致,只是室外侧换热器形式不同,且实际使用中风冷直膨式因为方案简单,应用更广泛,因此下面以风冷直膨式行级空调为主介绍直膨式行级空调特点。

　　风冷直膨式行级空调系统集成度高,对于厂商空调架构设计能力以及气流组织优化能力要求也高。

　　传统的风冷空调使用定频压缩机和热力膨胀阀,冷量输出恒定为 100%,调节冷量只能通过空调开启和关闭来实现,负载率较低时,会出现频繁启停的现象,可用性差。经过更新换代，市场上主流的行级空调配置采用直流变频涡旋压缩机、EC风机以及电子膨胀阀的全变频架构，制冷量可以随负载的变化而变化，目前业内已经有10%~100%负载无级调节的方案，基本可以杜绝因负载率过低带来的频繁启停问题。

风冷直膨式行级空调最大的优势在于方案简单，多采用室内室外一对一连接，独立制冷，模块内可以做 $N+1$ 或 $N+X$ 冗余设计，扩容方便，非常适合中小型数据中心使用。业内主流配置中，标准风冷机型可以支持 $-20\sim45℃$ 的室外温度范围，低于 $-20℃$ 可以增加低温组件，达到 $-40℃$ 的使用温度，基本能够覆盖我国所有地区，场景适应性好。

相比于冷水式行级空调，风冷直膨式行级空调因为部件多，维护要复杂一些。以压缩机更换为例，传统方案压缩机采用焊接方式，在维护时需要将气管和液管切开，将室内机拖到机房外，再进行压缩机吸排气割管，然后更换压缩机，焊接吸排气管路，然后将室内机拖入模块内，再进行气管和液管的焊接。这其中还需要进行制冷剂的排除和充注。仅计算压缩机更换的步骤，整个过程花费的时间也在6~8h。而且焊接过程要动火，这是绝大多数机房不允许的，因此还需要申请机房动火许可，这将花费更多的时间。这一问题目前已经有了更好的解决方案——压缩机免焊连接，不同于焊接方式，压缩机和管路可以通过特殊螺纹连接，维护时无须动火，可以实现原地维护，相比原来6~8h的更换时间，免焊连接仅需1h，极大提高了维护效率。

风冷直膨式行级空调在生命周期内容易产生的故障是空调内制冷剂不足，产生这个故障的原因主要有两个，一个是在初始充注制冷剂时，充注量不够；另一个是在使用过程中，因为机组本身管路密闭性不好，或者现场施工焊接质量差导致制冷剂泄漏。这两种情况在空调实际使用中都可能存在并且不易发觉，但是制冷剂不足会降低空调能效，严重时会出现制冷量不足，甚至压缩机损坏的问题。

2.3.2　冷冻水式行级空调

1. 冷冻水式行级空调工作原理

冷冻水式行级空调分为室外侧和室内侧两部分，室外侧为冷水机组，冷却塔以及冷却泵等用于产生冷冻水供给到室内侧，室内侧为制冷末端（即冷冻水式行级空调）。

冷冻水式行级空调组成较为简单，主要器件为换热器、水阀、风机以及一套控制系统。工作原理为由冷站输出的低温冷冻水进入空调内换热器铜管，与室内侧空气进行换热，高温冷冻水经回水管路送回室外侧冷冻水站，重新降温完成循环。室内风机起到扰动气流，促进换热的作用，水阀开度控制水流量，从而调节冷量，冷冻水空调的制冷量可以实现0%~100%无级调节。

对于精密空调而言，不同工况下空调的性能差别很大。但是现行的精密空调的国家标准《计算机及数据处理机房用单元式空气调节机》（GB/T 19413—2010）因为发布时间比较早，只对房间级空调做了相应规定，对行级空调没有相关描述，最新的行级空调的国家标准正在起草中。

2. 冷冻水式行级空调典型性能参数

由于没有国家标准的统一规定，目前各行级空调厂商的额定工况不完全一致，主要体现在回风温度不同（35~38℃），主流的行级空调厂商采用的额定工况为进出水温度10℃/15℃，回风温度37℃，规格分为半柜和全柜两种，高度为2000mm或2200mm，半柜典型冷量 30kW，全柜冷量各厂家差别较大，冷量在 50~70kW。额定制冷量下能效比（EER）在 25~30。市场也有高度为 2500mm 的冷冻水行级空调，用于一些云数据中心或 ISP 客户需求，其冷量可以达到 80kW。由于行级空调进回水和回风温度设计较高，因此显热比可以达到 1。

典型的冷冻水行级空调性能参数见表 2-4。

表 2-4　典型冷冻水行级空调性能参数

参数	单位	半柜（300mm）	全柜（600mm）
送风方式		水平送风	
总冷量	kW	30.0	65.0
显热比		1	1
风量	m³/h	5100	10000
制冷量额定工况	进出水温度：10℃/15℃，回风温度：37℃，相对湿度：24%		

在实际应用中，不同数据中心采用的工况不尽相同，表 2-5 所示为常见工况下，行级冷冻水式空调的制冷量变化情况。

表 2-5　冷冻水式行级空调变工况参数

进回水温度	回风温湿度	37℃/24%		32℃/31%	
	产品型号	半柜	全柜	半柜	全柜
10℃/15℃	总冷量/kW	30.0	65.0	23.3	50.3
13℃/18℃	总冷量/kW	26.1	56.9	19.5	41.8
14℃/19℃	总冷量/kW	24.8	54.1	18.2	38.8
15℃/20℃	总冷量/kW	23.5	51.1	16.9	35.7

3. 冷冻水式行级空调主要特点

产品组成方面，冷冻水式行级空调没有压缩机系统，因此能效比很高，同时因为系统组成简单，器件少，因此故障率很低，运维工作较为简单。半柜空调使用小直径轴流风机矩阵，一般设计为 6 个风机，全柜空调风机传统方案采用大直径轴流风机，一般设计为 2~3 个风机，但大风机体积和质量更大，因此维护难度大，所以目前市场上也出现全柜的小直径风机设计方案，采用 10 个风机，2×5 布局，这种方式风机维护更简单，同时因为风机数量更多，因此送风流场更均匀，有利于提高机组效率，另外，小风机还可采用 N+1 冗余设计，在单风机故障时，不影响系统运行，保证冷量输出，提高制冷可靠性。空调换热器一般采用铜管铝翅片，翅片采用亲水涂层，以便冷凝水快速排出，提高换热效率。

方案设计方面，冷冻水行级空调需要配合室外侧冷冻水站使用，相较风冷系统而言整体更复杂，因此不适合小型数据中心应用。但是冷冻站由于可以集中放置，而且对于室内室外侧的距离没有限制，同时，大型数据中心会配备专业运维团队，因此冷冻水式行级空调更适合大规模部署，在机房规模超过 1500kW 以上可以优先考虑使用冷冻水式行级空调。对于冷冻水式行级空调而言，其近端制冷的特点可以支持更高的单柜功率密度，因此在高功率密度（大于 5kW）的数据中心更适合冷冻水式行级空调。

从运营角度看，冷冻水式行级空调只是冷冻水系统的制冷末端，系统能效以及系统复杂性更多地受到室外侧冷站的影响。冷冻水式行级空调的功耗只占到 21% 左右，而冷冻站占比超过70%，因此从运营角度看，单纯追求冷冻水行级空调本身的高能效对于数据中心运营作用并不明显，更应该通过整体方案的优化实现系统的节能降耗。

随着节能减排的需求越来越强烈，数据中心对于PUE的要求越来越高，更高效的数据中心意味着每年数以百万计甚至千万计的电费节省。

提升冷冻水系统能效主要分为三种形式：

1）采用自然冷却的方式，充分利用自然冷源。事实上，冷冻水系统因为室外侧集中方式，可以很方便地利用自然冷源，关于自然冷源的利用，在本书其他章节有详细描述，在此不做讨论。

2）提高冷冻水系统温度，包括进回水温度和送回风温度。实测数据显示，进回水温度升高1℃，冷冻水系统能效可提升2%~3%，这是非常可观的。而且进回水温度的升高还可以提升自然冷却时间，这将进一步提升制冷系统效率。从近年的冷冻水系统方案设计来看，进回水温度也正是朝着越来越高的方向发展。国内很多政务云数据中心设计水温为13℃/18℃，中国移动的冷冻水式行级空调方案水温为14℃/19℃。而相比国内，欧洲的设计更为激进，欧洲某冷冻水项目其设计水温达到了20℃/27℃。可以预见，在未来，随着IT设备的可承受温度范围的扩大，制冷系统的温度将会进一步提升。

3）优化现有的冷冻水系统运行方式，实现室内末端和室外冷站设备之间的联动调优。目前，冷冻水系统中室外侧和室内侧是完全不同的供应商，因此在冷冻水系统内，室内侧和室外侧的运行处于"各自为政"的状态，而且冷冻水式行级空调的群控和冷水机组的群控也都存在提升的空间，无法发挥冷冻水系统的最大效力。

目前，冷冻水式行级空调遇到的最大阻力是客户对于水进机房的担忧，因为行级空调采用近端部署，空调紧贴IT设备，所以部分客户对于冷冻水式行级空调方案心存芥蒂，认为水进机房会给IT设备运行带来很大风险。但实际上，纵观整个数据中心领域，因为冷冻水水管爆裂或泄漏造成机房运行故障是很少见的，其一是从器件上，无论是管路还是阀件质量都足以满足冷冻水供水要求，本身失效率很低。其二是从方案设计上，冷冻水式行级空调可以采用水分配单元供水，水分配单元布置在机房外侧，架空地板下水分配单元与主机房之间修筑防水围堰，同时采用上走线、下走管的方案，在空调周围布置漏水传感器，最大限度降低机房漏水可能以及一旦泄漏带来的负面影响。

随着大型数据中心越来越多，以及数据中心功率密度不断提高，冷冻水式行级空调必然会迎来一个快速发展时期。

2.3.3 热管式行级空调

1. 热管式行级空调基本原理

热管式行级空调冷却技术是在重力作用下，通过小温差驱动热管系统内部循环工质的气液相变循环，把数据中心的热量带到室外，其内部的运行不依靠外力（泵）。

高效热管式行级空调末端的液态制冷剂在末端吸热蒸发变成气态，通过制冷剂管路流向机房外的热管冷凝器，并在热管冷凝器中冷凝成液态；液态制冷剂在重力的作用下，沿制冷剂管路（液管）回流至空调末端，如图2-7所示。

2. 热管式行级空调系统特点

1）无水进入机房，具有高安全性。

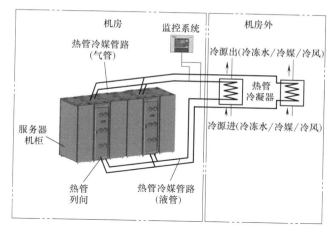

图 2-7　热管式行级空调系统原理

2）可利用室外自然冷却资源，且末端功率小，节能量明显。

3）就近冷却，不存在局部热点。

4）无架空地板，节省机房空间及投资。

5）封闭冷通道，气流组织好。

6）须占用机柜位置，对装机率有影响。

7）温湿度独立控制。

3. 热管式行级空调的主要性能参数

表 2-6 给出了典型热管式行级空调的性能参数。热管式行级空调单设备供冷量超过 30kW 左右，供冷密度高。热管式行级空调设备冷量输出会随着空调回风温度（机房热通道温度）的提高而升高，随着冷源温度的提高而降低，如图 2-8 所示。适当提高机房热通道的温度，能够有效提高热管式行级空调末端的制冷量及能效比。

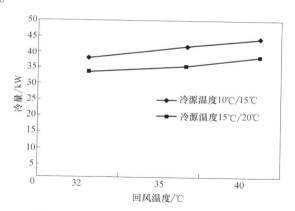

图 2-8　不同回风温度及冷源温度下热管式行级空调的冷量输出

表 2-6　热管式行级空调性能参数

产品型号	额定制冷量/kW	额定输入功率/kW	风量/（m³/h）	设备尺寸/mm	设备质量/kg
LSHP-12	12	0.4	3500	300×1200×2200	220
LSHP-28	28	0.9	8000	600×1200×2200	350

4. 热管式行级空调实际应用案例

呼和浩特某数据中心机房热管式行级空调应用效果如图 2-9 所示。

1）机柜数量：98 台，不含列头柜。

2）热管式行级空调数量：25 台（有 600mm 宽和 300mm 宽两种）。

3）单机柜功率：5kW；冷通道数量：4 个。

4）冷源：冷冻水+中间换热单元。

5）实测 PUE：0.013~0.017（热管式行级空调）。

a) b) c)

图 2-9　呼和浩特某数据中心机房热管式行级空调应用效果

a）热管行级空调就位　b）主搬运通道　c）机房内景图

2.3.4　顶置式热管行级空调

1. 顶置式热管行级空调基本原理

顶置式热管行级空调是一类特殊的行级空调方式，其他行级空调布置在机柜列间，顶置式热管行级空调安装在服务器机柜的顶部。图 2-10 和图 2-11 所示分别为封闭冷通道和封闭热通道的顶置式热管行级空调运行原理。

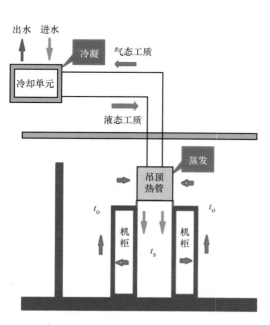

图 2-10　顶置式热管行级空调运行
原理（封闭冷通道）

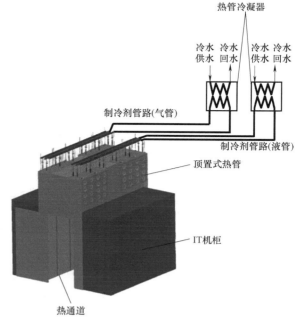

图 2-11　顶置式热管行级空调运行
原理（封闭热通道）

顶置式热管行级空调末端的液态制冷剂在末端被热风加热蒸发变成气态，通过上部的制冷剂管路流向机房外的热管冷凝器，并在热管冷凝器中冷凝成液态；液态制冷剂在重力的作用下，沿制冷剂管路（液管）回流至空调末端。回风侧位于热通道；送风侧位于冷通道；顶置式热管将热通道的热风吸入，并处理成冷风后吹入冷通道；冷风用于冷却服务器机柜。封闭热通道时，机房气流组织如图 2-12 所示。

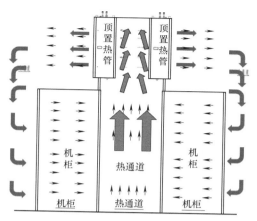

图 2-12　顶置式热管空调系统气流组织（封闭热通道）

2. 技术特点

1）顶置式热管安装在机柜顶部上方，不占用机房地面空间（不占用机柜位置），装机率高。

2）顶置式热管系统在机房内为制冷剂系统，水不进入机房。

3）封闭热通道，热通道外部为冷环境，舒适度更高。

4）顶置式热管与机柜顶部无固定性连接，机柜可以单独撤离或加装。

5）适用于常规型服务器送风方式和异型机柜方式，适用性高。

6）适用于各种规模、需要快速部署的数据中心。

7）顶置式热管设有检修阀门，所有接口均为热插拔设计，送风侧面板设计为单开门/双开门，可单独维护和检修，维护便利性高。

8）气流组织更加合理，综合能效更高。

3. 设备的主要性能

表 2-7 给出了典型顶置式热管行级空调的性能参数。顶置式热管行级空调单设备供冷量超过 20kW，供冷密度高，且不占用机房地面空间，单位面积机房装机柜的数量多。顶置式热管行级空调设备冷量

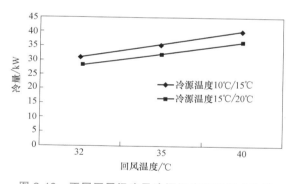

图 2-13　不同回风温度及冷源温度下顶置式热管行级空调的冷量输出

输出会随着空调回风温度（机房热通道温度）的提高而升高，随着冷源温度的提高而降低，如图 2-13 所示。适当提高机房热通道的温度，能够有效提高顶置式热管行级空调末端的制冷量及能效比。

表 2-7　典型顶置式热管行级空调性能参数

产品型号	额定制冷量/kW	额定输入功率/kW	风量/(m³/h)	设备尺寸/mm	设备质量/kg
SCP20000	20	0.5	5500	1000×1000×600	60
SCP30000	30	0.8	8200	1000×1000×800	80

4. 实际应用效果

图 2-14 所示为黑龙江某数据机房，冷却形式采用冷冻水+顶置式热管行级空调系统。

机柜功率与数量：7kW 机柜，172 台。

顶置式热管行级空调：48 台。

风冷冷水机组：3 台。

自然冷源模块：12 台。

冷冻水供回水温度：14℃/19℃。

系统综合末端 PUE=1.321。

a)   b)   c)

图 2-14 黑龙江某数据中心机房顶置式热管行级空调应用效果

a) 机房内景 1 b) 机房内景 2 c) 室外冷源

2.3.5　底置式行级空调

为了解决数据中心行业 PUE 高、耗能、占地、局部热点、漏水、安装费时费力的痛点问题，可采用如图 2-15 所示底置式行级空调。

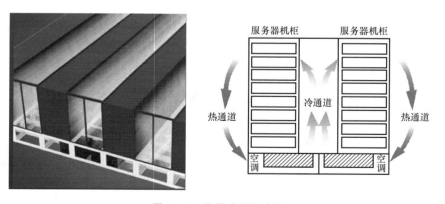

图 2-15　底置式行级空调

阵列式机房空调主要是将末端空调一对一置于机柜下方，在高效节能降耗的同时，大幅度地解放了机房空间。在设计上，循环水与机柜完全隔离，确保了 IT 设备安全。

众所周知，数据中心机房面积寸土寸金，而数据中心机房装柜率以及机架密度严格受限于散热能力，提升制冷效率就相当于降低了整体成本。据测算，采用了阵列式机房空调的机房，装柜率提高了 18.2%，经济效益提升可达 20% 以上。

气流组织：采用下回风下送风的气流组织方案，空调垂直送风至冷通道，冷空气经过服务器柜吸热后变成热空气，在热通道通过地板格栅吸回空调降温处理，形成一个制冷循环，如图 2-16 所示。将冷热通道完全隔离，强制气流有效换热，实现了暖通系统整体年平均 COP 值在 7 以上，极大提升了机房换热效率。连接末端空调的 PUE 可降至 1.008，机房整体 PUE 小于 1.25，相比传统的数据中心制冷解决方案更显整体优势。隔离且封闭的冷热通道，无疑

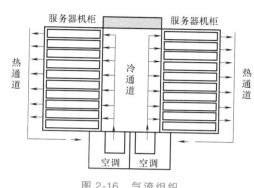

图 2-16　气流组织

可以对高密度机柜的部署提供更好的制冷支持，但同时冷热风短路混合效应也严重影响着制冷效率。

2.4　行级空调在数据中心的应用案例

2.4.1　水冷行级空调应用案例

1. 工程概况

该项目位于汕尾市，总建筑面积约为 12000m²，总建筑高度为 16.2m，为多层数据中心项目。该项目共计规划 1752 个机柜，单机柜功率为 5kW。

2. 空调系统方案

该项目空调系统总冷负荷为 8400kW，采用水冷冷冻水空调系统，根据该工程的主机房和动力配套区域的功能情况，其送风参数也不同，根据功能区对空调区进行分区。主机房和动力配套用房共用一套主系统，其末端系统根据散热需要进行配置。

（1）冷源系统方案　冷冻水系统冷源采用 3 台制冷量 2800kW 和 2 台 1400kW 的螺杆式冷水机组，其供回水温度为 7℃/12℃。冷却水系统冷源由循环水量为 450m³ 的方形横流式冷却塔提供，共计配置 8 台。同时为保证该工程不间断供冷要求，共设置 3 个蓄冷罐，单个蓄冷罐容量为 40m³ 的闭式蓄冷罐。

（2）输配系统　冷冻水系统采用一次泵变流量系统，共配置 7 台冷冻水泵；冷却水系统采用变流量设计，共配置 7 台冷却水泵。冷冻水供回水温度为 7℃/12℃。为保证该项目达到 A 级标准，冷冻水供回水主干管采用环路及双立管供水系统，末端采用环路系统。空调水系统原理如图 2-17 所示。

（3）末端系统　主机房末端系统采用两种形式的模块化行级空调，一种为单个模块 24 个机柜；另一种为单个模块 36 个机柜。两种模块均设置 6 台制冷量为 40kW 的行级空调。动力配套用房采用上送风、侧回风的送风回风方式。

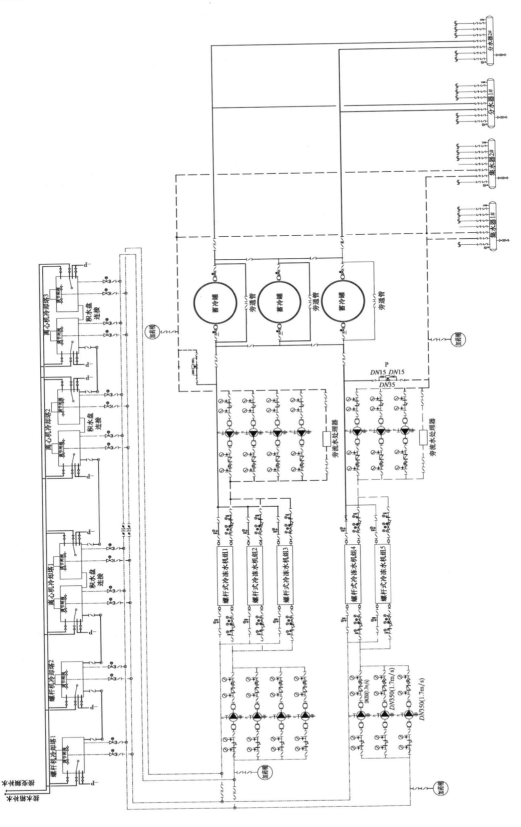

图 2-17 某项目空调水系统原理

2.4.2　热管行级空调应用案例

1. 项目概况

该工程位于广东佛山，共规划 159 个机柜，单机柜功率为 4kW，实景图如图 2-18 所示。

图 2-18　工程案例实景图

2. 空调系统方案

该工程采用水冷冷冻水空调系统，末端系统采用热管行级空调深入负荷中心，带走服务器的热量。采用封闭热通道的形式进行气流组织管理。该工程热管行级空调共计 38 台，单台热管行级空调制冷量 25kW。热管行级空调通过水-氟换热分配单元与冷冻水系统换热，每台水-氟换热器容量为 150kW。

3. 使用效果

热管行级空调与传统房间级机房空调相比，年节电率约 40%，投资回收期 2.9 年。

参 考 文 献

［1］中国制冷学会数据中心冷却工作组. 中国数据中心冷却技术年度发展研究报告 2016 ［M］. 北京：中国建筑工业出版社，2017.

［2］中国制冷学会数据中心冷却工作组. 中国数据中心冷却技术年度发展研究报告 2017 ［M］. 北京：中国建筑工业出版社，2018.

［3］中国制冷学会数据中心冷却工作组. 中国数据中心冷却技术年度发展研究报告 2018 ［M］. 北京：中国建筑工业出版社，2019.

［4］中国制冷学会数据中心冷却工作组. 中国数据中心冷却技术年度发展研究报告 2019 ［M］. 北京：中国建筑工业出版社，2020.

第 3 章
热管背板

3.1 热管背板冷却技术概述

热管技术最早于 1963 年由美国洛斯阿拉莫斯（Los Alamos）国家实验室的乔治·格罗佛（George Grover）发明，实体产品是一种称为"热管"的传热元件，它利用了热传导原理与相变介质的快速热传递性质，将发热物体的热量迅速传递到热源外。热管技术在工业领域应用较为成熟，广泛应用于航天、军工等领域。

热管背板是一种热管衍生产品，一般由背板、冷媒换热器、风扇、管道等组成，属于典型的机柜级制冷技术，热管还可以与传统的房间级、行级空调形成相应的热管精密空调。

热管背板应用于数据中心初衷是解决老旧机房局部过热的问题（老旧机房新增机柜热量大，但空调不能有效匹配其散热），后来由于其可避免水进机房（冷媒换热）、换热速度快（热管循环时间在 100ms 内）、节能性较强（比房间级空调能耗减少一半）、噪声低（比房间级空调降低 10dB 以上）等优点大量应用于数据机房。

热管背板冷却技术适用于不同散热密度的机房或数据中心，可以解决数据机房气流组织紊乱、局部热点等问题，同时可以减少数据中心的能耗。

通信机房发热量大，需要全年制冷。随着高密度机房的出现，机房的散热问题尤为突出。单机柜功率过大，很容易出现局部过热现象，严重时可造成服务器宕机。受传统机房的规划及制冷方式的制约，空调系统增容困难。因此，热管背板应用于数据中心机房，功耗小，与传统的压缩机制冷方式相比，可大大降低机房的能耗，不存在局部热点，气流组织均匀，可通过更换制冷量大的热管背板进行增容，具有良好的应用推广价值。

热管背板冷却空调的冷源可以与常规的冷源兼容，即可以直接使用传统空调系统的冷冻水/冷却水作为热管背板空调的冷源。此外，由于热管背板冷却系统减少了传热环节，且避免了机房冷热气流掺混，可使用较高温度的冷源。在条件允许的地区，可考虑长时间使用自然冷源作为热管背板的冷源，以达到节能的目的。

热管背板冷却技术主要分为：回路热管背板冷却技术、蒸发冷却辅助回路热管背板冷却技术、蒸气压缩制冷与回路热管冷却一体式背板冷却技术等。目前热管背板冷却技术在数据中心也得到了应用。

3.2 不同类型的热管背板冷却技术原理与特点

3.2.1 回路热管背板冷却技术

1. 回路热管工作原理

回路热管（Loop Heat Pipe，LHP）是指一种回路闭合环形热管，如图 3-1 所示。一般由蒸发段、冷凝段、蒸气和液体管路构成。应用于数据中心背板及行级空调，主要以重力型回路热管为主，其工作原理为：热管工质在蒸发段从机房内吸收热量而蒸发，产生的蒸气进入蒸气管路在浮升力的作用下流到冷凝段，在冷凝段向外界散热后冷凝成液体并过冷，回流液体在重力的作用下经液体管路回到机房内的蒸发段，如此循环。而工质的循环由冷凝器段与蒸发段之间的高度差以及液体管路和气体管路中热管工质的密度差所产生的动力驱动，无须外加动力。

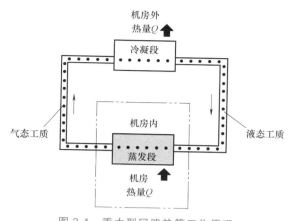

图 3-1　重力型回路热管工作原理

2. 热管背板冷却工作原理

数据中心热管背板冷却系统是一种机柜级的冷却方案。机柜热管背板及热管背板冷却系统如图 3-2 和图 3-3 所示。利用热管高密度换热的原理，将热管蒸发器安装在机柜排风侧，热管背板蒸发器中的冷媒剂吸收机柜内 IT 设备散发的热量，使机房内的热源能够及时被冷却；冷媒吸热后汽化，汽化的冷媒依靠压差经连接管路流向室外热管中间换热器；冷媒蒸气在热管中间换热器内被来自冷源系统的冷水或冷媒冷却，由气态冷凝为液态；液态制冷剂借助重力回流至室内末端的热管换热器中，完成冷量输送循环。

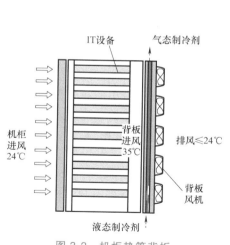

图 3-2　机柜热管背板

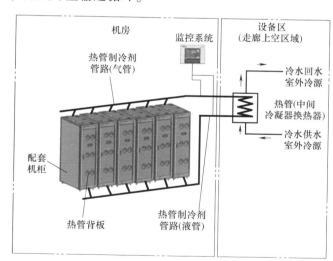

图 3-3　热管背板冷却系统构成与运行原理

3. 热管背板传热环节与特点

（1）换热环节及温度范围　热管背板空调是通过机柜内的循环空气进行换热的，对芯片是通过机柜空气进行的风冷。背板内的载冷剂是氟利昂载冷剂，热管背板冷却技术是利用工质相变（气/液态转变）实现热量快速传递的一项传热技术，通过热管将服务器芯片的热量迅速传递到机柜外，热管背板安装在机柜的排风侧，热管背板蒸发器的冷媒吸收机柜内服务器等设备散热的热量，冷媒吸热后汽化，汽化的冷媒蒸气依靠压差经连接管路流向室外热管中间换热器（冷量分配单元 CDU）；冷媒蒸气在热管中间换热器（冷量分配单元 CDU）被来自冷源系统的冷水冷却，由气态冷凝为液态；液态制冷剂借助重力回流至室内末端中的热管换热器中，完成冷量输送循环。

热管背板冷却系统由背板热管制冷末端、冷媒管系统、热管换热器（冷量分配单元 CDU）、冷源设备、冷水管网、室外冷却设备组成。系统的换热流程如图 3-4 所示。

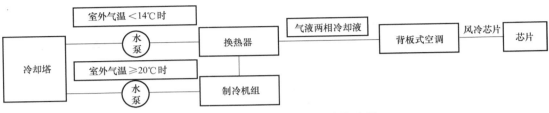

图 3-4　热管背板冷却系统的换热流程

背板热管式机柜空调冷却系统有四个换热环节，各环节换热组成换热温度范围如下：

第一环节：背板热管式机柜空调冷却系统的末端散热设备（背板）与服务器散热之间的热交换，背板吸收芯片热量高温空气，冷却降温，风冷却芯片，贴近机柜，末端设备的出风温度近似服务器机柜进风区域的温度，一般设置在 18~27℃，通过服务器吸收热量后，温度升至小于 45℃ 时排出服务器，背板末端设备的进风温度范围一般在 32~40℃，服务器芯片的热量通过进入机柜内的空气冷却传递。

第二环节：背板空调设备与热管换热器的间接换热，由背板空调、冷媒管、换热器组成。

服务器散热在这个环节，通过制冷剂冷媒管、换热器将散热排至一次侧冷水系统。背板热管内热量采用氟利昂制冷剂工质相变（气/液态转变）实现热量传递，制冷剂的温度范围为 18~24℃，通过换热器间接传递到一次侧冷水系统，一次侧冷水系统的温度范围为 16~22℃。

第三环节分为两种方式：①当室外气候条件达到热汇排放温度要求时，由热管换热器、循环水管、水泵、室外冷却塔等冷凝排放设备组成，直接将热管换热器带出的机柜散热排至室外大气环境；②但当室外条件达不到热汇排放温度要求时，由热管换热器、循环水管、水泵、人工冷源（制冷机）设备组成，由人工冷源（制冷机）将排热温度提升。

当室外空气温度在 14℃ 以下时，通过室外冷却设备直接排放至室外，当室外空气温度高于 20℃ 时，通过人工冷源（制冷机）提升排热温度至 37℃ 左右，排至冷却水管网。

第四环节是由制冷机、冷却水管、泵、室外散热设备组成，服务器热量由制冷机提升温度后，通过冷却水管网、泵、冷却塔排至室外大气。

（2）管网配置及使用特点　热管背板机柜级冷却系统的冷水部分管网与其他冷水系统一样采用环管或两路备份方式，只有制冷剂冷却液环路有其特殊性。在实际工程中，为了保证空调末端的背板的冷量，其制冷剂环路管网需考虑各背板冷却液均匀及安全，一般背板的制冷剂管网系统的末端采用交叉备份或两路设计。

背板的制冷剂管网系统的末端采用交叉备份：一个机房内设置多个 CDU，其中单数列机柜与单数 CDU 相接，其负荷为总负荷，平常工作时运行负荷为 50%。双数列机柜与双数 CDU 相接，其负荷为总负荷，平常工作时运行负荷为 50%。当其中一个系统出现故障时，另一系统的运行负荷恢复为 100% 设计负荷。为了使系统能更稳定地运行，宜沿流动方向设置 0.05～0.10 的坡度。

目前单个背板制冷量为 3～15kW，风量为 800～3600m³/h。

机柜级空调冷却系统与房间级相比具有以下特点：

优势：背板热管安装在机柜背面，靠近热源，系统利用温差和工质自然相变传热，系统依靠重力循环，末端本身无动力消耗，全显热换热，换热效率高；无水进机房、无冷凝水产生，机房安全；背板热管与机柜可采用一体化设计，能在不占用机房空间的情况下解决制冷能力不足和未来服务器扩容受限的问题，机房有效使用率高。

需注意问题：机柜负荷不宜调整变化；不同负荷下的 CDU 性能随着冷源侧水温、流量发生变化；由于 CDU 与重力热管末端之间是"一拖 N"的匹配多联关系，各背板之间的制冷剂流量的平衡匹配不易解决。

（3）典型热管背板冷却末端技术参数　热管背板规格包括 3kW、4kW、5kW、7kW、10kW、15kW 等，设备能效比 ≥40。热管背板空调的主要性能参数见表 3-1。

表 3-1　热管背板空调的主要性能参数

产品型号	额定制冷量 /kW	额定输入功率 /kW	风量 /（m³/h）	设备尺寸	设备质量 /kg
CRD03F-H	3	0.07	830	厚度≤150mm，长、宽尺寸根据机柜定制	65
CRD05F-H	5	0.14	1400		66
CRD07F-H	7	0.18	1950		67
CRD10F-H	10	0.32	2700		68
CRD15F-H	15	0.48	4000		69

注：用于数据中心的热管背板均自带风机。名义工况：IT 设备排风温度 35℃，DCU 进水温度 14℃，出水温度 19℃。当供水温度越低时，输出冷量越大。

单机柜可提供的冷量随着热管背板进风温度（服务器排风温度）的提高而升高，随着冷源（冷冻水）温度的提高而降低，如图 3-5 所示。在设计数据中心时需要对单机柜的功率密度及空调末端冷源（冷冻水）温度进行综合考虑，单机柜功率密度高，有利于解决局部热点，提高设备及综合管理的效率，而空调末端冷源的温度直接关系到冷机的运行能效及自然冷源的利用时间。

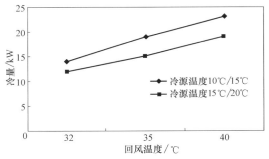

图 3-5　不同回风温度及冷源温度下热管背板空调的冷量输出

3.2.2　蒸发冷却辅助回路热管背板冷却技术

回路热管背板冷却系统为数据中心高效利用自然冷却提供了一种有效的技术方案，但是其只能在室外温度低于室内温度时才能运行，全年自然冷却运行时间和冷却节能效果受到很大的限制。而蒸发冷却技术可以进一步降低室外环境的温度，因此将蒸发冷却技术与回路热管冷却技术有机结合，可进一步提高回路热管背板的全年自然冷却运行时间，降低数据中心冷却能耗。当前两者结合的主要方式包括直接蒸发冷却辅助回路热管冷却技术与间接蒸发冷却（露点蒸发冷却）辅助回路热管冷却技术两种方式，下面分别介绍。

1. 直接蒸发冷却辅助回路热管冷却技术

图 3-6 所示为直接蒸发冷却辅助回路热管冷却技术原理。蒸发冷却的技术手段主要依靠单独的雾化喷嘴来实现，如图 3-7 所示。在回路热管的冷凝器进风侧设置雾化喷嘴，在室外温度较高时，通过喷雾让水蒸发，使得进入回路热管冷凝器的空气温度降低，从而提高回路热管的冷却能力和全年利用时间。

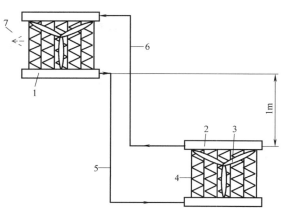

图 3-6　直接蒸发冷却辅助回路热管冷却技术原理

图 3-7　喷雾效果

1—微通道冷凝器　2—微通道蒸发器　3—风扇
4—百叶窗散热片　5—液体下降管　6—液体上升管　7—喷头

基于实验测试结果，计算了不同气候下，带蒸发冷却的回路热管空调单元的年工作时间，得到全国部分地区全年使用时间小时数，结果如图 3-8 所示。大部分地区均可增加喷雾热管制冷系统的使用，在湿度更低的北方地区或干球温度较高区域优势更为明显。

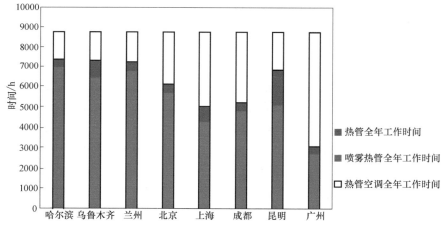

图 3-8　热管、喷雾热管及热管空调冷却时长模型

年自然冷却时间是制冷量大于数据中心冷负荷时的小时数之和。可以看出，天气较冷的城市，热管系统和喷雾热管系统年自然冷却时间比较长。在乌鲁木齐、北京、兰州等气候干燥的城市，蒸发冷却带来的年自然冷却时间相对来说延长更多。在这些城市中，带喷淋的换

热器和常规回路热管相比，额外的自然冷却时间可达到 10%。在气候比较潮湿的城市，这个值是 4%～10%。进一步计算使用带蒸发冷却的热管系统全年节能量，与传统空调相比，在较寒冷地区的节能率可达到 49%，在其他区域的节能率也在 9%～43%。因此，喷雾热管系统可以有效地延长全年在使用常规回路热管之外的自由冷却时间，在气候干燥地区效果更为显著。

在数据中心制冷要求下，采用回路热管空调结合蒸发冷却技术系统作为制冷系统，在室内 24℃ 或 27℃ 的数据中心要求控制温度下，使室外侧热管处环境温度在一定程度上降低，由此拓展回路热管机房空调系统的实际应用，延长制冷系统全年利用时间，并在使用区域上进一步扩大。

2. 间接蒸发冷却辅助回路热管冷却技术

为了进一步提高蒸发冷却效果，降低蒸发冷却后的空气温度以提高全年热管运行方案，有学者提出了两种应用于数据机房冷却的露点蒸发冷却器热管复合冷却系统，如图 3-9 所示。

复合系统根据室外温度采用不同的复合运行模式，并计算分析了两种复合系统在北京地区的全年运行能耗，结果表明，两种系统全年平均 COP 分别可达到 33 和 34，相比压缩式制冷系统的节能率都高达 89%，体现了良好的节能性。

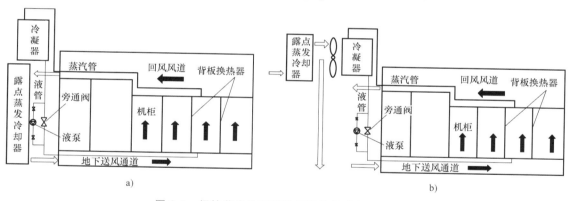

图 3-9　间接蒸发冷却辅助回路热管冷却技术原理
a）复合系统 1　b）复合系统 2

3.2.3　蒸气压缩制冷与回路热管冷却一体式背板冷却技术

1. 旁通式重力型回路热管/蒸气压缩一体式机房空调系统

旁通式重力型回路热管/蒸气压缩一体式机房空调系统，即回路热管共用了蒸气压缩制冷回路的蒸发器和冷凝器，在运行回路热管自然冷却回路时将蒸气压缩回路中的压缩机和节流阀旁通。旁通式重力型回路热管/蒸气压缩一体式机房空调最早由日本 Okazaki T 等及韩国 Lee S. 等提出并开展相关研究与优化设计。清华大学石文星等开发出一种新型的适合热管模式与制冷模式切换的三通阀，在此基础上构建了一种基于三通阀的旁通式重力型回路热管/蒸气压缩一体式机房空调系统，如图 3-10 所示。该系统在全国南北不同地区多个通信基站实测结果表明机组运行稳定、室内温度控制良好，在同等条件下，比常规通信基站空调节能 30%～45%。在旁通式的一体式机房空调系统中，需要依靠阀门进行运行模式的切换，由于数据中心及通信基站都要是全年连续运行，阀门的运行寿命和可靠性问题是该系统能否长期运行的关键。

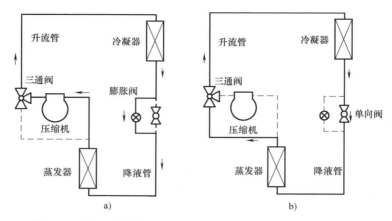

图 3-10　旁通式重力型回路热管/蒸气压缩一体式机房空调系统
a）制冷模式　b）热管模式

2. 基于双循环通道的重力回路热管/蒸气压缩一体式机房空调系统

清华大学李震等研发的双循环通道的重力回路热管/蒸气压缩一体式机房空调系统，如图 3-11 所示。该系统由蒸气压缩回路和回路热管回路两个制冷剂回路共用一个室内蒸发器构成，实现了无阀条件下的系统模式切换，系统的自动化程度和安全可靠性更高。并且该系统可以实现重力回路热管自然冷却和蒸气压缩制冷两个模式的自动切换，具有较高的全年运行效率，在北京、哈尔滨等地区应用该系统，可使得数据中心的 PUE 下降 0.3 左右。

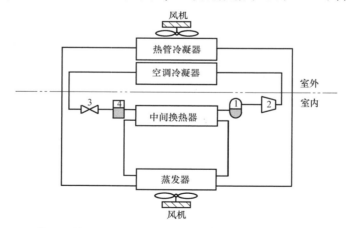

图 3-11　基于双循环通道的重力回路热管/蒸气压缩一体式机房空调系统
1—气液分离器　2—压缩机　3—膨胀阀　4—储液罐

3. 基于三介质换热器的重力回路热管/蒸气压缩一体式机房空调系统

基于三介质换热器的回路热管/蒸气压缩一体式机房空调系统，其原理及性能如图 3-12 所示。该系统利用三介质换热器将蒸气压缩制冷回路和热管回路进行耦合，即回路热管的制冷剂在三介质换热器内既可被室外低温空气冷却，也可以被蒸气压缩回路待蒸发的低温制冷剂冷却，从而实现回路热管冷却、蒸气压缩制冷以及两种方式联合制冷三种模式。

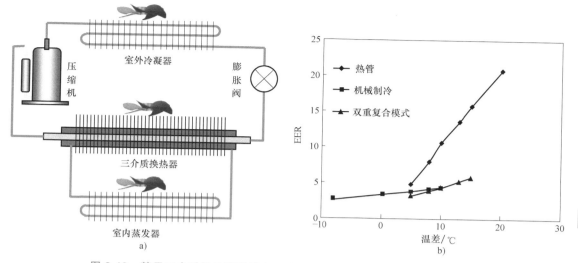

图 3-12　基于三介质换热器的重力回路热管/蒸气压缩一体式机房空调系统

（1）当室外温度较高时运行制冷模式　启动压缩机，机械制冷回路内的制冷工质在三介质换热器内从回路热管工质吸热，回路热管回路的工质在室内蒸发器内吸收机房的排热蒸发后流入三介质蒸发器，向机械制冷回路的制冷工质放热冷凝，冷凝后的冷凝液在重力作用下回流至蒸发器，用于再次蒸发。

（2）在室外温度足够低时运行热管模式　关闭压缩机，仅开启三介质换热器的风机，此时回路热管回路的工质在回路热管通道内仅与室外空气通道中的冷空气进行换热冷凝，并在重力作用下回流。

（3）在中间温度时运行双启模式　启动压缩机和三介质换热器的风机，利用制冷工质和室外冷空气同时冷却三介质换热器的热管工质，即回路热管制冷量的不足由机械制冷来补充。

该系统不通过阀门即可实现三种运行模式的自动切换，并且两个冷媒回路独立运行，便于换热器及整个系统的多工况优化设计，三个工作模式均具备良好的制冷能力和能效比。在保证数据中心及通信基站全年冷却效果的同时，大幅降低机房空调系统的运行能耗。试验结果表明，热管模式 EER 值在 20℃ 温差下达 20.8，全年能效比可以达到 12.0 以上（北京）。

4. 双冷源一体式热管背板机房空调

（1）双冷源一体式热管背板机房空调基本原理　图 3-13 所示为双冷源一体式热管背板机房空调原理。

该系统主要有两种运行模式：

1）热管模式：当室外温度较低，而且室内温度低于设定上限时，机组自检

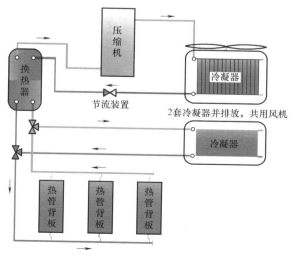

图 3-13　双冷源一体式热管背板机房空调原理

后，进入热管模式。此时，室内外风机开启，压缩机停止运行。制冷剂液体在热管蒸发器内吸热蒸发成气态，沿气体连接管上升进入热管冷凝器内冷凝成液体，再沿液体连接管返回蒸发器内，按自然循环运行，实现室内降温目的。

2）制冷模式：当室内温度达到设定温度上限时，开启压缩机，进入制冷模式。制冷模式是利用中间板式换热器将系统分为两部分运行，一部分是热管蒸发器和板式换热器组成一套热管系统，一部分是制冷冷凝器和板式换热器、压缩机、膨胀阀等组成一套制冷系统。通过制冷系统运行将中间板式换热器中热管系统的制冷剂冷凝成液态，通过液管进入热管蒸发器蒸发成气态。

（2）技术特点

1）具有热管循环换热和压缩制冷循环换热两种换热方式，热管换热循环与压缩制冷循环中的制冷剂完全隔离，仅通过中间换热器进行热交换，不掺混，能够有效解决两个循环共用制冷剂而引起的流量调节难和冷冻油降低热管循环效率的问题。

2）自然冷源模式和主动制冷模式两者可以同时运行，互不影响。

3）主动制冷部分加装中间换热装置，能够有效地控制室内末端蒸发温度在露点温度以上，杜绝了因为露点温度低而产生冷凝水。

4）室内末端多元化（热管背板、热管行级、顶置式热管等）。

（3）主要设备性能参数　主要设备性能参数见表3-2。

表 3-2　双冷源一体化节能空调室外机性能参数

产品型号	额定制冷量 /kW		额定输入功率 /kW		风量 /(m³/h)	设备尺寸 /mm	设备质量 /kg
YSHP 15-15W	15	15	4.2	0.8	8000	1425×500×1535	400
YSHP 30-30W	30	30	7.5	1.4	16000	1650×1350×2000	550
YSHP 30-30W-B	30	30	7.5	1.4	16000	2000×1350×2000	600

3.3　热管背板冷却技术在数据中心的应用案例

3.3.1　热管背板空调系统应用案例一

1. 项目概况

该项目位于江苏省南京市，属亚热带季风气候地区，年平均温度15.4℃，年极端气温最高为39.7℃，最低为-13.1℃。通信机房主楼地上5层，其中一~四层为百度机房，五层为监控中心，冷冻站设计包含1000RT冷水机组4台，冷冻水供回水温度为7℃/12℃。本次节能改造仅涉及四层的两个原空调设计方案，均为风冷精密空调地板下送风供冷的机房，建筑面积700m²。机房设计参数为：机房温度23℃±1℃，相对湿度40%~50%。

2. 空调系统方案

该项目机房制冷系统改造的原则为：充分利用数据中心通信楼原冷冻水系统，替换能效较低的风冷精密空调地板下送风机房级的供冷方案。因此，该项目创新性地使用了热管背板空调系统机柜级的供冷方案，热管背板空调系统原理如图3-14所示。该方案中配置冷水机组（含冷却塔+板式换热器自然冷源供冷）以及壳管式换热器、热管背板空调，冷水机组提供的两路冷冻水为系统冷源；双蒸发系统的热管背板空调安装在机柜的热风侧（热管背板空调布置如图 3-15 所示），通过冷媒管与壳管式换热器相连；热管背板空调中冷媒和冷水机组提供的冷冻水在壳管式换热器中换热，冷媒系统通过自然重力循环回流热管背板空调。热管背板空调系统不仅可以充分利用室外自然冷源，还能降低风机能耗，解决局部热点问题。

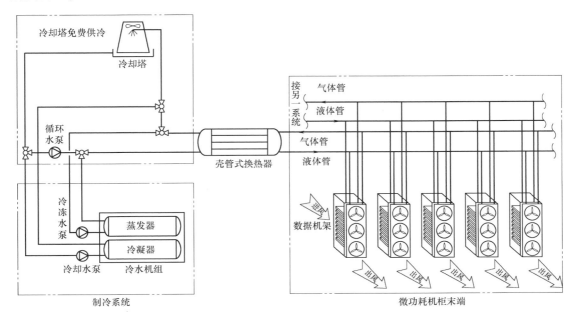

图 3-14　热管背板空调系统原理

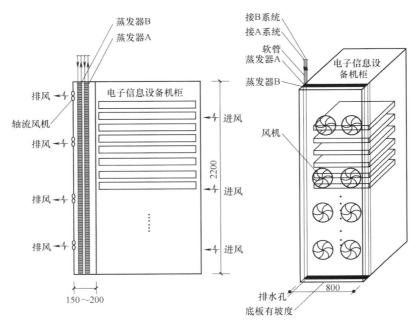

图 3-15　热管背板空调布置图

3. 运行效果

采用热管背板空调系统和风冷精密空调系统运行比较见表3-3。

表 3-3 热管背板空调系统与风冷精密空调系统运行情况

方案	全年耗电量 /(kW·h)	电费单价 /[元/(kW·h)]	年运行费用 /万元	标煤消耗量 /t	CO_2 排放量 /t
热管背板空调系统	233965	0.86	20.12	80.72	211.48
风冷精密空调系统	774548.25	0.86	66.61	267.22	700.11
统计差值	540583.25	0	46.49	186.50	488.63

从表3-3中可以看出，采用热管背板空调系统与风冷精密空调相比，每年可以节省运行费用46.49万元，节约标煤消耗量186.50t，CO_2减排量488.63t。

3.3.2 热管背板空调系统应用案例二

中国移动某数据中心机房共计配置3kW机柜426台，机房末端采用热管背板空调系统，冷源部分采用离心式冷水机组冷冻水系统。应用效果如图3-16所示。

a)　　　　　　　b)

图 3-16　热管背板系统应用案例
a) 机房内景1　b) 机房内景2

冷冻水供回水温度12℃/17℃，系统末端PUE为0.0131。

冷冻水供回水温度14℃/19℃，系统末端PUE为0.0119。

3.3.3 双冷源一体式热管背板机房空调应用案例

吉林某数据中心项目采用了双冷源一体化机房空调，如图3-17所示。室外冷源采用双冷源一体化节能空调室外机，室内采用热管背板、热管行级空调。

a)　　　　　　　　　　　b)

图 3-17　双冷源一体化机房空调应用案例
a) 热管背板　b) 双冷源一体化节能空调室外机

40

参 考 文 献

[1]　中国制冷学会数据中心冷却工作组. 中国数据中心冷却技术年度发展研究报告 2018 [R]. 北京：中国建筑工业出版社，2019.

[2]　ZHANG H N, SHAO S Q, TIAN C Q. Free cooling of data centers：A review [J]. Renewable and Sustainable Energy Reviews，2014，35：171-182.

[3]　张海南，邵双全，田长青. 数据中心自然冷却技术研究进展 [J]. 制冷学报，2016，37（4）：46-57.

[4]　NADJAHI C，LOUAHLIA H，LEMASSON S. A review of thermal management and innovative cooling strategies for data center [J]. Sustainable Computing：Informatics and Systems，2018，19：14-28.

[5]　ZHANG H N，SHAO S Q，TIAN CQ，et al. A review on thermosiphon and its integrated system with vapor compression for free cooling of data centers [J]. Renewable and Sustainable Energy Reviews，2018，81：789-798.

[6]　DING T，HE Z G，HAO T，et al. Application of separated heat pipe system in data center cooling [J]. Applied Thermal Engineering，2016，106：207-216.

[7]　TIAN H，HE Z G，LI Z. A combined cooling solution for high heat density data centers using multi-stage heat pipe loops [J]. Energy and Buildings，2015，94：177-188.

[8]　LING L，ZHANG Q，YU Y B，et al. Experimental study on the thermal characteristics of micro channel separate heat pipe respect to different filling ratio [J]. Applied Thermal Engineering，2016，102：375-382.

[9]　HAN L J，SHI W X，WANG B L，et al. Energy consumption model of integrated air conditioner with thermosyphon in mobile phone base station [J]. International Journal of Refrigeration，2014：40：1-10.

[10]　刘海潮，邵双全，张海南，等. 回路热管微通道换热器蒸发冷却实验 [J]. 化工学报，2018，69（S2）：161-166.

[11]　ShAO S Q，LIU H C，ZHANG H N，et al. Experimental investigation on a loop thermosiphon with evaporative condenser for free cooling of data centers [J]. Energy，2019，185：829-836.

[12]　刘玉婷，杨栩，李俊明. 露点蒸发冷却技术的发展及其在数据机房冷却中的应用 [J]. 暖通空调，2019，49（7）：56-61.

[13]　LIU Y T，YANG X，LI J M，et al，Energy savings of hybrid dew-point evaporative cooler and micro-channel separated heat pipe cooling systems for computer rooms [J]. Energy，2018，163：629-640.

[14]　OKAZAKI T，SESHIMO Y. Cooling system using natural circulation for air conditioning [J]. Trans JS-RAE，2008，25（3）：239-251.

[15]　OKAZAKI T，UMIDA Y，MATSUSHITA A. Development of vaper compression refrigeration cycle with a natural cireulation loop [C]. Proceedings of the 5th ASME/JSME Thermal Engineering Joint Conference. 1999.

[16]　LEE S，SONG J，KIM Y，et al. Experimental study on a novel hybrid cooler for the cooling of telecommunication equipments [C] //International Refrigeration and Air Conditioning onference at Purdue. 2006.

[17]　LEE S，SONG J，KIM Y. Performance optimization of a hybrid cooler combining vapor compression and natural circulation cycles [J]. International Journal of Refrigeration，2009，32（5）：800-808.

[18]　石文星，韩林俊，王宝龙. 热管/蒸发压缩复合空调原理及其在高发热量空间的应用效果分析 [J]. 制冷与空调，2011，11（1）：30-36.

[19]　HAN L J，SHI W X，WANG B L，et al. Development of an integrated air conditioner with thermosyphon

and the application in mobile phone base station [J]. International Journal of Refrigeration, 2013, 36: 58-69.

[20] ZHANG P L, ZHOU D H, SHI W X, et al. Dynamic performance of self-operated three-way valve used in hybrid air conditioner [J]. Applied Thermal Engineering, 2014, 65: 384-393.

[21] WANG Z Y, ZHANG X T, LI Z, et al. Analysis on energy efficiency of an integrated heat pipe system in data centers [J]. Applied Thermal Engineering, 2015, 90: 937-944.

[22] 张海南, 邵双全, 田长青. 机械制冷\回路热管一体式机房空调系统研究 [J]. 制冷学报, 2015, 36 (3): 29-33.

[23] ZHANG H N, SHAO S Q, XU H B, et al. Integrated system of mechanical refrigeration and thermosyphon for free cooling of data centers [J]. Applied Thermal Engineering, 2015, 75: 185-192.

[24] ZHANG H N, SHAO S Q, XU H B, et al. Numerical investigation on integrated system of mechanical refrigeration and thermosiphon for free cooling of data centers [J]. International Journal of Refrigeration, 2015, 60: 9-18.

[25] 黎春鹏, 郑重, 李海峰, 等. 南京某数据中心机房热管背板空调系统改造方案研究 [J]. 江苏通信, 2020, 36 (3): 77-80.

42

第 4 章
氟泵技术

氟泵顾名思义就是利用泵来驱动氟液（气），克服管网阻力循环的系统装置，传统老旧数据机房用直接膨胀式空调能效低下，在冬、夏以及过渡季均采用压缩机驱动氟液（气）完成自然冷却，造成能源浪费；随着国家相关节能政策出台以及行业从业者的节能意识提高，在冬季或过渡季均采用氟泵驱动冷媒进行制冷或预冷，达到了节能的目的，节能率达到90%以上。

氟泵循环系统主要由循环泵、储液罐、管路及控制系统组成，储液罐的主要功能类似于水泵抽水原理，防止泵在运行过程中抽真空或汽蚀，起保护系统的作用。其余循环系统（蒸发和冷凝）基本与机械压缩原理一致。在使用氟泵系统时应尽量考虑高差效应，将热管技术有机结合起来使用可实现更大能效的提升。

回路热管作为高效传热技术在中小型数据中心中得到比较广泛的应用，具有良好的节能效果。热管技术的主要进展如下：

1）制冷压缩机 COP 以及三类分离式热管动力装置 COP 中，重力型分离式热管 COP 最高，液泵次之，气泵最后（对于采用水泵构成的冷冻水或水溶液型自然冷却系统，由于系统不是相变冷却，水泵功率一般高于制冷剂泵，其 COP 介于液泵与气泵之间），而制冷系统压缩机最高 COP 工况就是系统运行在气相热管模式。若需要提高制冷系统能效，可以通过加大冷凝器尺寸或采用蒸发冷却等手段使得制冷系统逐渐逼近气相热管循环。

2）重力型分离式热管性能最佳，唯一的缺陷就是受安装位置限制以及多联末端能量调节不足。液相动力型分离式热管以及气相动力型分离式热管，可以克服安装位置的限制，改善了工质在系统内部的分布，优化了换热效率；其中液相动力型分离式热管增压作用在蒸发侧，提高了蒸发压力，减小了换热温差，弱化了理想热管，无法突破温差界限；气相动力型分离式热管增压作用在冷凝侧，增加了冷凝温差，性能比液相动力型分离式热管更为优越，并且可以突破温差限制，使得循环逐渐演变成制冷循环，故而突破运用环境，使得系统更为简洁，成本更为低廉。

3）液泵在中小型机房空调成本占比高，高 COP 性能在一定程度上被限制，适用性较差，机组推广难度大，而采用气泵及压缩机一体型变转速压缩机适用性更佳。在大型数据中心的磁/气悬浮离心式压缩机机组，制冷剂泵在整个机组成本占比很小，同时离心式压缩机制冷量大，制冷剂泵高 COP 的特性被更好地发挥，推广容易。

4）变频转子压缩机、变频涡旋压缩机以及磁悬浮压缩机采用热管温差换热原理以及补偿温差最小能耗原理，应用结果显示，热管技术具有很好的节能效益，现有的变频转子压缩机、变频涡旋压缩机低压缩比已经基本可以满足产品需求；磁（气）悬浮压缩机已经完全可以实现压缩比 1.0 运行。

但由于压缩机技术上的不足,此类空调压缩机、节流装置等仍需进一步的提升,并且需要根据气相热管、液相热管各自的优势去匹配运用。其主要发展趋势如下:

1)转子压缩机、涡旋压缩机的压缩比需要实现 1.0~8.0 无限可调,并且具备良好的可靠性以及较高的效率,压缩机本体回油、制冷系统回油无碍。

2)现有转子压缩机、涡旋压缩机排量小,故而压缩机可具备两个或者多个气缸。在制冷工况时,压缩机单缸或小缸运行;热管模式时,压缩机低频双缸运行,此时压缩机低转速、低功率、大流量、制冷 COP 较高。

3)电子膨胀阀最好本身具备宽幅调节流量功能,既能节流降压,也具备液管管径相当流量。

4)大型数据中心用磁悬浮、气悬浮离心式压缩机机组,其离心式压缩机为速度型压缩机,排量很大,可直接运行气相热管模式(压缩比 $\varepsilon \geqslant 1.0$),但同样存在最佳 COP 点,尤其在低压缩比工况运行时,若通过调节压缩机转速实现能量调控,则会偏离最佳 COP 点,因此需要进一步优化压缩机,避免性能大幅衰减。

5)现有磁悬浮、气悬浮离心式压缩机作为气泵使用,其 COP 较难超过 30,节能性明显低于液泵,并且磁悬浮压缩机在低压缩比运行时,存在长配管、高落差、大扬程工况下压头不足现象以及多末端分液不均问题,需要液泵进行压头补偿,提高压缩机电动机冷却效率。

6)中小型机房空调内、外机联动控制,可以很好地与数据中心负荷匹配;而大型数据中心用主机+冷水/制冷剂型末端系统为分开控制,未能完全发挥整套系统的节能效率,需要通过技术升级实现整机联动控制,实现整机制冷输出与数据中心负荷完美匹配,提高效率,尤其是既能研发主机又能研发末端的企业,更应当注重此方面的研究,为数据中心提供高效、节能、精确的全年冷却方案。

7)蒸发冷却的使用拓宽了空调系统的自然冷却模式的运行范围,冷凝侧蒸发冷却使得制冷系统循环更加逼近热管循环,大幅提高效率,机组在各个地区基本都运行在混合模式以及自然冷却模式下,机组能效非常高,适用于大型数据中心全年高效制冷。

4.1　氟泵辅助动力型回路热管技术

4.1.1　回路热管冷却与蒸气压缩制冷辨析

当室外环境温度低于室内环境温度时,室内的热量可以自动从高温环境向低温环境传递,从而实现自然冷却(即不开启制冷机组),回路热管是实现数据中心高效自然冷却的重要技术形式之一。充分利用自然冷源是目前解决数据中心机房高能耗问题的首选方式,并且从一定时间来看,自然冷源是一种可再生能源,当数据中心利用自然冷源产生与常规机房空调同等制冷量时,所消耗的能源低于常规机房空调的那部分能源即为可再生能源。利用自然冷源比较优异的方式之一就是热管。

数据中心冷却过程实际上是一个在一定温差驱动下,将热量从室内搬出室外的过程。数据中心散热原理如图 4-1 所示。将现有数据中心制冷系统根据温差换热特性以及现有换热器能力分为三类:①数据中心内部(可以是数据中心热通道、或服务器排风、或服务器散热片表面等）与室外冷源（可以是干球温度、湿球温度、冷水温度、露点温度等）具有足够的自然温差，即所谓完全自然冷却系统，如新风系统、气-气（水）换热器、直接/间接蒸发冷却以及热管系统或采用液冷自然冷却等；②参与换热的数据中心内部与室外冷源具有一定的自然温差，但不足够，需要进行一定程度的补充，称为部分自然冷却系统，如带自然冷却系统在过渡季节运行混合模式、复合模式、过渡模式等；③数据中心内部与室外冷源没有自然温差，甚至为负温差，一定需要补充，称为完全非自然冷却系统，比如运行标准工况制冷、高温制冷等。对于数据中心的冷却，一方面需要减少散热温差，一方面需要充分利用自然冷源，其中减少数据中心散热温差大致有以下几种途径：如减少冷热掺混、提高送风均匀性、提高输送效率等。

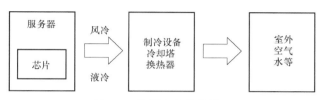

图 4-1　数据中心散热原理

图 4-2 所示为制冷循环以及理想热管循环的压焓图。在压焓图上，理想热管循环为等压循环，是一条线，制冷循环是一个先增压再降压的过程，由于增压再降压过程需要较大的能耗，因此 COP 较低，而热管循环是一个等压过程，COP 很高。当制冷循环外界环境逐渐改善时，如室外环境温度降低，或采用一定手段（水冷、蒸发冷却等方式）使得冷凝压力逐渐降低，即整个循环图冷凝压力线逐渐下降，蒸发压力线基本维持不变，则循环图逐渐趋近热管循环，甚至达到热管循环状态。可以这样理解，热管循环是制冷循环最理想、最原始的状态，也是能耗最小的状态，只是由于室外环境条件不足，导致原有的热管循环要产生制冷目的，必须采用先增压再降压的方式偏离其本来循环，但只要外界环境足够，制冷循环就会逐渐趋向热管循环。

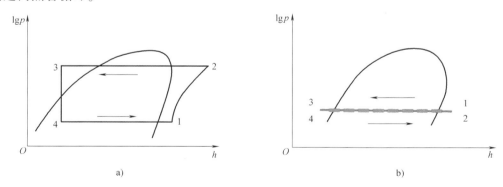

图 4-2　制冷/（理想）热管系统压焓图

a) 制冷循环压焓图　b) 热管循环压焓图

分析热管循环与制冷循环，两者都是通过制冷剂相变传热，在蒸发器中沸腾汽化，在冷凝器中冷凝液化，在传热方式上具有相似性。理想条件下，只要存在传热温差（室外环境温度低于室内环境温度），既可以利用热管系统进行制冷，也可以利用制冷系统进行制冷，因此可以认为制冷系统与热管系统具有相似性或一致性。特别的是对于气相热管系统，它与制冷系统所包含的部件配置基本相同，均为根据当前运行工况改变系统部件的运行方式，且都是通过制冷剂冷凝与蒸发作用实现循环制冷，相似性、一致性更为显著。

这种热管循环、制冷循环一致性的思路为如何实现制冷系统更高效节能运行提供了新的思路，下面以目前行业最常见的24℃房间级以及37℃行级空调机房为例，分析如何利用热管、制冷循环一致性原理实现制冷系统更高效节能运行。

图4-3和图4-4所示为现有常规机房空调系统与热管型空调系统运行模拟对比分析，横坐标 T_{out} 表示室外环境温度（如果室外采用间接蒸发冷却，则 T_{out} 为接近室外空气露点温度，如果室外采用冷却塔直接蒸发冷却，则 T_{out} 为室外空气湿球温度），T_{in} 表示机房回风温度（如果采用水冷冷水型系统，则 T_{in} 为室内回水温度、T_{out} 为室外冷却供水温度），纵坐标表示制冷量/负荷，T_c 表示冷凝温度，T_e 表示蒸发温度；在室内24℃/37℃回风工况条件下，机房负荷随着室外温度降低而略有降低，常规房间/行级空调压缩机只能在压缩比 $1.5 \leqslant \varepsilon \leqslant 8$ 范围内运行，即当室外温度35℃时，忽略过大、过小冷凝器因素，系统冷凝温度 T_c 一般为50℃，蒸发温度 T_e 一般为10℃/15℃，则在室外35℃工况，系统冷凝温度 T_c 与蒸发温度 T_e 差值为40℃/35℃（$T_c - T_e = 40℃/35℃$）；随着室外温度降低，蒸发温度 T_e 基本维持不变，而冷凝温度 T_c 随着室外温度降低而降低，在室外温度 $T_{out} = B℃$ 时，为保护压缩机在安全压缩比下运行，系统室外风机会采取降低转速甚至停止的方式运行，即室外温度 T_{out} 低于 $B℃$ 时，系统会一直在 $T_c - T_e > 15℃$ 状态下运行，因此造成不必要浪费。而采用热管型空调（热管温差换热原理）系统运行时，在室外 $T_{out} > B℃$ 时运行状态与常规机相同，而

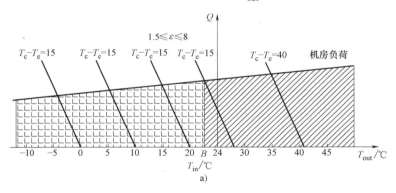

a)

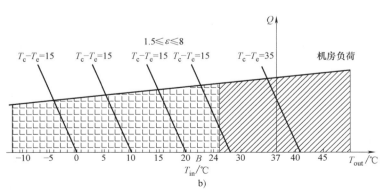

b)

图4-3　常规房间、行级空调运行图

a）回风温度24℃　b）回风温度37℃

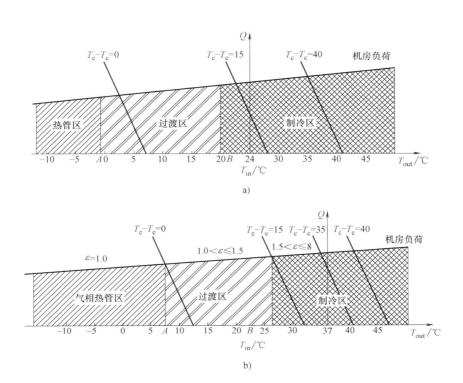

图 4-4　热管型空调运行图

a) 回风温度 24℃　b) 回风温度 37℃

室外温度在 A℃ $< T_{out} \leqslant B$℃ 时，系统会采取尽量低的压缩比运行，即充分利用自然冷源 $(1.0 < \varepsilon \leqslant 1.5)$，减少系统运行损失，提高系统运行效率。当室外温度 $T_{out} \leqslant A$℃ 时，理想情况下，如忽略换热器与管道压力损失，系统运行压缩比 ε 为 1，为完全气相热管循环，能效高。实际系统中由于换热器、管路等部件存在，系统有一定的压力损失，一般在 $1 \sim 3$bar，因此对应于房间/行级机房空调，实际气相热管循环时压缩比 $\varepsilon > 1.0$。

　　图 4-5 和图 4-6 所示为行业 24℃ 及 37℃ 回风温度的机房空调，机房负荷随着室外温度降低略有降低，将室外较宽的环境温度分为三个区域，$T_{out} \leqslant A$℃ 为热管区、A℃ $< T_{out} \leqslant B$℃ 为过渡区、$T_{out} > B$℃ 为制冷区。对于风冷冷风系统，T_{in} 为室内回风温度以及 T_{out} 为室外环境温度（如果室外采用间接蒸发冷却，则 T_{out} 为接近室外空气露点温度，如果室外采用冷却塔直接蒸发冷却，则 T_{out} 为室外空气湿球温度；如果采用水冷冷水型系统，那么 T_{in} 为室内回水温度、T_{out} 为室外冷却供水温度），定义 $T_{in} - T_{out}$ 为室内回风温度 T_{in} 与室外环境温度 T_{out} 差值，可以称为自然温差，$T_c - T_e$ 为系统冷凝温度 T_c 与蒸发温度 T_e 差值，可以称为补偿温差。在 $T_{out} \leqslant A$℃ 热管区内，系统运行热管模式，此时完全依靠室内外自然温差 $(T_{in} - T_{out})$ 进行换热，该温度差值的大小受冷凝器与蒸发器换热面积以及系统效率决定，冷凝温度 T_c 与蒸发温度 T_e 的补偿温差 $(T_c - T_e) = 0$，即压缩机运行在压缩比 $\varepsilon = 1$ 工况；而在 $T_{out} > B$ 制冷区内，系统运行制冷模式，此时室内外自然温差 $(T_{in} - T_{out})$ 小，甚至为负值，需要通过冷凝温度 T_c 与蒸发温度 T_e 的补偿温差 $(T_c - T_e)$ 进行人为创造换热温差，以补偿自然温差 $(T_{in} - T_{out})$ 的不足，甚至突破室内外自然温差的限制，压缩机的压缩比 ε 较大；

在 $A < T_{out} \leqslant B$ 的过渡区范围内，系统运行中间过渡模式，此时室内外自然温差（$T_{in} - T_{out}$）不充足，需要一定程度地通过冷凝温度 T_c 与蒸发温度 T_e 的补偿温差（$T_c - T_e$）进行适当补偿，压缩比较低，效率高。

通过上述分析可知，数据中心制冷可以看成是一个通过室内外温度差实现能量搬迁的过程，利用热管温差传热的原理，定义温差 $\Delta T = (T_{in} - T_{out}) + (T_c - T_e)$，其中 ΔT 表示总需求温差，即完成数据中心散热所需的总传热温差，温差 ΔT 随着室外温度降低会有一个很小幅度降低，如图 4-5 和图 4-6 所示，根据温差换热特性以及现有换热器能力将数据中心制冷系统分为三类：

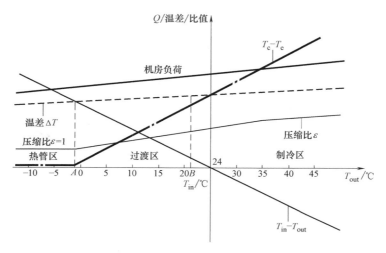

图 4-5　24℃回风最小能耗分析图

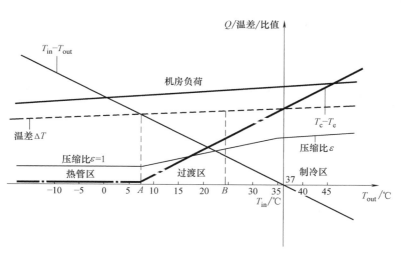

图 4-6　37℃回风最小能耗分析图

1）当自然温差足够大时，即 $(T_{in} - T_{out}) \geqslant \Delta T$，此时不需要温差补偿，甚至还需要减小温差，因此补偿温差 $(T_c - T_e) \leqslant 0$。在实际情况下，为了保证系统正常运行，需要通过降低室外风机风速等方式抬高 T_c，保持 $(T_c - T_e) \geqslant 0$，确保系统安全稳定运行。

2）当自然温差满足 $0 < (T_{in} - T_{out}) < \Delta T$ 时，有一定的自然温差，但小于需要的总传热温差，必须人为加入一定的补偿温差（$T_c - T_e$）来满足传热要求，此时补偿温差（$T_c - T_e$）> 0，即通过 $(T_{in} - T_{out}) + (T_c - T_e)$ 之和等于 ΔT。

3）当自然温差小于 0 时，即 $(T_{in} - T_{out}) \leq 0$ 时，传热温差完全由补偿温差（$T_c - T_e$）提供，甚至补偿温差（$T_c - T_e$）需要克服负的自然负温差并达到需要的传热温差要求，此时补偿温差（$T_c - T_e$）很大，此时 $(T_{in} - T_{out}) + (T_c - T_e)$ 之和等于 ΔT。

在实际运行中，需要考虑以下问题：第一，热管模式存在蒸发温度与制冷模式蒸发温度不相等的情况，使得蒸发换热温差不同，不同蒸发温度下制冷剂潜热不同，若要产生同等制冷量在不改变风量前提下，需要改变制冷剂流量；第二，制冷模式膨胀阀后存在 10%~20% 的干度，热管模式不存在；第三，液相热管液泵增压所用在蒸发侧，蒸发温度 T_e 会被抬高，冷凝温度 T_c 被拉低，弱化理想热管；气相热管气泵增压作用在冷凝侧，与传统制冷循环相同，蒸发温度 T_e 被拉低，冷凝温度 T_c 被抬高，强化理想热管。

如果希望制冷循环更加高效节能，就需要通过利用更高效的换热部件或更高效的冷却手段，如水冷、蒸发冷却等，使得循环更加逼近热管循环，并且系统部件效率越高，包括压缩机、换热器等，则总传热温差 ΔT 就越小。比如现有热管循环在当前冷凝器、蒸发器换热能力及换热效率下，完成同等换热能力需要 25~35℃ 的温差，若提高换热效率，如加大冷凝器（或冷凝侧采用蒸发冷却、水冷等方式），加大蒸发器，提高换热器本身效率等，则换热温差可能降低为 20℃，继而制冷循环越发逼近热管循环。利用温差换热原理（或称热管温差换热原理），即利用公式 $\Delta T = (T_{in} - T_{out}) + (T_c - T_e)$ 可以去逆向推算最小能耗时的冷凝压力、蒸发压力，实现制冷循环最高效运行。根据热管温差换热原理可知，随着室外温度降低，总传热温差 ΔT 会略微有所下降，但幅度较小（一般在目前产品匹配的两器工况下，24℃ 回风温度的房间级机房空调，其总传热温差 ΔT 一般为 26~30℃，37℃ 回风温度的行级机房空调，其总传热温差 ΔT 一般为 30~35℃），可根据该原理确定在其他工况下，如何控制系统在最小能耗运行，确定最小补偿温差（$T_c - T_e$），实现系统最佳运行状态。

如在回风温度 37℃ 的行级机房，当室外环境温度 $T_{out} = 20℃$ 时推算最小能耗时冷凝温度，此时自然温差（$T_{in} - T_{out}$）为 17℃，总传热温差 ΔT 为 30~35℃，控制蒸发温度 $T_e = 15℃$ 不变，那么补偿温差（$T_c - T_e$）$= 13~18℃$，继而可以得出最小能耗下最小冷凝温度为 28~33℃。同样通过总传热温差评估空调系统效率，如此时最小冷凝温度为 28~33℃，但此时外风机已经 100% 运行还未能实现冷凝温度控制在 33℃ 以内，则表明系统效率损失较大，如果外风机 100% 运行还能实现冷凝温度控制在 28℃ 以内，则表明该系统效率高，损失小。该原理同样适用于热泵制热系统以及其他制冷或制热系统。

4.1.2 不同驱动形式回路热管辨析

在数据中心热管技术运用中，分离式热管较多，它不仅可以利用室外自然冷源保障计算机房稳定持续工作，确保房间内部空气品质，而且能够大幅降低空调系统的运行能耗。根据驱动力不同可分为重力型与动力型，根据输送工质可分为液相型和气相型，三类分离式热管各自具有特点，如图 4-7 所示，其中重力热管，或称为自然循环，它是以工质气、液体的重力差以及上升气体和下降液体的密度差作为循环动力，冷凝器在上，蒸发器在下，重力循环的驱动力正比于下降管液柱高度而并非两器高差，两器高差只是下降管液柱高度的上限值，两器的高差越大并不意味着性能越好。液相动力型分离式热管采用液泵作为动力输送装置，克服了安装高度限制，液态工质在液泵驱动力下输送至蒸发器蒸发吸热，蒸发后的气态工质进入冷凝器冷凝成为液态工质，再次经过液泵作用输送至蒸发器，如此循环，为防止汽蚀，一般液泵前需要安装储液器。气相动力型分离式热管采用气泵作为驱动装置，气态工质在气泵驱动力下输送至冷凝器冷凝，冷凝后的液态工质进入蒸发器蒸发吸热，再次经过气泵作用输送至冷凝器，如此循环，同样可以克服高度差限制，在气泵作用下完成循环，为防止液击，一般气泵前需要安装气液分离器。

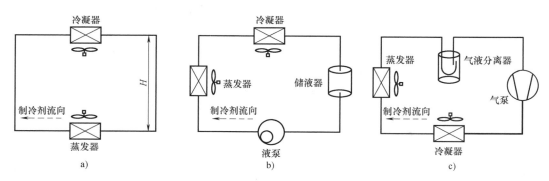

图 4-7　三种分离式热管

a）重力型　b）液相动力型　c）气相动力型

图 4-8 所示为三类分离式热管循环压焓图，重力型分离式热管，依靠重力作用自发循环；液相动力型分离式热管采用液泵强制驱动循环；气相动力型分离式热管采用气泵驱动循环。动力型分离式热管克服了传统重力型分离式热管在安装位置等方面的缺陷（重力型分离式热管在落差不足时无法很好地在制冷系统内分布），改善了制冷剂在系统的分布状态，优化了系统换热。其中液泵增压作用在蒸发侧，抬高了蒸发压力，减小了室内换热温差，降低了冷凝压力，减小了室外冷凝温差，导致系统换热量不足，弱化了理想热管循环（理想热管循环是一个等压循环），不适用于长配管、高落差等阻力较大的工况。而气泵增压作用在冷凝侧，增大了冷凝温差，强化了系统冷凝效果，强化了理想热管循环，使得性能比液相动力型分离式热管性能更为优越。

分析、对比分离式热管与制冷系统能效可知，在中小型数据中心机房空调用涡旋压缩

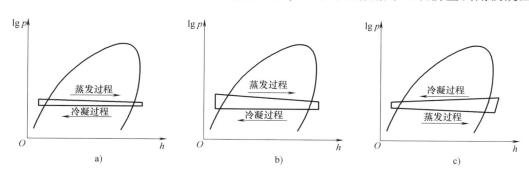

图 4-8　三类分离式热管循环压焓图

a）重力型　b）液相动力型　c）气相动力型

机、转子压缩机领域，计算能效时包括了内外风机能耗以及压缩机能耗，而在大型数据中心用离心压缩机等领域，计算能效只计算了压缩机能耗，并未包含外侧风机、传输水泵、内侧末端风机的能耗，并且离心式压缩机 COP 测试工况与涡旋压缩机、转子压缩机工况也不同，两者能效比较并未在同一个层次平台（计算方式、测试工况不同）。对于此类情况，参考、借鉴离心式压缩机领域，将数据中心制冷系统能效中动力装置（压缩机或者泵）的能效单独计算，使得数据中心空调系统（包括制冷系统、分离式热管系统）能效在同一个层次平台上进行对比。

　　其中重力型分离式热管，如果忽略内、外风机功率，只计算动力输送装置性能，那么重力型分离式热管就是一个 COP 无穷大的泵；液相动力型分离式热管采用液泵强制驱动循环，输送液态工质，目前行业内液泵（制冷剂泵）效率较高，COP 较高，若忽略内、外风机功率，只计算动力输送装置（液泵）的性能，一般 COP 可达到 30~60，如运用到磁悬浮或气悬浮离心式压缩机组中，COP 可高达 300；气相动力型分离式热管一般采用压缩机升级改造，由于输送介质为气态工质，气态工质密度远小于液态工质，受压缩机气缸排量限制较大，并且压缩机本身泄漏率的存在，因此在同等制冷量前提下，COP 较低。同样不考虑内、外风机功率，只计算动力输送装置（气泵）的性能，COP 一般为 15~30，而常规压缩机也可考虑采用双缸或多缸结构，增加排量，提高 COP。因此可以得出数据中心空调系统动力装置 COP 能效中，重力型分离式热管最高、其次是液相分离式热管，最后是气相分离式热管，而气相分离式热管的动力装置（气泵）就是制冷系统用压缩机在目前效率下能效最高的情况，这就为数据中心空调提高能效寻找到新的突破口。

4.2　液泵辅助驱动回路热管技术

　　重力型热管空调系统要求室外机组的位置必须高于室内机组，但是在很多场合难以满足这种特定的要求，因此行业相继推出带有液泵驱动的复合空调产品，空调系统可根据室外环境温度与室内负荷大小分别切换制冷模式、混合模式以及液泵循环模式，并在很多地区得到了推广运用，并实现了一定程度的节能。但该产品在压缩机/液泵双驱模式（混合模式）下，通过提高制冷量实现能效比提升，并非真正意义上的利用过渡季节的自然冷源，主要是因为液泵的运行本身带来了能耗，如果压缩机本身可以低压比运行，膨胀阀具备宽幅流量调节功能，此时不运行液泵，能效比可以更高；并且在该温度区间由于系统制冷量很大，容易出现液泵与压缩机频繁起停的现象，这不仅增加能耗，也会使得高压侧的液泵频繁起停而损坏；同时在长配管、高落差工况下，液泵扬程不足，制冷性能衰减，因此该产品仍存在一定的不足。

4.2.1　液泵驱动热管系统

　　液泵驱动热管系统主要由冷凝器（室外侧）、蒸发器（室内侧）、液泵、储液罐和风机组成，通过管路连接起来，将管内部抽成真空后充入冷媒工质。图 4-9 所示为液泵驱动热管系统工作原理。系统运行时，由液泵将储液罐中的低温液体冷媒工质输送到蒸发器中并在蒸发器中吸热相变汽化，之后进入冷凝器中放热，被冷凝成液体，回流到储液罐中，如此循环，从而将室内的热量源源不断地转移到室外，达到为数据机房冷却散热的目的。

液泵驱动热管系统在数据中心的应用主要以行级和房间级冷却形式为主，根据制冷量、安装空间和现场的实际情况，其室内机和室外机可以选择一台或者多台。系统的主要配置形式包括：①1台室外机+1台室内机；②1台室外机组+2台室内机组；③1台室外机组+N台室内机组；④多台室外机组并联。产品系列化后，可根据情况选用不同模块的组合，其中单模块额定制冷量范围：单体室内机额定制冷量为5~60kW；单体室外机额定制冷量为5~80kW。

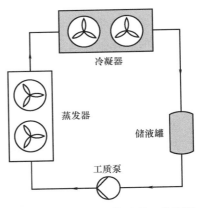

图4-9　液泵驱动热管系统工作原理

4.2.2　液泵驱动热管与蒸气压缩制冷复合系统

液泵驱动热管系统是利用室外气温较低的自然冷源进行冷却，在夏季室外气温较高时仍需开启蒸气压缩制冷，为了避免使用两套独立的系统来实现全年供冷所造成的资金和空间上的过多占用，研究人员进一步提出将液泵驱动热管与蒸气压缩制冷复合，主要包括液泵驱动热管自然冷却模式和蒸气压缩制冷模式两个模式（图4-10），其性能如图4-11所示。

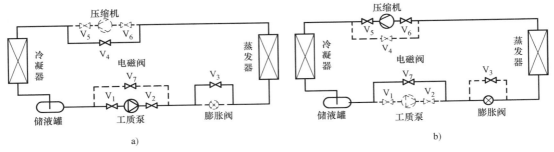

图4-10　液泵驱动热管与蒸气压缩制冷复合系统工作模式

a）液泵驱动热管自然冷却模式　b）蒸气压缩制冷模式

由图4-11可知，液泵驱动热管模式和蒸气压缩模式的系统换热量都随室外温度的升高近似呈线性下降。相较于蒸气压缩模式，液泵驱动热管模式的换热量下降速度明显更快，这意味着液泵驱动热管模式的换热量受室外温度的影响更大。5匹压缩机和3.5匹压缩机换热量的变化趋势和速度比较相似，室外温度为10℃时，其换热量分别为21.928kW和17.287kW，30℃时，其换热量分别为13.211kW和8.773kW。由此可见，在一定热负荷范围内，当温度足够低时，运行液泵驱动热管模式可以满足室内的换热需求。举例来说，5匹压缩机额定制冷

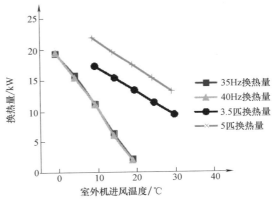

图4-11　液泵驱动热管与蒸气压缩复合系统换热量随室外温度的变化

量为 11.62kW，则室外温度低于 8.40℃时运行液泵驱动热管模式可实现相应的换热量；3.5 匹压缩机额定制冷量为 8.13kW，则室外温度低于 12.32℃时运行液泵驱动热管模式可实现相应的换热量。

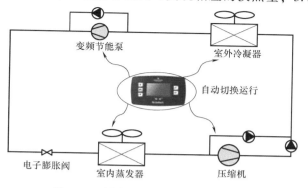

　　另一种是制冷剂泵串联在空调系统，如图 4-12 所示。空调系统可根据室外环境温度与室内负荷大小分别切换制冷模式、混合模式以及泵循环模式，当室外温度高于 20℃时，采用压缩机制冷，当室外温度介于 5℃与 20℃之间时，压缩机与氟泵串联运行，提高冷凝

图 4-12　制冷剂泵并联/串联热管空调

压力和温度，部分提高蒸发压力，增大制冷量、降低压缩机功率，实现部分利用自然冷源；当室外温度低于 5℃时，运行氟泵模式，关闭压缩机，利用自然冷源进行制冷降温。该产品节能率高达 40%，在很多场合得到了推广运用。

　　此类产品大致分为定速压缩机+液泵驱动热管以及变频压缩机+液泵驱动热管两种，分别适用于房间型机房空调与列间（行级）型机房空调。

4.2.3　基于冷凝蒸发器/储液器的液泵驱动热管与蒸气压缩制冷复合型制冷系统

　　图 4-13 所示为一种基于冷凝蒸发器/储液器的液泵驱动热管与蒸气压缩复合型制冷系统，该系统通过液泵驱动的动力热管系统与压缩制冷系统在冷凝蒸发器处进行复叠构成，热管冷凝器与制冷冷凝器叠合而成，共用一个风机，冷凝蒸发器采用壳管式换热器，系统能够根据室外温度以及机房负荷分别切换热管模式、复合模式以及制冷模式，实现了热管与机械制冷同时运行，将热管复合（复叠）型空调机组与风冷直膨式机组、风冷双冷源冷水机组在广州、上海、北京、哈尔滨四个地区进行能效模拟对比分析，结果表明热管复合式机组节能率为 4.8%~46%。

　　图 4-14 所示为一种基于储液器的液泵驱动热管与蒸气压缩复合型制冷系统，系统由蒸

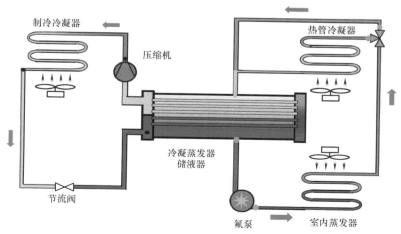

图 4-13　基于冷凝蒸发器/储液器的液泵驱动热管与蒸气压缩复合型制冷系统

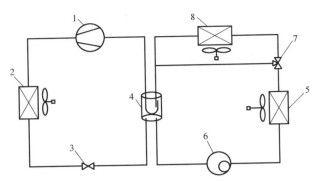

图 4-14　基于储液器的液泵驱动热管与蒸气压缩复合型制冷系统

1—压缩机　2—制冷冷凝器　3—节流装置　4—低压储液器　5—蒸发器　6—液泵　7—三通阀　8—热管冷凝器

气压缩制冷系统与分离式热管系统通过低压储液器耦合复合构成，实现按需制冷；包括压缩机、制冷冷凝器、节流装置、低压储液器、液泵、蒸发器、热管冷凝器，在三通阀的作用下，系统可根据室外环境温度以及室内负荷需求分别切换运行制冷模式、复合模式以及热管模式。制冷循环模式下，制冷系统工作，自蒸发器出来的气态（或气液混合态）制冷剂直接进入低压储液器，其中气态制冷剂被压缩机吸入进行压缩、冷凝、节流成低温低压气液混合态制冷剂进入低压储液器储存，液态制冷剂与蒸发器出来的液态制冷剂一起被制冷剂泵驱动输送至末端蒸发器进行蒸发吸热，实现制冷，节流后的闪蒸汽与蒸发器出来的气态制冷剂一起继续被压缩机吸入，如此循环供冷；复合区循环模式下，热管模块满负荷运行，最大化利用自然冷源，制冷系统根据热负荷变化适量运行以补充冷量，热负荷较小时制冷模块自动停机，实现按需制冷；热管循环模式下，制冷系统停止运行，由蒸发器、热管冷凝器、低压储液器以及制冷剂泵构成一个最简单液相动力型分离式热管系统，控制风冷换热器的换热能力和液泵的流量使冷量与热负荷相匹配。通过样机试验数据显示，在北京地区，热管复合空调 AEER（Annual Energy Efficiency Ratio，全年能效比）达到 6.6，与传统风冷直膨机房精密空调相比，AEER 提高 45%以上。

4.3　气泵（压缩机）驱动回路热管技术

图 4-15 所示的气泵（压缩机）驱动的回路热管，在室外温度高于室内温度时，可以运行于蒸气压缩制冷工况；随着室外温度的降低，可以调节压缩机的压缩比，使其满足小压缩比制冷运行的要求；而在室外温度低于室内温度时，可以运行于热管模式，压缩机只提供气体流动所需要的动力，实现高效自然冷却。

气泵热管型空调运行原理：系统可根据室外环境温度以及室内负荷需求分别切换运行制冷模式、过渡模式以及热管模式。基于室内外温差（T）、热管传

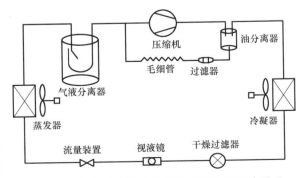

图 4-15　气相动力回路热管型机房空调系统原理

热量与室内负荷平衡时的室外温度（T_1）、热管传热效率等于制冷模式效率时的室外温度（T_2），将环温带分解为制冷区、过渡区和热管区。①制冷区循环模式（$T \leqslant T_1$）：制冷系统工作，自蒸发器出来的气态制冷剂被压缩机吸入进行压缩、冷凝、节流进入末端蒸发器进行蒸发吸热，实现制冷，此时流量装置为节流装置；②过渡区循环模式（$T_1 < T < T_2$）：根据室内负荷以及室外温度，调节压缩机运行转速、室外风机转速以及流量装置开度，最大化利用自然冷源，构造出具有节能效益的近似热管系统，实现按需制冷，此时流量装置进行适当节流降压，理论分析只要室内外具有温差，就可以利用温差运行热管模式，但从实际产品角度去分析，室内外换热器不可能无限大，故而实际产品在过渡模式时系统已经具备一定的自然温差；③热管循环模式（$T \geqslant T_2$）：流量装置完全打开，由蒸发器、压缩机、冷凝器以及流量装置构成一个最简单的气相动力型分离式热管系统，控制风冷换热器的换热能力和压缩机转速使冷量与热负荷相匹配。

4.3.1　变频转子压缩机（气泵）驱动热管复合型制冷系统

根据上述系统原理设计一款 10kW 小型机房空调样机，样机采用变频转子压缩机，并对压缩机进行了技术优化，可实现低压缩比运行，其 MAP 图如图 4-16 所示，其中压缩机可在压缩比 $\varepsilon \geqslant 1.1$ 下安全运行，R410A 制冷剂，控制室内干球/湿球温度为 38℃/20.8℃，测试样机制冷性能与能效。

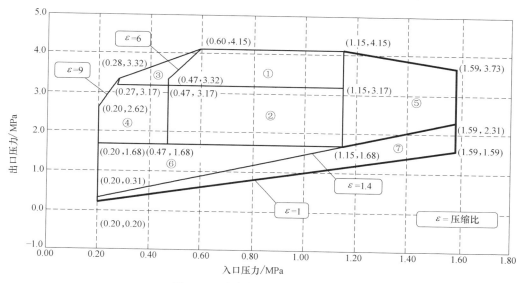

图 4-16　变频转子压缩机 MAP 图

图 4-17 所示为常规型（传统风冷定速直膨式）机房空调与变频转子压缩机热管型机房空调系统 EER 对比，图 4-18 所示为变频转子压缩机机组性能。热管型空调系统能够很好利用过渡季节与低温季节的自然冷源。当室外温度大于 25℃时，系统运行制冷模式，完成机房散热。当室外温度低于 25℃时，利用补偿温差换热原理，通过室外自然冷源构造出具有节能效益的近似热管系统，协调控制压缩机运行频率、风机转速以及膨胀阀开度，在制冷量达到额定设计指标前提下，系统能效比提高 5%~30%，表明通过该控制方法系统能够很好地完成制冷过程，最大化利用自然冷源，实现系统节能运行。当室外温度低于 5℃时，通过

压缩机、油分离器、冷凝器、流量装置、蒸发器及气液分离器构成一个最简单的气相动力型分离式热管系统；随着室外环境温度降低，热管系统制冷量呈稳定增长趋势，且近似呈线性变化关系，机组 EER 提高 70%；这是因为此时压缩机运行频率低，整个系统压力损失小，为 1.5～2.0bar，仅克服管路及换热器阻力，故系统能效高，可完全替代常规压缩制冷系统，实现数据中心低能耗散热。

通过整机能效比 EER 以及压缩机单体 COP 分析可知，在标准状况下，整机能效比 EER 为 2.9，压缩机单体 COP 大约为 3.7，随着室外温度降低，EER 与压缩机单体 COP 均大幅提升，在室外温度 5～-5℃时，压缩机单体 COP 超过 20，说明变频转子压缩机作为气泵使用具有很高的节能效益。

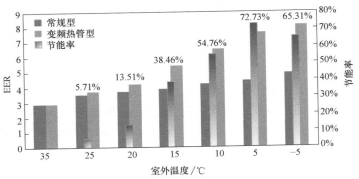

图 4-17 常规型压缩机空调系统与变频转子压缩机热管型空调系统 EER 对比

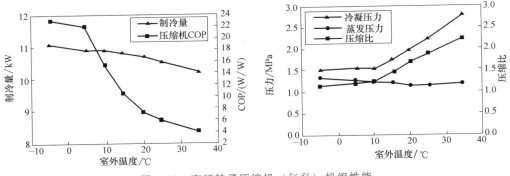

图 4-18 变频转子压缩机（气泵）机组性能

将测试数据中自然温差（$T_{in}-T_{out}$）以及补偿温差（T_c-T_e）进行统计，见表 4-1，室内温度 38℃恒定，蒸发温度基本维持在 17℃±1℃，在室外低于 5℃以后，室外提供的自然温差已经达到 33℃，即达到完全热管循环所需总温差，并且外风机进入调速模式，此时即使有一定补偿温差也是为了保护压缩机压缩比 $\varepsilon \geqslant 1.1$ 而设定，并且系统本身存在 1.5～2.0bar 的压差，因此通过总温差来看，基本处在 34～36℃，验证了上述分析的正确性。

表 4-1 测试温差数据

室外温度/℃	35	25	20	15	10	5
自然温差/℃	3	13	18	23	28	33
补偿温差/℃	32	23	19	12	6	
总温差/℃	35	36	37	35	34	

通过机组的全年能效比 AEER 与常规型机房空调相比，如图 4-19 所示，以北京地区为例，常规定速风冷直膨式机房空调 AEER 为 4.0，而热管型机房空调 AEER 为 5.8，全年能效比 AEER 提高 40% 以上，在广州地区，机组节能率也达到 19.4%。尤其是该机组在部件配置上与常规型机房空调基本相同，因而具有显著的成本优势，同时相较于液相热管空调系统，不含制冷剂泵、板式换热器等部件。热管型空调系统部件少，整体故障率降低，即系统越简单，可靠性越高。

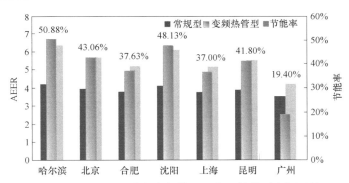

图 4-19　常规型压缩机空调系统与变频转子压缩机热管型空调系统 AEER 对比

4.3.2　变频涡旋压缩机（气泵）驱动热管复合型制冷系统

设计一款 25kW 变频行级热管型机房空调，R410A 制冷剂，将现有变频涡旋压缩机进行技术升级，压缩机采用油泵供油，即使在 15r/min 的转速下，压缩机也可以正常回油；压缩机可在压缩比 $\varepsilon \geqslant 1.15$ 下安全运行，其运行 MAP 图如图 4-20 所示，控制蒸发温度 15℃ ± 1℃，由于系统本身阻力接近 2bar，故而最低冷凝温度 19℃±1℃，故而系统最低压缩比接近 1.2，在压缩机安全范围内。

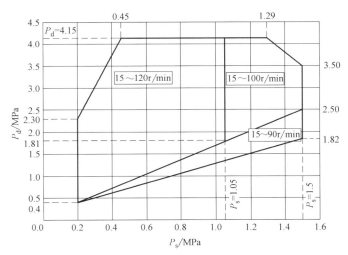

图 4-20　变频涡旋压缩机 MAP 图

在室外全工况下，控制室内 37℃ 回风温度，考察机组的全年能效比 AEER，并与常规变频行级机房空调进行对比。如图 4-21 所示，当室外温度大于 0℃ 时，机组制冷量满足设计需

57

求。特别是在室外温度低于 0℃ 后，实际机房负荷会有所降低，因此本次控制系统制冷量满足 80% 额定制冷量为目标，通过室外全工况机组制冷量显示，机组性能达到设计需求。通过整机 EER 可以看出，当室外温度低于 25℃ 以后，机组即可采用上述补偿温差换热原理实现机组节能运行，此时机组 EER 达到 4.85，较常规机房空调已经有 5%~10% 的节能效果；当室外温度低于 10℃ 以后，机组逐渐进入气相热管模式，此时冷凝温度接近 22℃，EER 达到 7.28，与常规空调 EER 相比提高 45%；当室外温度低于 5℃ 以后，蒸发温度为 14.2℃，冷凝温度为 18.6℃，EER 高达 8.31，随着室外温度继续降低，自然温差非常大，需要通过控制系统实现机组在压缩比 $\varepsilon \geqslant 1.15$ 下运行，保证机组安全稳定运行。通过数据分析表明，利用热管温差换热原理，通过补偿最小温差实现机组最低能耗运行具有很好的节能效益，机组可以最大化利用室外自然冷源。

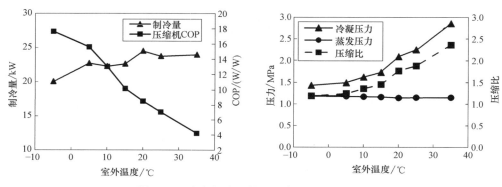

图 4-21　变频涡旋压缩机（气泵）机组性能

将测试数据中自然温差（$T_{in} - T_{out}$）以及补偿温差（$T_c - T_e$）进行统计，见表 4-2。室内温度 37℃ 恒定，蒸发温度基本维持在 15℃±1℃，在室外低于 5℃ 以后，室外提供的自然温差已经达到 32℃，即达到完全热管循环所需总温差，并且外风机进入调速模式，此时即使有一定补偿温差也是为了保护压缩机压缩比 $\varepsilon \geqslant 1.15$ 而设定，并且系统本身存在一定压差。通过总温差来看，基本处在 34~36℃，验证了上述分析的正确性。

表 4-2　测试温差数据

室外温度/℃	35	25	15	10	5	-5
自然温差/℃	2	12	22	27	32	43
补偿温差/℃	34	24	13	7		
总温差/℃	36	36	35	34		

如图 4-22 所示，以北京地区为例，常规风冷直膨式机房空调 AEER 为 4.4，而热管型机房空调 AEER 为 6.7，全年能效比 AEER 提高 50% 以上，纵然在广州地区，机组节能率也达到 31%。尤其是该机组在部件配置上与常规机房空调基本相同，未增加成本，因而具有显著的成本优势，相较于液相热管空调系统，不含制冷剂泵、板式换热器、阀门等部件，部件少，整体故障率降低，即系统越简单可靠性越高。

通过曲线中压缩机 COP（不考虑内、外风机功率）可以看出，标准状况下压缩机 COP 为 4.22，随着冷凝压力降低，COP 逐渐提高，当压缩机运行在气相热管模式下时，即当压

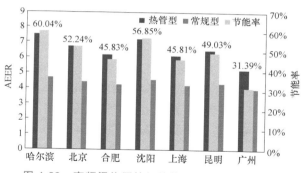

图 4-22　变频涡旋压缩机热管型系统 AEER 对比

缩机作为气泵使用过程中，压缩机 COP 为 15~17，与常规机房空调压缩机 COP 相比，有很大的提高，但与液态制冷剂泵相比仍存在一定差距。液泵在单台 25kW 制冷量机组中，COP 可以达到 50~60，甚至达到 100，这是因为液泵驱动的为液态制冷剂，而压缩机驱动的为气态制冷剂，两者在同等蒸发温度下密度相差接近 20 倍，因而要做到与液泵同等排量时，压缩机气缸需要做得非常大，这显然是非常困难的，并且压缩机在很低压缩比下存在泄漏以及偏离最佳运行点的情况。

但从整机能效比 EER、成本以及可靠性来看，中小型机房空调可以优先运用气相热管技术，因为在低温工况下，限制机组能效比 EER 的因素占比中，压缩机能耗占比已经很低。如在 25kW 机房空调中，当室外温度低于 10℃ 时，压缩机功率已经很低（$P \leq 1.7kW$），而在室外温度 0℃ 时，压缩机功率为 1.1kW，而此时内风机、外风机功率总和也达到 1.3kW，即使压缩机 COP 再高也被内、外风机所限制，即整机 EER 受到限制，此时即使采用很高 COP 的液泵，机组 EER 提高率也有限，如 25kW 机组中采用液泵，功率接近 0.3~0.5kW，整机 EER 提高率有限。并且通过成本分析，当压缩机本身具备低压缩比运行时，机组整机成本几乎未增加；而另外配备一台液泵时，液泵成本高，在整机成本占比非常大，对于中小型机房空调整机成本而言，如一台 25kW 机房空调，一台液泵成本在整机成本的占比达到 15%~30%，另外还需增加阀门、储液器等部件，更增加成本。从可靠性来看，部件的增加导致整机故障率提高，因为系统应当越简单越可靠，因而综合成本、能效、可靠性等多方面因素，在此类中小型机房空调中，优先运用气相热管技术以及采用气相热管与制冷一体技术，并运用上述热管温差换热原理，实现空调系统在全工况下节能运行，具有很好的效益。另外，可以考虑加大在变频转子、涡旋压缩机领域关于低压缩比、高能效技术提升，甚至采用多缸弥补排量不足，提高整机能效以及技术优越性。

通过上述分析可知，对于一些中小型通信基站、机房、数据中心，利用上述热管空调原理，将气泵（气体增压泵，压缩比 $1.0 \leq \varepsilon \leq 1.3$）与压缩机（$1.3 \leq \varepsilon \leq 8.0$）合二为一。当空调系统在冬季以及春、秋过渡季节工况时，在满足制冷量前提下尽量控制较低的冷凝压力，使得系统冷凝/蒸发压差较小，既能实现充分利用自然冷源，又可以实现空调冷源系统成本控制。在具备足够温差时采用气相热管循环替代常规制冷循环，降低系统能耗损失，提高系统的能效，从而实现制冷系统全工况效率和空调季节能效水平的提升，实现数据机房、通信基站区域化高效制冷。

4.3.3 磁悬浮压缩机（气泵）/液泵驱动热管复合型制冷系统—冷冻水末端型

图 4-23 所示为一种可实现多种运行模式的新热管型冷水系统（磁悬浮压缩机/液泵驱动热管复合型制冷系统—冷冻水末端型）原理。新热管型系统采用磁悬浮或气悬浮压缩机，具备小压缩比、变容量、无油运行的特点，拓宽了自然冷却工作温区与工作时间，降低了数据中心 PUE。系统原理如图 4-23a 所示，系统由压缩机、冷凝器（冷凝器可以是风冷、水冷或者蒸发冷却）、节流装置（可以是电子膨胀阀等，需要具备宽幅调节流量功能）、蒸发器以及旁通阀构成（若冷凝器与蒸发器具有足够的高度差，可实现重力热管循环），实现系统节能运行。以室外风冷冷凝器为例，系统根据室外环境温度以及室内负荷大小分别切换多种运行模式：当室外空气温度 $T>T_2$，系统运行制冷模式，此时旁通阀关闭，制冷系统工作，自蒸发器出来的气态制冷剂进入压缩机进行压缩、冷凝、节流成低温低压气液混合态制冷剂进入末端蒸发器进行蒸发吸热，将制冷量传递给水侧换热器中的载冷剂，实现制冷；当室外空气温度 $T_2 \geq T \geq T_1$，系统运行过渡模式，旁通阀关闭，此时室外具备一定自然冷源，由于压缩机具备低压缩比运行能力，此时最大化利用自然冷源，通过压缩机增压作用，最大化构建出近似气相热管循环，实现按需制冷；当室外空气温度 $T<T_1$，系统可根据室内负荷分别运行气相热管模式（或重力热管模式），当室内负荷较小时，并且系统具备实现重力热管循环能力时，此时旁通阀打开，系统运行重力热管循环模式，压缩机停止运行，由冷凝器、节流装置、蒸发器、旁通阀构成一个最简单的重力热管系统，控制风冷换热器的换热能力，使冷量与热负荷相匹配；当不具备重力循环条件或重力热管制冷量无法满足室内负荷时，运行气相热管模式时，此时旁通阀关闭，由压缩机（相当于气泵）、冷凝器、节流装置、蒸发器构成一个最简单的气相热管系统，通过压缩机低转速、近似等压运行实现节能，保证充足的制冷量供给末端，控制风冷换热器的换热能力使冷量与热负荷相匹配。

若系统制冷剂循环依靠重力循环不畅或高度差不足，并且磁悬浮压缩机在低压缩比运行时，存在压差不足导致制冷剂无法进入压缩机进行电动机冷却，可以通过增加制冷剂泵进行驱动力补偿，增强循环动力，实现电动机冷却，改善系统制冷剂循环效率。此时系统循环如 4-23b 所示，系统可以根据室外环境温度以及室内负荷大小分别切换多种运行模式：当室外

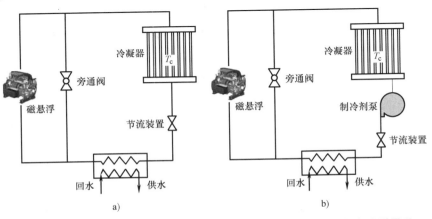

图 4-23　磁悬浮压缩机/液泵驱动热管复合型制冷系统—冷冻水末端型原理

a）气泵驱动型　b）液泵驱动型

空气温度 $T>T_2$，系统运行制冷模式实现制冷；当室外空气温度 $T_2 \geqslant T \geqslant T_1$，系统运行混合模式（压缩机、液泵同时运行），旁通阀关闭，此时室外具备一定自然冷源，由于压缩机具备低压缩比运行能力，此时最大化利用自然冷源，通过压缩机增压作用，并在液泵增压补偿作用下驱动系统循环，实现按需制冷；当室外空气温度 $T<T_1$，系统可根据室内负荷运行液相热管模式（或重力热管模式）进行制冷。

为了适用于全国各地以及充分发挥各地区自然冷源优势，上述系统可根据使用地区采用相应的节能手段，如采用蒸发冷却技术；《数据中心设计规范》（GB 50174—2017）中明确提出了温控目标为封闭的冷通道内温度或者机柜送风温度推荐值为 18~27℃，可以提高供水温度，比如 20℃甚至更高的供水温度，配合蒸发冷却，机组全年几乎都运行在热管模式下，能效很高，PUE 低于 1.3；或在水源充足地区，尤其是低温水源丰富地区，外机采用水冷方式，使得机组全年几乎运行在热管模式下，大幅减少制冷循环模式运行时间，使得机组具有较高的能效，甚至在某些地区，可完全不需要运行压缩机。而对于自然条件不足的地区，如广州等地区建立数据中心仍需要这类多模式运行的机组实现节能。其中系统末端可根据具体情况选择使用房间级模块化冷冻水末端、行级冷冻水末端或者风墙等，灵活调整。

根据图 4-23b 所示原理设计一台 60 冷吨的热管型风冷磁悬浮冷水机组样机以及行级冷冻水末端，样机匹配了制冷剂泵，并在实验室进行性能试验，压缩机采用丹佛斯天磁 TT300 系列，制冷剂采用 R134a，测试出水/回水温度在 12℃/17℃、15℃/20℃工况下机组性能。

对于风冷磁悬浮主机以及末端采用分开测试，其中末端采用室内 37℃回风的行级冷冻水末端进行 12℃/17℃、15℃/20℃进水/出水温度性能试验，由于末端采用多联式，故而只测试其中一个末端性能，并对整个主机+冷冻水末端（包括一台主机以及 4 台冷冻水末端）的综合性能进行评价。在室外全工况下，当主机采用 12℃/17℃进水/出水温度时，由于主机在采用了热管型最小温差控制技术，因而当室外 0℃时，机组可以通过液泵热管模式满负荷运行制冷量也达到了 190kW，默认在室外 0℃时及更低温度时运行液相热管替代制冷模式，而在室外 25℃以内时，压缩机运行压缩比较低，机组已经运行在混合模式。当机组采用 15℃/20℃进水/出水温度时，机组在室外 5℃时即可运行液泵热管模式，制冷量也达到 175kW。将机组在室外全工况下的试验数据绘制成曲线，如图 4-24 所示。

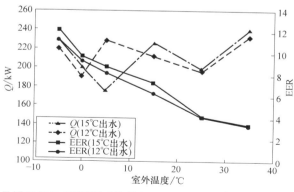

图 4-24　磁悬浮压缩机/液泵驱动热管复合型制冷系统—冷冻水末端型样机性能

通过数据可以发现，由于随着室外温度的降低，数据中心负荷略有降低，而整机在全工况下制冷量都在 200kW 附近，基本满足了制冷量要求。其中 15℃/20℃进出水温工况下机组的性能整体优于 12℃/17℃ 进出水温工况，通过标准工况整机 EER 显示，算上室外风机、水泵、室内风机、压缩机以及氟泵所有功率，整机 EER 只有 3.3 左右，与常规中小型变频行级机房空调相比，节能大约 10%，效益并不是很明显。而随着室外温度降低，冷水机组与常规中小型机房空调能效拉开了差距，尤其室外温度低于 25℃ 以后，机组进入混合模式时，节能效益明显提升；当机组完全进入液相热管模式时，机组节能效益远远高于常规中小型机房空调，常规中小型机房空调在液相热管模式下，在室外 0℃ 时，其机组 EER 只有 6.2 左右，而在室外 -5℃ 时，也只有 7.5 左右；而磁悬浮机组在室外 0℃ 时，其机组 EER 超过 9，而在室外 -5℃ 时，超过了 11，液泵的节能特性被很好地发挥出来。对于机组匹配的液泵来说，其满负荷功率才 0.8~1kW，其液泵 COP 都超过了 200，甚至达到 300；而对于中小型机房空调由于单机机组制冷量一般小于 50kW，功率也达到 0.5~0.7kW，液泵 COP 仅仅 70~100，因而液泵性能被一定程度地限制了。

当磁悬浮压缩机作为气泵使用时，其 COP 最大也仅仅达到 20，并且还存在压缩机最佳运行 COP 点，如果偏离这个最佳 COP 点，则压缩机 COP 会出现一定衰减，尤其是低压缩比工况，衰减程度更加严重。而采用液泵运行时，其 COP 可以达到 200，甚至 300，液泵高性能被完全发挥，远远高于气泵。再对比中小型机房空调与大型数据中心用空调综合成本分析可知，对于 20~50kW 的中小型机房空调而言，液泵成本占比大，甚至达到 15%~30%，推广难度较大；而对大型数据中心冷水机组而言，液泵成本占比很小，不到 5%，甚至只有 1%~2%，因而推广较容易。

通过整机运行数据计算整机全年能效比 AEER，对全国七个典型城市进行分析，结果如图 4-25 所示，整机在北京地区采用 12℃/17℃ 进出水温时 AEER 达到 8.05，相较于常规机房空调，节能率大幅提升，而采用 15℃/20℃ 进出水温时 AEER 达到 8.74。在全国七个典型城市综合分析来看，热管型冷冻水空调系统节能效果显著，非常适用于大型数据中心冷却散热。上述系统如果采用水冷或蒸发冷，其能效会更进一步提升，因为风冷机组在标准状况下冷凝温度一般要 48℃ 左右，而水冷则只有 38℃ 左右，使得系统更趋近热管循环，拓宽了上述热管型空调制冷系统的运行温区，提高了整机能效。

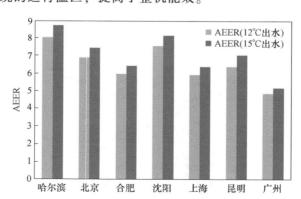

图 4-25　磁悬浮压缩机/液泵驱动热管复合型制冷系统—冷冻水末端型 AEER

4.3.4　磁悬浮压缩机（气泵）/液泵驱动热管复合型制冷系统—冷媒末端型

针对上述问题，设计可运行多种模式的新热管型制冷剂系统，如图 4-26 所示。该系统由压缩机、冷凝器（风冷、水冷或蒸发冷）、节流装置、背板蒸发器以及旁通阀构成，若冷凝器与蒸发器具有足够的高度差，即可实现重力热管循环，实现系统节能运行。系统直接将低温低压制冷剂输送至末端蒸发器实现制冷，不仅解决了水直接进入数据中心给数据中心带来安全隐患问题，还化解了传统冷水机组再次中间换热带来的不足。其中系统末端可根据具体情况选择使用房间级模块化冷媒末端、行级冷媒末端或者风墙、背板等，灵活调整。

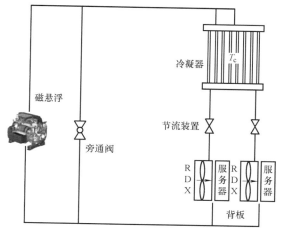

图 4-26　磁悬浮压缩机驱动热管型制冷系统—冷媒末端型原理（重力热管+气相热管）

以室外风冷冷凝器为例，系统根据室外环境温度以及室内负荷大小分别切换以下运行模式：当室外空气温度 $T>T_2$，系统运行制冷模式，此时旁通阀关闭，制冷系统工作，直接将制冷剂输送至末端背板蒸发器蒸发吸热，实现制冷；当室外空气温度 $T_2 \geqslant T \geqslant T_1$，系统运行过渡模式，旁通阀关闭，通过压缩机增压补偿作用，最大化构建出近似气相热管循环，实现按需制冷；当室外空气温度 $T<T_1$，系统可根据室内负荷分别运行气相热管模式（或重力热管模式），当室内负荷较小时，并且系统具备实现重力热管循环能力时，旁通阀打开，系统运行重力热管循环模式；当重力驱动力不足或重力热管制冷量无法满足室内负荷时，运行气相热管模式时，此时旁通阀关闭，通过压缩机低转速、近似等压运行实现节能，保证充足的制冷量供给末端，控制风冷换热器的换热能力，使冷量与热负荷相匹配。

离心压缩机在低压缩比工况下可能存在压头不足的情况，因而会造成压缩机电动机冷却不良，而且多联式重力背板蒸发器在水平方向上分液不均问题，可能导致局部热点现象，需要通过引入制冷剂泵补偿压缩机压头不足，强化系统循环以及电动机冷却，解决重力热管无法实现多个背板蒸发器在水平方向上分液均匀的问题，其中制冷剂泵可以放置在高压侧与低压侧两种情况（图 4-27），可根据具体适用场景布置。图 4-27a 所示为制冷剂泵设置在高压

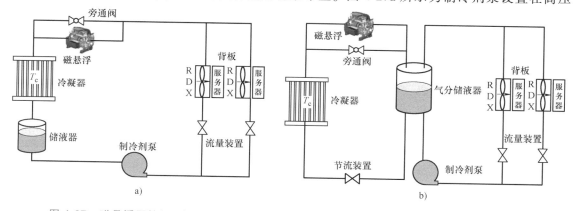

图 4-27　磁悬浮压缩机/液泵驱动热管型制冷系统—冷媒末端型原理（液相热管+气相热管）

a）制冷剂泵高压侧　b）制冷剂泵低压侧

侧系统原理，系统由压缩机、冷凝器、储液器、制冷剂泵、节流装置、背板蒸发器以及旁通阀构成，系统可切换运行液相热管模式（或重力热管模式）、混合循环模式以及制冷循环模式，高压侧制冷剂泵克服管路阻力，适用性更强。

以室外风冷冷凝器、制冷剂泵在高压侧为例，当室外空气温度 $T > T_2$，系统运行制冷模式，此时旁通阀关闭，由压缩机、冷凝器、储液器、制冷剂泵、节流装置、背板蒸发器构成制冷循环为末端提供制冷量；当室外空气温度 $T_2 \geq T \geq T_1$，系统运行混合模式，旁通阀关闭，压缩机、液泵同时工作实现按需制冷；当室外空气温度 $T < T_1$，系统可根据室内负荷分别运行液相热管模式（或重力热管模式），当室内负荷较小时，并且系统具备实现重力热管循环能力时，旁通阀打开，系统运行重力热管循环模式；当重力驱动力不足或重力热管制冷量无法满足室内负荷时，运行液相热管模式，保证充足的制冷量供给末端，控制风冷换热器的换热能力使冷量与热负荷相匹配。

根据上述原理设计一台 60 冷吨的热管型风冷磁悬浮制冷剂机组样机以及热管背板末端，样机匹配了制冷剂泵（高压侧制冷剂泵），并在实验室进行性能试验，压缩机同样采用丹佛斯天磁 TT300 系列，制冷剂采用 R134a，测试蒸发温度在 15℃、18℃ 下的机组性能。

末端采用室内 37℃ 回风的热管背板末端进行 15℃、18℃ 蒸发温度性能实验，由于末端采用多联式，因而只测试其中一个末端性能，并将整个主机+热管背板末端（包括一台主机以及 10 台热管背板末端）的综合性能进行评价。其中在室外全工况下，当主机采用 15℃ 蒸发温度时，由于主机在控制上采用了上述热管型最小温差控制技术，因而当室外 5℃ 时，机组可以通过液泵热管模式满负荷运行制冷量也达到了 182kW，因而默认在室外 5℃ 时及更低温度时运行液相热管替代制冷模式，而在室外 25℃

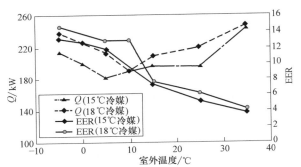

图 4-28 磁悬浮压缩机/液泵驱动热管型制冷系统—冷媒末端型样机性能

以内时，压缩机运行压缩比较低，机组已经运行在混合模式。当机组采用 18℃ 蒸发温度时，机组在室外 10℃ 时即可运行液泵热管模式，制冷量也达到 191kW。将机组在室外全工况下试验以及模拟数据绘制成曲线，如图 4-28 所示。

通过数据可以发现，整机在全工况下制冷量都在 200kW 左右，基本满足了制冷量要求。其中 18℃ 蒸发温度工况下机组的性能整体优于 15℃ 蒸发温度工况，通过标准工况下整机 EER 显示，算上室外风机、氟泵、室内风机以及压缩机所有功率，EER 超过 3.8，节能率超过 20%，而随着室外温度降低，节能效果显著，尤其室外温度低于 25℃ 以后，机组进入混合模式时，其节能效益大幅提升。在室外 10℃ 时，机组完全进入液相热管模式，其机组 EER 超过 12，而在室外 -5℃ 时，机组 EER 超过 14，远远优于常规机房空调，将液泵驱动的液相热管系统高能效特性完全发挥出来。因为机组匹配的液泵满负荷功率才 0.8~1kW，当磁悬浮压缩机作为气泵使用时，其 COP 最大也仅仅达到 20；而采用液泵运行时，其 COP 可以接近 300，远远高于气泵。

计算整机全年能效比 AEER，对全国七个典型城市进行分析，结果如图 4-29 所示，整机

在北京地区采用 15℃ 蒸发温度时 AEER 达
到 8.47，相较于常规机房空调而言，节能
率大幅提升，而采用 18℃ 蒸发温度时 AEER
达到 9.54，对全国七个典型城市综合分析
来看，新热管型制冷剂空调系统节能效果显
著，非常适用于大型数据中心冷却散热。上
述系统如果采用水冷或蒸发冷，其能效会更
进一步提升，因为风冷机组在标准状况下冷
凝温度一般要 48℃ 左右，而水冷则只有
38℃ 左右，使得系统更趋近热管循环，拓宽

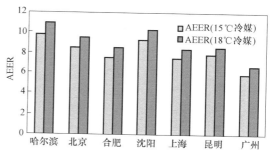

图 4-29　磁悬浮压缩机/液泵驱动热管型制冷
系统—冷媒末端型 AEER

了上述热管型空调制冷系统的运行温区，提高了整机能效。

4.4　氟泵技术应用案例

4.4.1　案例一

1. 项目概况

该工程位于黑龙江省，所属汇聚机房，同时也是改造项目。由于原风冷冷媒空调系统未
考虑利用自然冷源，需常年开启压缩机运行，导致该工程空调系统能效较低。

2. 空调系统方案

该工程原空调方案采用风冷冷媒空调系统，考虑到东北地区低温时间长，机房空调一年
四季都需要制冷，过渡季节室外温度低于室内温度时，自然界存在着丰富的冷源，因此可将
室外自然冷源引进到机房冷却设备，用于提高空调系统的能效比。因此对其空调系统进行改
造，采用风冷冷媒+氟泵技术进行供冷。

为了充分利用室外自然冷源供冷，提高空调系统的能效比，因此采用氟泵技术进行供
冷。氟泵技术是在常规压缩机制冷循环的基础上，增加一个低温制冷剂泵，当室外温度较低
时，机组自动切换到高能效比的压缩机+氟泵混合运行模式或者氟泵制冷模式，实现节能
运行。

一般风冷冷媒+氟泵技术具有以下三种工作模式：

1）在夏季（环境温度≥25℃），压缩机制冷模式运行。

2）在过渡季节（10℃≤环境温度<25℃），系统自动切换为压缩机+氟泵混合模式运行。

3）在冬季（环境温度<10℃），系统自动切换为氟泵制冷模式运行。

综上所述，在原风冷冷媒空调的基础上加装氟泵，用于提高空调系统的能效比。图 4-30
所示为安装于室外的风冷冷媒+氟泵机组实物。

3. 运行效果

该工程改造前常规风冷冷媒空调的耗电量约为 1629kW·h，加装氟泵后，其耗电量约
为 1094kW·h，其节能率约为 32.8%。

4.4.2　案例二

本相变冷却系统首次将无油概念引入制冷循环系统，以气泵、液泵、蒸发冷凝器和并联

图 4-30 安装于室外的风冷冷媒+氟泵机组实物

末端为硬件基础，加以 AI 智能控制，灵活满足数据中心的制冷需求。

1. 技术原理

相变冷却系统技术原理是以热力学第二定律为理论基础，将低温物体的热量传到高温物体。通过"源""管""端"将数据中心服务器的热量"搬运"到自然环境中，在"源"侧将蒸发温度和冷凝温度的温差降到最低；在"管"侧选择载冷能力更强的制冷剂；在"端"侧缩短送风距离，采取就近冷却，从而实现"极致逆卡诺循环"的冷却过程。相变冷却系统原理如图 4-31 所示。

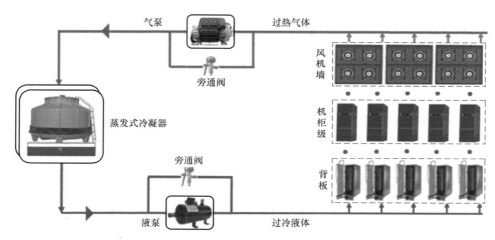

图 4-31 相变冷却系统原理

2. 系统特点

（1）极致算力 系统无中间换热环节，最大限度简化换热过程，高蒸发温度、低冷凝温度是最有效减少制冷系统机械耗能的途径。相变冷却系统采用蒸发式冷凝器、低压比气泵确保低冷凝温度，就近冷却、无油膜热阻确保高蒸发温度。配合一拖多氟系统高效智能控制，最终实现极致逆卡诺循环。峰值 CLF 的降低，使得同等电力容量下机柜数量大幅提升。

（2）灵活适用性

1）宽地域适用性：多种节能措施的共同应用，促使系统极致节能，轻松满足所有热点城市 PUE 政策，其中包括深圳 PUE 低于 1.25 的要求。

2）建筑适用性：系统采用无油设计，不存在回油问题，部署场景不受高差、管长等约束，建筑布局灵活。

3）机柜功率适用性：系统末端灵活，可采用房间级空调、行级、背板等形式，支持单机柜功率 30kW+，并且能作为冷源兼容液冷方案。

（3）快速交付　采用分布式系统、模块化设计，工厂内进行各部件，如室外模块、室内模块等生产组装和调试。系统各部件的冷媒在工厂内预充注，现场只需对管道部分进行涨压/抽真空/冷媒充注，可以快速实现系统交付。

（4）成本优势　通过持续在选型参数、容量设计、核心配置以及技术细节等多方面的优化，结合建筑布局及"源""管""端"的极致匹配，系统 Capex（资本性支出）已基本接近传统方案；系统采用无油设计，以北京为例，全年均值 CLF 低至 0.035，较传统方案能效降低 40%，运营成本大幅下降。

参 考 文 献

[1] 中国制冷学会数据中心冷却工作组. 中国数据中心冷却技术年度发展研究报告 2018 ［M］. 北京：中国建筑工业出版社，2019.

[2] ZHANG H N, SHAO S Q, TIAN C Q. Free cooling of data centers：A review ［J］. Renewable and Sustainable Energy Reviews, 2014, 35：171-182.

[3] 张海南，邵双全，田长青. 数据中心自然冷却技术研究进展 ［J］. 制冷学报，2016, 37（4）：46-57.

[4] NADJAHI C, LOUAHLIA H, LEMASSON S. A review of thermal management and innovative cooling strategies for data center ［J］. Sustainable Computing：Informatics and Systems, 2018, 19：14-28.

[5] ZHANG H N, SHAO S Q, TIAN C Q, et al. A review on thermosiphon and its integrated system with vapor compression for free cooling of data centers ［J］. Renewable and Sustainable Energy Reviews, 2018, 81：789-798.

[6] DING T, HE Z G, HAO T, et al. Application of separated heat pipe system in data center cooling ［J］. Applied Thermal Engineering, 2016, 106：207-216.

[7] TIAN H, HE Z G, LI Z. A combined cooling solution for high heat density data centers using multi-stage heat pipe loops ［J］. Energy and Buildings, 2015, 94：177-188.

[8] LING L, ZHANG Q, YU Y B, et al. Experimental study on the thermal characteristics of micro channel separate heat pipe respect to different filling ratio ［J］. Applied Thermal Engineering, 2016, 102：375-382.

[9] HAN L J, SHI W X, WANG B L, et al. Energy consumption model of integrated air conditioner with thermosyphon in mobile phone base station ［J］. International Journal of Refrigeration, 2014：40：1-10.

[10] 金鑫，翟晓华，祁照岗，等. 分离式热管型机房空调性能实验研究 ［J］. 暖通空调，2011, 41（9）：133-136.

[11] ZHANG P L, LI X T, SHI W X, et al. Experimentally comparative study on two-phase natural and pump-driven loop used in HVAC systems ［J］. Applied Thermal Engineering, 2018, 142：321-333.

[12] ZHOU F, WEI C C, MA G Y. Development and analysis of a pump-driven loop heat pipe unit for cooling a small data center ［J］. Applied Thermal Engineering, 2017, 124：1169-1175.

[13] 王飞，黄德勇，史作君，等. 两种动力型分离式热管系统的试验研究 ［J］. 制冷与空调，2017, 17（10）：53-57.

[14] 胡张宝，张志伟，李改莲，等. 采用微通道蒸发器的分离式热管空调传热性能的试验研究 ［J］. 流

体机械，2015，43（11）：68-71.

[15] ZHANG H N, SHAO S Q, JIN T X, et al. Numerical investigation of a CO_2 loop thermosiphon in an integrated air conditioning system for free cooling of data centers [J]. Applied Thermal Engineering, 2017, 126：1134-1140.

[16] 金昕祥，刘改涛，邵双全，等. 以 CO_2 为制冷剂的微通道换热器热管空调性能实验研究 [J]. 低温与超导，2016，44（10）：49-53.

[17] 陈光明. 一种风冷式热管型机房空调系统：中国，CN201010528027. X [P]. 2011-11-02.

[18] 吴银龙，张华，王子龙，等. 分离式热管蒸气压缩复合式空调的实验研究 [J]. 低温与超导，2014，42（1）：90-94.

[19] OKAZAKI T, SESHIMO Y. Cooling system using natural circulation for air conditioning [J]. Trans JSRAE, 2008, 25（3）：239-251.

[20] OKAZAKI T, UMIDA Y, MATSUSHITA A. Development of vaper compression refrigeration cycle with a natural cireulation loop [C] Proceedings of the 5th ASME /JSME Thermal Engineering Joint Conference. 1999.

[21] LEE S, SONG J, KIM Y, et al. Experimental study on a novel hybrid cooler for the cooling of telecommunication equipments [C] //International Refrigeration and Air Conditioning Conference at Purdue. 2006.

[22] LEE S, SONG J, KIM Y. Performance optimization of a hybrid cooler combining vapor compression and natural circulation cycles [J]. International Journal of Refrigeration, 2009, 32（5）：800-808.

[23] 石文星，韩林俊，王宝龙. 热管/蒸发压缩复合空调原理及其在高发热量空间的应用效果分析 [J]. 制冷与空调，2011，11（1）：30-36.

[24] HAN L J, SHI W X, WANG B L, et al. Development of an integrated air conditioner with thermosyphon and the application in mobile phone base station [J]. International Journal of Refrigeration, 2013, 36：58-69.

[25] ZHANG P L, ZHOU D H, SHI W X, et al. Dynamic performance of self-operated three-way valve used in hybrid air conditioner. Applied Thermal Engineering, 2014, 65：384-393.

[26] WANG Z Y, ZHANG X T, LI Z, et al. Analysis on energy efficiency of an integrated heat pipe system in data centers [J]. Applied Thermal Engineering, 2015, 90：937-944.

[27] 张海南，邵双全，田长青. 机械制冷\回路热管一体式机房空调系统研究 [J]. 制冷学报，2015，36（3）：29-33.

[28] ZHANG H N, SHAO S Q, XU HB, et al. Integrated system of mechanical refrigeration and thermosyphon for free cooling of data centers [J]. Applied Thermal Engineering, 2015, 75：185-192.

[29] ZHANG H N, SHAO S Q, XU H B, et al. Numerical investigation on integrated system of mechanical refrigeration and thermosiphon for free cooling of data centers [J]. International Journal of Refrigeration, 2015, 60：9-18.

[30] ZHOU F, WEI C C, MA G Y. Development and analysis of a pump-driven loop heat pipeunit for cooling a small data center [J]. Applied Thermal Engineering, 2017, 124：1169-1175.

[31] MA Y Z, MA G Y, ZHANG S, et al. Cooling performance of a pump-driven two phase cooling system for free cooling in data centers [J]. Applied Thermal Engineering, 2016, 95：143-149.

[32] ZHOU F, LI C C, ZHU W P, et al. Energy-saving analysis of a case data center with a pump-driven loop heat pipe system in different climate regions in China [J]. Energy and Buildings, 2018, 169：295-304.

[33] MA Y Z, MA G Y, ZHANG S, et al. Experimental investigation on a novel integrated system of vapor compression and pump-driven two phase loop for energy saving in data centers cooling [J]. Energy Conversion and Management, 2015, 106：194-200.

［34］　朱万朋，马国远，李翠翠，等. 数据中心自然冷却用泵驱动两相回路系统㶲分析［J］. 制冷学报，2019，40（3）：24-30.

［35］　ZHU W P, MA G Y, LI C C, et al. Exergy analysis of pump-driven two-phase loop system for free cooling in data centers［J］. Journal of Refrigeration, 2019, 40（3）：24-30.

［36］　王绚，马国远，周峰. 泵驱动两相冷却系统性能优化与变工质特性研究［J］. 制冷学报，2018，39（4）：89-98.

［37］　SUN Y T, WANG T J, YANG L, et al. Research of an integrated cooling system consisted of compression refrigeration and pump-driven heat pipe for data centers［J］. Energy & Buildings, 2019, 187：16-23.

［38］　王飞，王铁军. 动力型分离式热管在机房空调中研究与应用［J］. 低温与超导，2014，11（42）：68-71.

［39］　王铁军，王冠英，王蒙，等. 高性能计算机用热管复合制冷系统设计研究［J］. 低温与超导，2013，41（8）：63-66.

［40］　王铁军，王飞. 动力型分离式热管设计与试验研究［J］. 制冷与空调，2014，14（12）：41-43.

［41］　白凯洋，马国远，周峰，等. 全年用泵驱动回路热管及机械制冷复合冷却系统的性能特性［J］. 暖通空调，2016，46（9）：109-115.

［42］　石文星，王飞，黄德勇，等. 气体增压型复合空调机组研发及全年运行能效分析［J］. 制冷与空调，2017，17（2）：11-16.

［43］　薛连政，马国远，周峰，等. 气泵驱动冷却机组在某小型数据中心的运行性能分析［J］. 制冷学报，2019，40（8）：1-9.

［44］　李少聪，马国远，薛连政，等. 旋转气泵驱动环路冷却机组的工作特性［J］. 制冷学报，2019，40（1）：1-7.

［45］　ZHANG P L, LI X T, SHI W X, et al. Experimentally comparative study on two-phase natural and pump-driven loop used in HVAC systems［J］. Applied Thermal Engineering, 2018, 142：321-333.

［46］　ZHANG P L, LI X T, LI R J, et al. Comparative study of two-phase natural circulation and pump-driven loop used in HVAC systems［J］. Applied Thermal Engineering, 2019, 153：848-860.

［47］　国德防，石文星，张捷，等. 三模式复合冷水机组及其控制方法：201510350859. X［P］. 2015-11-11.

［48］　王飞. 一种多模式机房空调系统的控制方法：201810093978. 5［P］. 2018-7-3.

［49］　王飞. 一种带自然冷却型空调系统及控制方法：201910498291. 4［P］. 2019-6-10.

［50］　王飞. 一种数据中心用复合型空调系统及控制方法：201910497418. 0［P］. 2019-6-10.

69

第 5 章
蒸发冷却

蒸发冷却技术与其他技术一样，属于成熟应用技术，在工业、民用、医疗等领域已使用20余年，该技术由于价格低廉、能耗较低，且在干燥地区使用效果极佳，因此在东南亚、非洲等发展中国家以及我国西北地区有大量应用。蒸发冷却的节能特点在于其蒸发吸热，这种相变带走的热量是显热的数百倍之多，相变式液冷技术也是遵循这一技术原理实现高效散热以及节能的。

数据中心是近十年发展起来的新兴行业，其特点主要是发热量大，可靠性高，故在最初设计时都投入了大量的机械压缩制冷系统来保证其可靠性。随着行业对节能的认知越来越强，同时也要给数据中心基础设施"减负"，蒸发冷却技术呼之欲出，这种技术不仅有效降低了数据中心能耗，而且还大大降低了基础设施（包括由空调系统引发的电力系统的投资）投资，大大降低了数据中心的TCO。

蒸发冷却技术和所有空调系统形式一样，属于"气象空调"，空调的最终热量基本都排向大气，如何保证在高可靠性的前提下，实现数据中心散热能耗最小化是行业工程技术人员奋斗的目标。蒸发冷却技术和机械压缩冷却技术在不同应用场景发挥着各自独特的作用，如何将两者有机结合起来，实现最低TCO是未来发展方向。

5.1 蒸发冷却原理及设备分类

干燥空气由于处在不饱和状态而具有制冷、制热或者发电的能力。其中通过蒸发冷却技术使空气降温是目前可实现的干空气能利用效率最高的方式。蒸发冷却技术是一种节能环保和可持续发展的空调技术，蒸发冷却空调被称之为"气象空调"，会受到当地气候条件的制约。比如对于湿球温度较低的干燥地区，其蒸发冷却效率较高，温降范围较大，但对于湿球温度较高的中等湿度或高湿度地区，温降范围则有限，且无法实现除湿功能。

数据中心的建设让我国快速进入信息化时代，并逐步引领世界通信产业的发展，让人民对美好生活的向往更进一步，但数据中心对能源的消耗与日俱增，被誉为新时代的"吃电巨兽"。蒸发冷却技术近年来在数据中心逐步应用，它有效降低了数据中心能耗，引起业界极大的关注。

蒸发冷却技术按大类可分为利用蒸发冷却原理制取冷风（水）和对制冷系统中冷凝器进行散热两大类型，见表5-1。

表 5-1　蒸发冷却技术分类及设备

蒸发冷却技术形式分类			设备名称
蒸发冷却制备冷风(水)	制备冷风	直接蒸发冷却空调技术	直接蒸发冷却空调机组

（续）

蒸发冷却技术形式分类			设备名称
蒸发冷却制备冷风（水）	制备冷风	间接蒸发冷却空调技术	间接蒸发冷却空调机组
		间接—直接蒸发冷却空调技术	间接—直接蒸发冷却复合空调机组
		蒸发冷却与机械制冷相结合的空调技术	蒸发冷却与机械制冷相结合的空调机组
	制备冷水	直接蒸发冷却空调技术	直接蒸发冷却冷水机组
		间接蒸发冷却空调技术	间接蒸发冷却冷水机组
		间接—直接蒸发冷却空调技术	间接—直接蒸发冷却复合冷水机组
		蒸发冷却与机械制冷相结合的空调技术	蒸发冷却与机械制冷相结合的冷水机组
	同时制备冷风冷水	间接—直接蒸发冷却空调技术	间接—直接蒸发冷却复合冷风/冷水机组
		蒸发冷却与机械制冷相结合的空调技术	蒸发冷却与机械制冷相结合的冷风/冷水机组
蒸发冷却散热（蒸发冷凝）	按风机位置分	吸风式	
		送风式	
	按冷凝器结构形式分类	盘管型	盘管水平式	盘管型蒸发式冷凝器
			盘管垂直式	
			圆管	
			椭圆管	
			扭曲管	
			波纹管	
		管翅型	管翅型蒸发式冷凝器
		鼓泡型	鼓泡型蒸发式冷凝器
		板型	板型蒸发式冷凝器
		板管型	板管型蒸发式冷凝器
	按填料位置分	填料上置式	
		填料耦合式	
		填料下置式	
	按管外侧空气与喷淋水的流向分	管外逆流式	
		管外顺流式	

5.2　直接蒸发冷气机

5.2.1　直接蒸发冷气机的工作原理

直接蒸发冷气机中，填料被循环水反复喷淋。理想的蒸发冷却是绝热的，工作过程中空气没有显著的焓升或焓降。其过程路径沿等焓线变化。图 5-1 中状态点 A 代表进入直接蒸发冷却器的室外空气，点 B 代表进口空气的湿球温度。当水反复且快速地与空气接触后，水

温等于 B 点温度。空气的显热转移到水表面并变为蒸发潜热，空气的干球温度下降。水吸收潜热变成水蒸气进入空气中，空气的含湿量增大而焓值不变。大部分空气与水接触并沿着从 A 到 B 的等焓线被降温加湿。少部分空气从填料或水滴的空隙间漏出，仍然保持在状态点 A。在离开加湿段时，两部分空气混合得到状态为 C 的空气。C 状态空气在通过风机和风管时，产生摩擦并吸收从外界得到的显热，状态变化到 D。D 状态空气送入房间，沿热湿比线吸收室内得热。大多数进水温度低，水再循环速度快，且遮光良好的直接蒸发冷却器可接近这个理想过程。

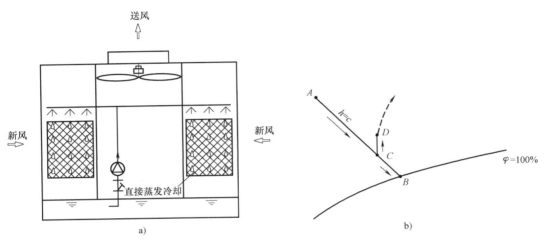

图 5-1　直接蒸发冷却空调机组工作原理和焓湿图
a）工作原理　b）焓湿图

5.2.2　直接蒸发冷气机性能评价

1. 蒸发效率

冷风式直接蒸发冷却设备的核心部件是填料，其热湿交换原理是主要通过空气与湿润填料表面的水膜相互接触，由空气水蒸气分压力和饱和状态空气分压力差驱动水分子蒸发，实现空气与水的热湿交换，其中包括显热和潜热交换。影响直接蒸发冷气机蒸发效率的主要因素有水与空气的接触面积、接触时间和空气质量流量等。

（1）水与空气接触面积的大小　其直接影响空气与水进行热交换的能力，增加接触面积会提高换热能力。对填料结构而言，一方面是尽可能让水均匀布置于填料表面，另一方面是填料尽可能增加表面积，都能增加水与空气接触的面积。吸水性越好的填料，毛细现象越明显，其表面水膜的膜层厚度越薄、越均匀。因此，较好的填料，首先需要具备良好的吸湿性、良好的表面积。

（2）水与空气接触的时间　填料中空气与水的接触时间，主要取决于填料的厚度，填料厚度增加，空气与水接触的时间增加，这样能确保空气与水充分接触，从而充分地热湿交换。但过厚的填料会增加风阻，从而增加风机能耗，另外会增加设备体积，增加材料成本，因此合理选择填料厚度具有重要意义。

（3）空气的质量流量　空气与水之间进行显热和潜热交换，而其中的显热交换主要是靠对流、传导和辐射三种方式，当空气的质量流速增加时，空气与水的对流换热加强，热质交换系数会增加，提高换热效果。但空气的质量流速过大，空气在填料里停留时间短，空气与水膜接触的时间短，这样也会减少空气与水接触的时间，除此之外还会增加风阻。

另一方面，若设备在不同地区，其蒸发效率也是不尽相同的。从入口空气的条件来看，越干燥炎热的地区，空气的干湿球温度差越大，空气中能够容纳水的能力越强，蒸发后的空气干球温度越低，因此蒸发效率越高。

直接蒸发式冷气机蒸发效率可以定量计算，见式（5-1）。冷风式直接蒸发冷却设备的效率一般不低于 65%。

$$\eta = \frac{t_{g1} - t_{g2}}{t_{g1} - t_{s1}} \tag{5-1}$$

式中　t_{g1}——进风干球温度（℃）；

t_{g2}——出风干球温度（℃）；

t_{s1}——进风湿球温度（℃）。

2. 显热制冷量

显热制冷量是指单位时间内水蒸发吸热使通过的空气显热降低的量值，其计算式为

$$Q = q\rho c_p (t_{g1} - t_{g2}) \tag{5-2}$$

式中　ρ——空气的密度（kg/m³）；

c_p——空气的比定压热容 [kJ/(kg·K)]；

q——空气的体积流量（m³/s）；

t_{g1}——进风干球温度（℃）；

t_{g2}——出风干球温度（℃）。

3. 能效比（EER）

能效比是衡量冷风式直接蒸发冷却设备的另一个重要参数，其算法是显热制冷量与输入功率之比。

$$EER = q\rho c_p (t_{g1} - t_{g2}) / W \tag{5-3}$$

式中　ρ——空气的密度（kg/m³）；

c_p——空气的比定压热容 [kJ/(kg·K)]；

q——空气的体积流量（m³/s）；

t_{g1}——进风干球温度（℃）；

t_{g2}——出风干球温度（℃）；

W——输入功率（W）。

4. 耗水量

冷风式直接蒸发冷却设备耗水量主要是由蒸发损失、排污损失、滴漏损失和风吹损失组成的。其中蒸发损失和排污损失占据一大部分。蒸发损失的计算公式为

$$Q = W(d_2 - d_1) / 1000 \tag{5-4}$$

式中　W——设备处理的风量（kg/h）；

d_1、d_2——进、出口空气的含湿量 [g/kg（干空气）]。

5.3 间接蒸发冷却空调机组

5.3.1 间接蒸发冷却空调机组的工作原理

间接蒸发冷却一般有两股气流同时经过冷却器，但它们互不接触，这两股气流通常定义为：

一次空气——被冷却后送入机房供冷的空气，也称为产出空气。

二次空气——与水接触使其蒸发从而降低换热器表面温度以冷却一次空气的辅助空气，也称为工作空气。

图 5-2a 所示是典型的板翅式间接蒸发冷却器工作原理图。在干通道中，一次空气从 1 状态点等湿冷却至 2 状态点，温度从 t_1 降低至 t_2，焓值从 h_1 减少至 h_2，空气处理过程如图

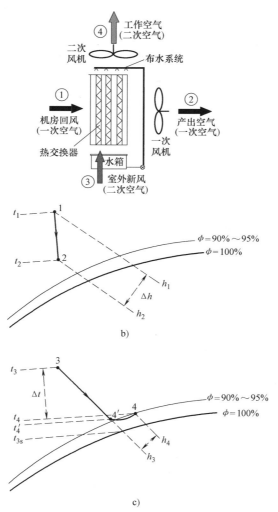

图 5-2 间接蒸发冷却器工作原理和焓湿图

a）工作原理图 b）一次空气处理过程焓湿图 c）二次空气处理过程焓湿图

5-2b 所示。二次空气状态变化过程可简化成两部分：从状态点 3 沿等焓线降温至状态点 4′；吸收一次空气传递的热量后由状态点 4′升温。在升温过程中由于水继续蒸发进入空气，使其状态变化到状态点 4，其焓值从 h_3 增加到 h_4，空气处理过程如图 5-2c 所示。所以在间接蒸发空气冷却器中，二次空气出口温度和湿度都高于相同进口条件下的直接蒸发冷却器空气出口状态。

近年来，蒸发冷却与机械制冷结合制取冷风技术在数据中心实际应用中产生了很大的节能效果，引起行业的广泛关注。间接蒸发冷却空调机组因不把室外新风引入机房内部，有较好的市场应用前景。针对数据中心全年运行的特点，间接蒸发冷却需要辅助以机械制冷，其三种典型运行模式为：当室外温度较低时，室内外空气直接在空气-空气换热器中进行显热交换，此时蒸发冷却不工作，称为干模式；当室外温度较高时，仅靠室内外显热交换无法满足室内送风温度的要求，则需启动蒸发冷却对室外空气喷雾降温，确保机组冷量，此模式为湿模式；当室外温度较高且湿度较大时，需要启动机械制冷来辅助冷却，此模式为混合模式，如图 5-3 所示。

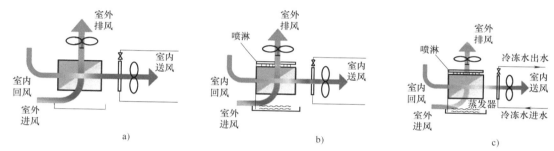

图 5-3 间接蒸发冷却空调机组主要运行模式
a) 干模式 b) 湿模式 c) 混合模式

间接蒸发冷却与机械制冷结合的方式有很多，图 5-4 所示为常见形式。这种形式的间接蒸发冷却器湿通道内设置微型喷淋装置，以维持热湿交换过程所需的湿环境。炎热夏季，新风在湿通道与水热湿交换之后，可经过机械制冷冷凝器，带走部分冷凝热后再排出机组外部，同时机房回风经过间接蒸发冷却器干通道等湿降温后，可经过机械制冷蒸发器进一步冷却后送入机房内部。这样将蒸发冷却所需的部件与机械制冷循环集成在一个机组内部，既能

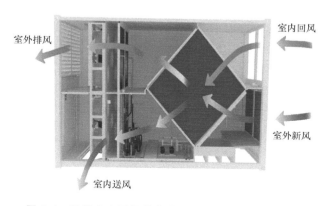

图 5-4 数据中心用间接蒸发冷却空调机组工作方式

满足数据中心全年制冷要求，同时在开启机械制冷循环时，制冷循环效率又显著提高，在数据中心冷却系统中值得推广应用。

5.3.2　间接蒸发冷却空调机组性能评价

1. 蒸发效率

间接蒸发冷却器是通过换热器使被冷却空气（一次空气）不与水接触，利用另一股气流（二次空气）与水接触，通过水分蒸发吸热从而降低一次空气温度，因此间接蒸发冷却的主要特点是降低温度的同时保持一次空气的含湿量不变，其理论最低温度可降至二次空气的湿球温度。间接蒸发冷却空气处理过程（焓湿图）如图 5-5 所示。一次空气、二次空气进风状态点为 1，在二次空气与循环水热湿交换间接换热的作用下，一次空气发生等湿冷却至状态点 2。间接蒸发冷却器的蒸发效率计算公式为

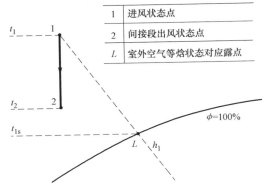

1	进风状态点
2	间接段出风状态点
L	室外空气等焓状态对应露点

$$\eta_{IEC} = \frac{t_1 - t_2}{t_1 - t_{1s}} \times 100\% \qquad (5\text{-}5)$$

式中　t_1——一次空气进口温度（℃）；

　　　t_2——一次空气出口温度（℃）；

　　　t_{1s}——二次空气湿球温度（℃）。

图 5-5　间壁式间接蒸发冷却空气处理焓湿图

根据工程所在地气候条件的不同，间接蒸发冷却器具有不同的效率。根据大量试验数据以及实际工程测试，高湿度地区（夏季空调设计湿球温度在 28℃ 以上）间接蒸发冷却效率在 35%~50%、中湿度地区（夏季空调设计湿球温度在 23~28℃）间接蒸发冷却效率在 45%~60%、干燥地区（夏季空调设计湿球温度在 23℃ 以下）间接蒸发冷却效率在 55%~70%。

2. 淋水密度

间接蒸发冷却器的淋水密度是影响其换热效率的重要参数。若淋水密度太小，湿通道侧形成的贴附水膜太薄，在表面张力作用下，水膜会产生断裂或收缩，不能包覆整个换热器湿通道，使得部分换热表面不能参与传热传质过程，从而导致间接蒸发冷却器冷却效率不佳。若淋水密度过大，会造成循环水泵能耗增加，另一方面因气水接触面积不变，会造成空气流道阻塞、二次风机能耗增加。因此，对于间接蒸发冷却器来说，存在最佳淋水密度。

间接蒸发冷却器，其淋水密度计算公式为

$$\varGamma = \frac{M_w}{(n+1)L_1} \qquad (5\text{-}6)$$

式中　$\varGamma$——单位淋水长度上的淋水量 [kg/(m·s)]；

　　　M_w——喷淋水量（kg/s）；

　　　n——隔板数；

　　　L_1——一次空气通道长度（m），即二次通道的宽度。

根据试验数据统计及工程测试，板翅式间接蒸发冷却器最佳淋水密度值在 15~20kg/(m·h)，最佳平均液膜厚度在 0.5~0.55mm，此时二次通道内壁面的表面润湿效率最大，换热效果

最好。

对于卧管式间接蒸发冷却器而言，由于换热管结构与板翅式相差较大、流道较宽，因此其淋水密度较高。以 5000m³/h 模块换热器为例，其最佳淋水密度为 640kg/(m·h)。

3. 二次/一次风量比

间接蒸发冷却器，其对一次空气及循环水降温后，热量最终由二次空气排出，二次空气的流量大小直接影响换热器的排热效果，进而影响间接蒸发冷却器的降温效率。因此，为保证间接蒸发冷却器良好的降温工况，不但应有最佳淋水密度，同时应保证充分的二次排风流量，以确保热量及时排除。二次排风流量的多少应由一次空气的流量确定，一般来说，一次空气流量越大，则所需排出热量按比例增加。然而无限制增大二次排风量并不可取，当二次风量过大时，不但增大风机能耗，而且由于过高的风速，造成湿通道内贴附水膜被破坏，反而影响间接蒸发冷却器的换热效果。因此，对于不同的一次风量下，存在较为合适的二次空气流量，即存在最佳的二次/一次风量比。

根据实际工况测试及试验数据统计分析，在不同的气象参数下，间接蒸发冷却器的二次/一次风量比存在不同的最优数值。一般来说，高湿度地区（夏季空调设计湿球温度在 28℃ 以上）风量比为 1.0~1.5；中湿度地区（夏季空调设计湿球温度在 23~28℃）风量比为 0.7~1.0；干燥地区（夏季空调设计湿球温度在 23℃ 以下）风量比为 0.5~0.7。

4. 耗水量

间接蒸发冷却器是由于水分的蒸发并及时排出，来进行空气的降温处理，因此存在耗水量。间接蒸发冷却耗水量主要是由蒸发损失、排污损失、滴漏损失、风吹损失等组成，在设备良好运行的工况下，蒸发损失与排污损失占耗水量的绝大部分比例。

根据实测数据统计及传热传质守恒的理论计算，同时考虑滴漏、风吹等损失因素，间壁式间接蒸发冷却耗水量的计算公式为

$$W = 1.1 \left(1 + \frac{1}{R-1}\right)\left(1 + 3.8 \frac{A_\mathrm{r}}{\eta_\mathrm{IEC}}\right)\frac{Q}{r} \qquad (5-7)$$

式中　W——耗水量（kg/s）；

　　　Q——间接蒸发冷却器制冷量（kW）（即一次空气降温冷量）；

　　　R——循环水浓缩倍率，即循环水离子浓度与补水离子浓度比值，一般为 2~4；

　　　r——水的汽化热值（kJ/kg）；

　　　A_r——空气与水表面的接触面积（m²）；

　　1.1——富裕系数；

　　　η_IEC——间接蒸发冷却效率（%）。

同时，在不同的循环水量、不同的处理风量下，间接蒸发冷却器的耗水量近似按比例变化，通过实际工程测试，当处理每 10000m³/h 风量时，卧管式间接蒸发冷却器耗水量为 25~40kg/h；立管式间接蒸发冷却器耗水量为 15~35kg/h。板翅式间接蒸发冷却器耗水量为 50~55kg/h。

5. 阻力

空气阻力直接影响间接蒸发冷却器风机的能耗，也是影响蒸发冷却空调设备能效系数的关键因素。对于不同结构的间壁式换热器，其各自的空气阻力不同。空气阻力与换热器结构形式、换热管尺寸、淋水工况、处理风量以及持续使用时间等均有关系。一般来说，在近似

相同的工况下，影响间接蒸发冷却器阻力的主要因素为换热器结构，阻力由高到低的换热器结构依次为板翅式、露点式、板管式、卧管式、立管式、热管式。根据实际测试数据，采用不同换热器结构的间接蒸发冷却器在 3000m³/h 下的阻力对比如图 5-6 所示。

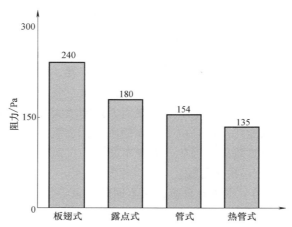

图 5-6　采用不同换热器结构的间接蒸发冷却器在 3000m³/h 下的阻力对比

5.4　蒸发冷却冷水机组

5.4.1　蒸发冷却冷水机组的工作原理

间接蒸发冷却制取冷水，即采用间接蒸发冷却和直接蒸发冷却相互组合的方式，将制取的冷水温度降低到空气湿球温度以下，其极限温度为空气的露点温度。

蒸发冷却冷水机组的工作过程如图 5-7 所示（以立管式间接蒸发冷却冷水机组为例），焓湿过程主要包括空气和水在焓湿图上的变化，详细叙述如下。

（1）空气焓湿过程

1）状态 A 的机组进风（室外空气）首先经过空气冷却器进行等湿冷却，由状态 A 等湿冷却到状态 B。

2）状态 B 的空气在填料下方与喷淋水进行热湿交换，水和状态 B 的空气温度都得到降低，此时过程中状态 B 的空气增焓降温到状态 C。

3）状态 C 的空气在排风机作用下继续往上流动，在填料处与喷嘴处的喷淋水进行热湿交换预冷喷淋水，此时状态 C 的空气变成状态 D，最后由排风机排出。

（2）水焓湿过程

1）状态 E 的喷淋水（即冷水机组在喷嘴处开始喷淋的水）首先在填料处与状态 D 的空气进行热湿交换，状态 E 的喷淋水被冷却到状态 F。

2）状态 F 的淋水继续往下流动，在填料上往下流动的过程中再被冷却，最后聚集在水箱，变成状态 G 的冷水。

最终制取的冷水温度低于状态 A 点的湿球温度，高于 B 点湿球温度，高于 A 点的露点温度。

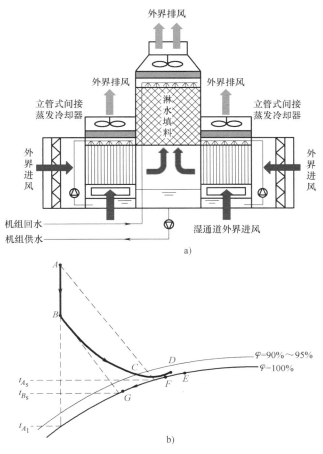

图 5-7　蒸发冷却冷水机组工作原理图的焓湿图

a）工作原理　b）焓湿图

　　间接蒸发冷却制取冷水技术在数据中心的应用，主要是采用蒸发冷却冷水机组为数据中心机房末端空调供冷水的方式。在西北等干燥地区数据中心采用内外冷复合间接蒸发冷却冷水机组作为全年主导冷源，蒸发冷却新风机组作为全年备份冷源，实现干燥地区数据中心全年完全自然冷却。过渡季，开启水侧蒸发冷却运行模式，蒸发冷却冷水机组制取的高温冷水经过板式换热器将冷量输送至末端精密空调（图 5-8）；夏季极端工况，开启水侧-风侧复合蒸发冷却运行模式，

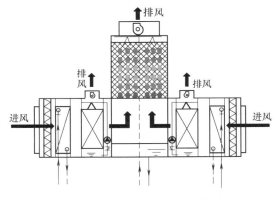

图 5-8　水侧蒸发冷却运行模式

蒸发冷却冷水机组制取的高温冷水经过板式换热器将冷量输送至蒸发冷却新风机组（图 5-9）；低温季节，开启乙二醇自然冷却模式，冷源的外冷式间接蒸发冷却器相当于乙二醇自由冷模块（图 5-10）。

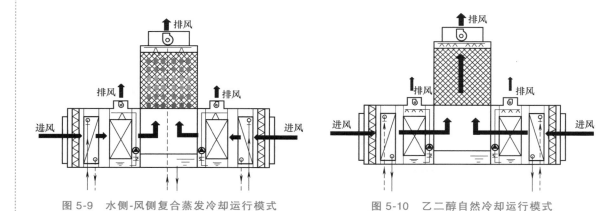

图 5-9　水侧-风侧复合蒸发冷却运行模式　　　图 5-10　乙二醇自然冷却运行模式

5.4.2　蒸发冷却冷水机组性能评价

1. 机组预冷段的冷却效率

预冷式蒸发冷却冷水机组所能制取的冷水温度与进入淋水填料的预冷空气湿球温度密切相关。因此，对于机组预冷段，主要考虑的是其对环境空气湿球温度降低的程度，可通过式 (5-8) 进行描述，称该冷却效率为"亚湿球效率"。亚湿球效率越大，蒸发冷却冷水机组越容易制取低于环境空气湿球温度的冷水。通常，亚湿球效率的数值一般在 30%~50%。

$$\omega = \frac{t_{wb,o}-t_{wb,c}}{t_{wb,o}-t_{dp,o}} \tag{5-8}$$

式中　ω——间接蒸发冷却预冷段的亚湿球效率（%）；

　　　$t_{wb,o}$——环境空气的湿球温度（℃）；

　　　$t_{dp,o}$——环境空气的露点温度（℃）；

　　　$t_{wb,c}$——环境空气预冷后的湿球温度（℃）。

2. 机组淋水填料段的冷却效率

预冷后的环境空气与携带热量的机组回水在淋水填料内直接接触进行蒸发冷却热湿交换过程，机组回水被冷却降温可达到的极限温度是环境空气预冷后的湿球温度。因此，经过淋水填料段处理后，机组回水温度的降低程度可利用式 (5-9) 进行描述，称该效率为"淋水填料水侧冷却效率"。通常，淋水填料水侧冷却效率的数值在 60%~80%。

$$\varGamma_w = \frac{t_H-t_G}{t_H-t_{wb,c}} \tag{5-9}$$

式中　$\varGamma_w$——淋水填料水侧冷却效率（%）；

　　　t_H——机组回水温度（℃）；

　　　t_G——机组供水温度（℃）；

　　　$t_{wb,c}$——环境空气预冷后的湿球温度（℃）。

对于特定的淋水填料以及确定的机组回水温度条件，环境空气预冷后的状态参数对淋水填料的供水温度与其所能制取冷水的极限温度之间的接近程度具有重要影响，因此可利用式 (5-10) 进行描述，称该效率为"淋水填料风侧冷却效率"。通常，淋水填料风侧冷却效率的数值在 60%~80%。

$$\Gamma_{a}=\frac{t_{\mathrm{wb,c}}-t_{\mathrm{dp,o}}}{t_{G}-t_{\mathrm{dp,o}}}$$

$$(5\text{-}10)$$

式中　Γ_{a}——淋水填料风侧冷却效率（%）；

　　　$t_{\mathrm{dp,o}}$——环境空气预冷前后的露点温度相同（℃）。

3. 机组供水温度的预测

根据环境空气的状态参数，利用机组预冷段的亚湿球效率和淋水填料风侧冷却效率，可以对预冷式蒸发冷却冷水机组的供水温度做出预测，见式（5-11）。通过将蒸发冷却冷水机组供水温度预测表达式与环境空气的湿球温度进行做差比较大小，可以得出：当亚湿球效率 ω 和淋水填料风侧冷却效率 Γ_{a} 之和大于 1 时，机组所制取的冷水温度能够低于环境空气的湿球温度；当亚湿球效率 ω 和淋水填料风侧冷却效率 Γ_{a} 之和小于等于 1 时，机组所制取的冷水温度要高于环境空气的湿球温度。通过将蒸发冷却冷水机组供水温度预测表达式看作为 $t_{G,\mathrm{pre}}$ 关于 ω 和 Γ_{a} 的二元函数，分别对 ω 和 Γ_{a} 进行求导处理后比较大小，可以得出：当机组预冷段亚湿球效率 ω 和淋水填料风侧冷却效率 Γ_{a} 之和大于等于 1 时，预冷段亚湿球效率 ω 的改变对机组供水温度的变化影响较大；当机组预冷段亚湿球效率 ω 和淋水填料风侧冷却效率 Γ_{a} 之和小于 1 时，淋水填料风侧冷却效率 Γ_{a} 的改变对机组供水温度的变化影响较大。

$$t_{G,\mathrm{pre}}=\frac{1-\omega}{\Gamma_{a}}(t_{\mathrm{wb,o}}-t_{\mathrm{dp,o}})+t_{\mathrm{dp,o}}$$

$$(5\text{-}11)$$

式中　$t_{G,\mathrm{pre}}$——蒸发冷却冷水机组预测供水温度（℃）。

5.5　土建式蒸发冷却空调系统

5.5.1　土建式蒸发冷却空调系统的组成

数据中心机房的使用功能有别于传统的民用建筑，主要作用是为机房内的服务器提供一个合适的运行环境。结合蒸发冷却空调在数据中心应用的特点，土建式蒸发冷却空调系统在数据中心有良好的应用前景。

图 5-11 和图 5-12 所示为一种利用数据中心建筑结构部件作为蒸发冷却空调系统冷量传

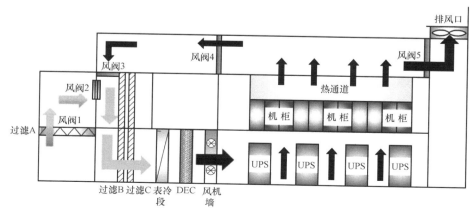

图 5-11　土建式直接蒸发冷却空调系统

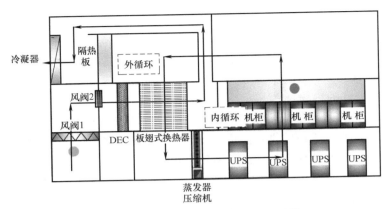

图 5-12　土建式间接蒸发冷却空调系统

输通道的空调系统，称为数据中心用土建式蒸发冷却空调系统。土建式蒸发冷却空调系统，主要不是利用蒸发冷却空调设备，而是利用建筑墙体、敷设夹层、增设气流通道、风机墙等形式来达到数据中心机房排热的目的。因为土建式蒸发冷却空调系统在数据中心没有太多使用的限制，且能较好地利用建筑与外界环境的能量平衡关系，是一种良好的利用自然冷却的途径。

5.5.2　土建式蒸发冷却空调系统运行过程

根据室外温湿度的变化情况，土建式直接蒸发冷却空调系统可以概括为七种工况，工况切换策略见表 5-2。

表 5-2　工况切换策略

工况	工况名称	新风阀	回风阀	风冷机组	干冷器	送风机	排风阀	循环水泵	盘管墙	加湿墙
工况 1	新风和风冷机组联合供冷	全开	关	开	关	全开	全开	开	开	开
工况 2	最大新风供冷	全开	关	关	关	全开	全开	关	关	开
工况 3	75%新风供冷节能	75%开	关	关	关	变频75%	全开	关	关	开
工况 4	50%新风供冷节能	50%开	关	关	关	变频50%	全开	关	关	开
工况 5	35%新风供冷节能	75%开	25%开	关	关	变频50%	35%开	关	关	开
工况 6	干冷器全回风	关	全开	关	开	全开	关	开	开	关
工况 7	风冷机组全回风	关	全开	开	关	全开	关	开	开	关

1. 工况 1

室外空气温度较高且潮湿，如干球温度 31.7℃，相对湿度 48%，此时进入机房内的新风量为最大值。当机房内的温度超过 35℃时，还需要开启风冷冷水机组进行辅助供冷。

2. 工况 2

室外新风单独负担机房内空调冷负荷的情况，此时新风阀全部打开，进入机房内的新风量为最大值。

3. 工况 3~5

室外新风的温度足够低，不需要送风机全开，只需要低频率运行，将一部分新风送入室内，风机功耗较低，最节能，工况 3~5 为阀门开度逐级减小的过程。

4. 工况 6

当室外新风的温度低于 3.7℃，有结冻、结露危害时，关闭新风的引入，关闭排风阀，打开回风阀，开启干冷器，进入干冷器承担室内冷负荷的工况。另外一种情况，如果春秋季出现沙尘暴的天气，也需要关闭新风的引入，同时室外温度不高，也需开启干冷器，此时干冷器承担室内冷负荷的工况。

5. 工况 7

当夏季发生沙尘暴等极端天气，且室外温度较高，不适合使用干冷器，此时进入风冷机组全回风工况，需全部打开风冷机组，冷水机组提供的冷量为最大值。

5.6 蒸发冷却技术在数据中心的应用案例

5.6.1 直接蒸发冷气机典型应用案例

1. 概况

图 5-13 所示为蒸发冷气机在机房的应用。图中所示通信机房为基站机房，属于二类通信机房。机房面积 $380m^2$，层高 $4m$，外墙为水泥砖结构，窗户与室内有一层硅酸钙板隔热层。

2. 负荷特性

通信机房的建筑负荷特性是具有大显热，蒸发冷气机是将空气的显热转化为潜热，大显热负荷的建筑湿负荷可忽略不计。使用蒸发冷却空调的优点是送风量大，可以源源不断地往机房空间输入新鲜的冷风，排出热气。一方面，使通信机房（基站）内的温度大幅度下降，满足通信设备对环境温度及湿度的要求，同时，在一些需要提高空气含湿量的机房，大幅降低通信运营商在加湿系统方面的投入；另一方面在对湿度要求较高的环境中，与机房

图 5-13 蒸发冷气机在机房的应用

精密空调等设备联动严格控制内部环境湿度，减少因对环境温湿度参数控制不当而造成机房设备运行不稳定、数据传输受干扰、出现静电等问题。

3. 空调方式

该机房蒸发冷气机全空气通风空调系统的气流组织形式为侧送侧排，在夏季和过渡季节通过门窗的自然通风，为室内引入新风。

此外，由于数据机房内部均以 IT 设备服务器为主，显热负荷大，湿负荷小，因此高温的机房回风相对干燥，如图 5-14 所示，可以在室外环境条件允许的情况下，使用一部分机房回风与室外新风混合，再经过直接蒸发冷却过程送入室内。这种方式既可以增加直接蒸发冷却的使用效果，又可以实现给机房加湿的功能。

4. 设备选型

该机房原配置 3 台海洛斯机房精密空调，每台空调制冷量为 46kW，功耗为 15.6kW；

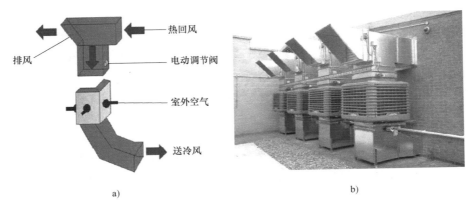

热回风
排风
电动调节阀
室外空气
送冷风

a)   b)

图 5-14　新回风混合型直接蒸发式冷气机空调方式

a）示意图　b）实物图

夏季高温季节 3 台机房精密空调均需处于制冷状态。为了保证机房环境温度的均衡性，3 台空调全年 365 天均处于自动运行状态。

改造后安装蒸发冷气机 5 套，风量为 18000m³/h。为了加强排风效果，对应安装 5 台功率为 1.1kW、排风量为 10000m³/h 的轴流排风机。进风管及蒸发冷气机的室外布置方式如图 5-14b 所示。

5. 使用效果

该机房地处福建。福州夏季室外空调计算干球温度为 36℃，夏季室外空调计算湿球温度为 28.1℃。安装蒸发冷气机后，机房的环境温度最大值为 24.56℃，最低值为 18.8℃，机房的相对湿度的最大值为 69.2%，最低值为 34.5%，满足温湿度要求。

5.6.2　间接蒸发冷却空调机组典型应用案例

1. 概况

该工程位于河北张家口市某大数据产业基地，可以根据客户不同的业务需求，提供与之匹配的全生命周期数据中心业务服务，提供"拎包入驻"的高配信息技术产业服务。数据中心全部投入运行的服务器达到 17 万台，装机总容量达到 200MW，成为国内最大的已投运单体数据中心园区。

2. 空调方式

针对数据中心全年运行的特点，间接蒸发冷却需要辅助以机械制冷，其三种典型运行模式为：当室外温度较低时，室内外空气直接在空气-空气换热器中进行显热交换，此时蒸发冷却不工作，称为干模式；当室外温度较高时，仅靠室内外显热交换无法满足室内送风温度的要求，则需启动蒸发冷却对室外空气喷雾降温，确保机组冷量，此模式为湿模式；当室外温度较高且湿度较大时，需要启动机械制冷来辅助冷却，此模式为混合模式。

3. 应用前景

河北张家口某大数据项目如图 5-15 所示。该大数据项目在业务上有多项创新，其中包括全方位的间接蒸发自然冷却模块设计，打造了中国信息技术产业基础设施大规模部署案例中的全新标杆，同时也是蒸发冷却技术在数据中心的集中展示。间接蒸发自然冷却模块因其运行费用低、模块化程度高、安装方便等优点，在我国数据中心市场被广泛应用。全年根据气象参数变化切换系统运行模式，最大程度降低能源消耗，相对于传统数据中心制冷系统其节能率在 60%左右，且它在初投资上同样表现出很大的优势，因此得到数据中心行业的高度认可。

图 5-15 河北张家口某大数据项目

5.6.3 蒸发冷却冷水机组典型应用案例

1. 概况

该工程位于新疆乌鲁木齐市，建筑外观如图 5-16 所示。该数据中心共 5 层，建筑高度 23m，建筑面积 10738m²。空调系统主要服务于二层通信机房、传输机房及四层 IDC 机房。

2. 负荷特性

该数据中心负荷主要为显热负荷，主要为设备发热量，计算机系统的主机在运行过程中大量散热，如不能及时排除，将导致机柜或机房内温度迅速提高。过高的温度将使得电子元器件性能劣化，降低使用寿命，会加速绝缘材料老化、变形、脱裂，从而降低绝缘性能。机房负荷全年基本稳定，因此系统需要全年运行。空调系统负荷 2767kW，

图 5-16 新疆某数据中心建筑外观

由于数据机房负荷独有的特性，显热为主要负荷，空调区基本无须除湿，结合新疆特有的气候条件，一年四季采用蒸发冷却空调方式可以满足机房对环境温湿度的要求。高负荷一年四季运行采用传统机械制冷将带来的是高能耗、高维护费用、高运行成本。结合气象条件采用蒸发冷却技术结合乙二醇循环冷却技术，将取消机械制冷循环系统，通过合理的切换运行，可以使得数据中心负荷得到有效去除。由于数据中心设备对环境中粉尘颗粒等污染物的限制使得无法通过大风量全空气直流系统带走热负荷，全空气直流系统将使得设备增加投资，运行维护成本提高。且大风量系统带来室内空气洁净度不良时，将导致部分记录设备损坏，影响计算机允许精度，以及造成短路或元器件接触不良等问题发生。因此有效使用机房用冷水机组通过高温冷水带走显热负荷的同时，系统循环可以采用闭式循环满足机房对环境空气质量的要求，同时充分发挥蒸发冷却空气-水系统的优势。

3. 空调方式

该工程针对数据中心负荷特点，在机房内布置了机房专用高温冷水空调机组，机组高温冷水由蒸发冷却冷水机组提供。机房外部设置有蒸发冷却冷水机组，空调区外侧布置有二级蒸发冷却新风机组，其中第一级为外冷式表冷器，第二级为填料式直接蒸发冷却器。

蒸发冷却冷水机组制备高温冷水与数据中心专用空调机组冷水系统通过中间设置换热器换热运行，以保证数据中心空调机组运行处于闭式运行状态。

蒸发冷却新风机组与室内机房专用高温冷水空调机组使用同一台风机循环送风，不同工况时切换水路运行。

为了进一步充分利用干空气能并确保在室外低温度时蒸发冷却冷水机组能够有效带走室内热负荷，冷水机组冬季循环过程闭式循环设计采用乙二醇溶液循环冷却。系统针对不同工况主要有三种运行方式：

（1）冷水机组-机房空调的闭式循环　当蒸发冷却冷水机组提供高温冷水换热后可以满足室内机房专用空调机组排除室内负荷时，关闭蒸发冷却新风机组，开启蒸发冷却冷水机组及机房专用高温冷水空调机组。系统流程图如图 5-17 所示。蒸发冷却制备的高温冷水通往板式换热器，与机房空调回水间接换热后返回机组循环喷淋。机房空调回水一部分通往蒸发冷却冷水机组第一级表冷器预冷室外空气，之后与剩余部分混合后通过中间换热器降温回至空调机组循环。此时系统运行中冷水系统为闭式循环，机房空气也为闭式循环。

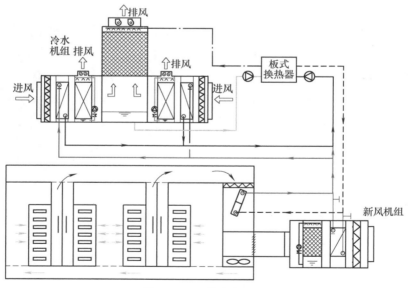

图 5-17　系统流程图一

（2）冷水机组-新风机组的直流式循环　当室内机房专用空调机组不能排除室内负荷时，通过蒸发冷却新风机组开启可以满足要求时，开启蒸发冷却冷水机组及蒸发冷却新风机组运行，使系统空气系统为直流式系统。系统流程图如图 5-18 所示。蒸发冷却制备的高温冷水通往板式换热器，与新风机组回水间接换热后返回机组循环喷淋。新风机组回水一部分通往蒸发冷却冷水机组第一级表冷器预冷室外空气，之后与剩余部分混合后通过中间换热器降温回至空调机组循环。此时系统运行中冷水系统为闭式循环，机房空气为直流式系统。

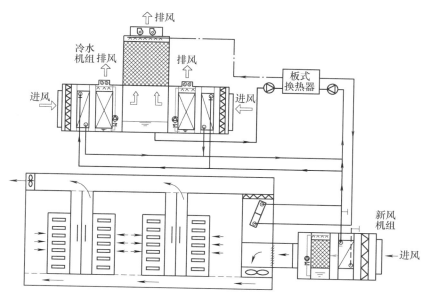

图 5-18　系统流程图二

（3）冷水机组表冷段-机房空调的闭式乙二醇循环　在室外空气干球温度低于 3℃ 时，蒸发冷却新风机组及高温冷机组的循环喷淋段停止运行。通过冷水机组第一表冷器与机房专用空调机组管路循环乙二醇溶液带走机房室内负荷。乙二醇溶液吸收室内负荷温度升高后通往冷水机组表冷器，表冷器通过室外空气与乙二醇溶液换热降低溶液温度后继续通往机房空调机组循环降温。系统原理图如图 5-19 所示。

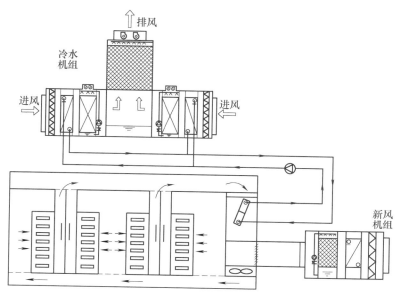

图 5-19　系统原理图

4. 设备选型

该数据中心共选用冷源为蒸发冷却冷水机组 16 台（N+3 冗余），冷水机组实物如图 5-20 所示。蒸发冷却冷水机组由设置的表冷段—管式间接段—填料段组成，单台制冷量为 232kW，流量 40m³/h，单台机组功率 19kW，额定出水温度 16℃。

系统共设计 44 台外冷式蒸发冷却新风机组。二层通信机房、四层 IDC 机房各自设计 18 台外冷式蒸发冷却新风机组（N+4 冗余）；二层传输机房设计 8 台外冷式蒸发冷却新风机组（N+2 冗余）。蒸发冷却新风机组显热制冷量：80kW，额定输入功率：9.4kW，额定风量：16000m³/h。蒸发冷却新风机组实物如图 5-21 所示。

图 5-20　数据中心用蒸发冷却冷水机组　　　　　图 5-21　蒸发冷却新风机组

系统共设计 22 台机房专用高温冷水空调机组。二层通信机房、四层 IDC 机房各配置 9 台机房专用高温冷冻水空调机组（N+2 冗余）；二层传输机房共配置 4 台机房专用高温冷冻水空调机组（N+1 冗余）。机房专用高温冷水空调机组额定制冷量/显冷量为 160.8kW，额定输入功率 8kW，循环风量 39000m³/h。机房专用高温冷水空调机组实物如图 5-22 所示。

5. 使用效果

该数据中心新型蒸发冷却空调系统单独运行冷水机组-机房空调的闭式循环模式时，

图 5-22　机房专用空调机组

机房内温度≤25℃，湿度≤50%。运行冷水机组-蒸发冷却新风机组直流式循环模式时，机房内温度≤22℃，湿度≤60%。

5.6.4　土建式蒸发冷却空调系统典型应用案例

1. 概况

宁夏中卫云计算数据中心位于我国宁夏回族自治区中卫市（图 5-23），总用地面积 40

万 m^2，地势平坦开阔。总建筑面积约 18 万 m^2，包含 8 栋互联网数据中心（IDC）机房楼、4 栋动力机房以及其他生产、生活辅助用房。

该工程的一期建设包含 2 栋 IDC 机房楼，4000 台 8kW 的标准 IT 机架，均按照《电子信息系统机房设计规范》（GB 50174—2008）中的 B 级机房标准进行建造。

图 5-23　宁夏中卫某数据中心

2. 空调方式

该工程采用直接新风蒸发冷却为主要冷源，常规的模块化风冷冷水机组和干式冷却器作为蒸发冷却空调冷源的备份和补充。干燥、凉爽的室外新风经过滤器由送风机直接送入主机房，凉爽的空气通过冷通道、机柜、热通道，将机柜的热量带出，最后排至室外。在室外空气品质较差且不宜采用物理过滤时，如沙尘暴天气，并且室外空气的干球温度较低，可以通过干冷器的换热过程将室内的负荷抵消。在室外空气品质较差，且室外空气与室内环境的焓差值不能抵消机房的空调负荷时，需要冷水机组作为辅助冷源。干冷器和风冷冷水机组均按照服务器的满负荷配置，保证了空调系统的 2N 冗余配置水平的要求。

3. 设备选型

（1）土建风墙腔小室　空调系统的风利用建筑物的土建风道、风腔进行输送，各个空调设备功能段将土建风腔分为若干小室和房间，具体为：新风进风小室、过滤间、加湿间、盘管间、风机间，以及一层的送风层和回风夹层、排风间。

（2）过滤段　空调系统设 G1 无纺布预过滤段、G3 板式粗效过滤段以及 F7 袋式中效过滤段。G1 无纺布预过滤段安装面积 260m^2，共 168 块，F7 袋式中效过滤段共 168 块，过滤段的迎风面风速均不大于 2m/s。

（3）风机及风机墙　风路的动力全部来自风机墙，每个模块的风机墙由 168 台数字化无刷直流电动机（EC）离心变频节能低噪声风机组成，风机采用矩阵式布置，以柱、梁作为物理分割，分 7 组。每组共 24 台风机，原则上 20 用 4 备。实际运行时因考虑到风机风量短路的问题，每组的 24 台风机同时开启，总风量上预留 1/6 作为备用。

（4）乙二醇溶液系统　考虑到辅助冷源的冷量输送和防止载冷剂结冻的问题，采用乙二醇溶液作为载冷剂。采用体积分数 40% 的乙二醇溶液，凝固点 -25℃，沸点 106℃，40℃时动力黏度为 1.77mPa·s，10℃时为 4.04mPa·s（4℃的纯水为 1.56mPa·s）。乙二醇溶液系统的设计供回水温度为 15℃/20℃，考虑到管道防腐问题，乙二醇溶液需添加缓蚀剂，缓蚀剂以环保、无毒、不产生次生腐蚀和次生阻力为原则。图 5-24 所示为宁夏中卫某数据中心蒸发自然冷却系统设备实物。

4. 使用效果

该项目设计工况下的瞬时 PUE 达到 1.2，设计工况下年均 PUE 约为 1.25，该系统与传统大型数据中心制冷方案相比，全年节能率超过 60%。这种与建筑结合的空调系统设计充分发挥了蒸发冷却的降温作用，同时其设计理念也体现了制冷空调在数据中心的重要作用。

89

a)   b)   c)

图 5-24 宁夏中卫某数据中心蒸发自然冷却系统

a）新风进风口 b）袋式过滤-直接蒸发冷却段 c）风机墙

参 考 文 献

［1］ 黄翔. 蒸发冷却空调理论与应用［M］北京：中国建筑工业出版社，2010.

［2］ 黄翔. 蒸发冷却空调原理与设备［M］北京：机械工业出版社，2019.

［3］ 张泉，李震，等. 数据中心节能技术与应用［M］北京：机械工业出版社，2018.

［4］ 中国制冷学会数据中心冷却工作组. 中国数据中心冷却技术年度发展研究报告 2016［M］. 北京：中国建筑工业出版社，2017.

［5］ 中国制冷学会数据中心冷却工作组. 中国数据中心冷却技术年度发展研究报告 2017［M］. 北京：中国建筑工业出版社，2018.

［6］ 中国制冷学会数据中心冷却工作组. 中国数据中心冷却技术年度发展研究报告 2018［M］. 北京：中国建筑工业出版社，2019.

［7］ 中国制冷学会数据中心冷却工作组. 中国数据中心冷却技术年度发展研究报告 2019［M］. 北京：中国建筑工业出版社，2020.

［8］ 耿志超. 干燥地区数据中心间接蒸发自然冷却空调系统的应用研究［D］. 西安：西安工程大学，2018.

［9］ 郭志成. 新疆某数据中心自然冷却空调系统的应用研究［D］. 西安：西安工程大学，2019.

［10］ 田振武. 数据中心机房新型蒸发冷却空调系统应用的理论及分析［D］. 西安：西安工程大学，2020.

第 6 章
蒸发冷凝

6.1 蒸发冷凝原理及设备分类

6.1.1 蒸发冷凝技术原理

蒸发冷凝技术是将冷却塔和冷凝器"合二为一",以空气和水作为冷却介质,其工作原理如图 6-1 所示。工作时,在水泵和风机的作用下,水经喷淋装置喷淋于制冷剂换热管表面并形成水膜,水膜和空气在温度差和水蒸气分压力差的共同作用下进行热质交换,水膜吸收管内制冷剂蒸气的热量,同时与管外快速流动的空气直接接触发生直接蒸发冷却过程,将热量带走。并且循环水水温被降低,供循环使用,同时风机使空气加大流速流经盘管,不断带走水蒸气,加速喷淋水的汽化。使得冷却管内介质高温高压的制冷剂蒸气冷凝成低温的制冷剂液体,冷凝热被管外侧空气通过风机排到外界。

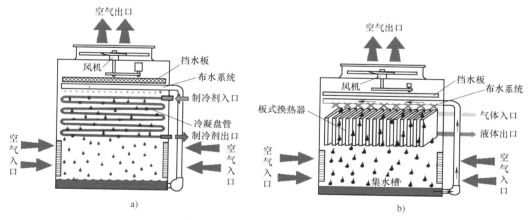

图 6-1 蒸发冷凝器工作原理

a) 盘管式 b) 板式

蒸发冷凝是一项集风冷和水冷优点于一身的优良技术,它不仅有效解决了传统水冷空调冷却塔在北方冬季结冰问题,而且降低了风冷冷凝空调在夏季效率低下甚至宕机的风险。

该技术的基本原理是通过夏季在冷凝侧喷淋降温来降低冷凝温度和冷凝压力,从而提高制冷效率,在冬季通过关闭喷淋水系统并排出喷淋水达到系统安全自然冷却的目的,该技术一般通过高效集成的蒸发冷凝机组实体实现,该机组不仅有效降低了空调占用建筑面积,还大大加快了数据中心的部署时长。同时该技术还可应用在传统老旧风冷空调的改造上,通过对进入冷凝器的热风进行降温，实现节能的目的。

6.1.2 蒸发冷凝设备分类

1. 蒸发冷凝器的分类

根据核心部件冷凝器结构形式的不同，可分为盘管型、管翅型、鼓泡型、板型和板管型蒸发冷凝器五类。近年来，为了强化冷凝器传热，研究出椭圆管、弹形管、扭曲管和异型扁管等管型。

（1）盘管型　因其换热管的分布，可分为水平式和垂直式（图6-2）。垂直式是每根换热盘管自上而下呈"蛇形"分布，制冷剂温度自上而下不断降低；水平式则是换热管从后到前呈"蛇形"分布，制冷剂温度从左至右不断降低。盘管型蒸发冷凝器又因管型的不同，分为圆管、椭圆管、扭曲管、波纹管和异型管等。

a)　　　　　　　　　　　　　　　　　　b)

图6-2　盘管型蒸发冷凝器

a）水平式　b）垂直式

盘管型蒸发冷凝器是使用最多、最普遍的一种蒸发冷凝器，其盘管制作工艺成熟，价格低廉，换热稳定，并可以通过改变其管型来强化传热，达到更高的换热效率。其管型的分类及特点见表6-1。

表6-1　盘管型蒸发冷凝器的管型分类及特点

管型	管材图	特　点
圆管		加工工艺简单成熟，换热效果较为稳定，但在管壁外表面较为容易形成干点以及结生水垢
椭圆管		椭圆状换热管，可以有效地使喷淋水包覆在管子表面，不易形成干点，减少了结水垢的概率

（续）

管型	管材图	特　点
扭曲管		扭曲管空气导流面积增大而阻力面积减小,管截面方向不断变化使管间空气流向也不断变化,空气整体流量较小而有较高的局部流速,空气局部熔值减小,流体流动路线加长也可使热湿交换更充分。扭曲管顶端曲率半径较小,水膜更易附着,管主体可以双面湿润,水膜覆盖率增大,由螺旋状通道的导向和应力作用水膜湍动程度增大,在管表面滑移速度及更新速率都加快,厚度减小,水膜传热速率得到大大提升,管型加工工艺要求较高
波纹管		波纹扰动喷淋水的流态,使其对流传热系数增加,从而强化传热;波纹状的管型,增加了一定的换热面积,并且使液体流动受到一定的阻力,增加换热接触时间,从而也强化了传热

（2）管翅型　在换热盘管外增加翅片,使其换热面积增大,换热效率提高,但其成本高,易结垢,不易清洗。管翅型蒸发冷凝器加大了管外换热面积,有效提高了冷凝器的性能且能减小冷凝器的体积（相对于盘管型）,如图 6-3 所示。

（3）鼓泡型　鼓泡型蒸发冷凝器在底部设置浅水层鼓泡装置,流经换热盘管的水降落在装置上,风机引入的新风鼓动水层形成大量的气泡,使空气与水的接触面积得到最大限度的增加,强化了二者之间的传热传质过程,经鼓泡后的湿热空气从旁边独立的风道排出,喷淋水的温度被有效地降低,从而使蒸发冷凝器的整体性能得到进一步提高。

图 6-3　管翅型蒸发冷凝器实物图

在冬季使用的时候,由于水箱里的水不断形成气泡,相当于迫使水在不断运动,从而可以防患冬季冻裂水箱的问题。

（4）板型　板型蒸发冷凝器的核心部件是换热板片,制冷剂从板内部流过,板外部由于淋水与空气的作用,使水蒸发带走管内侧的冷凝热。板型蒸发冷凝器又由其换热板的不同分为平板式、波纹板、凹凸板、内翅板式蒸发冷凝器。其特点是结构紧凑,体积小,易形成均匀的水膜。

板型蒸发冷凝器的换热板组是用薄金属板压制成具有一定波纹形状的换热板片组装而成,冷热流体依次流经 2 块板片间形成的通道,并通过此板片换热。单位压降下,换热板组的换热系数是换热管组的 3~5 倍,占地面积为其 1/3,金属耗量仅占其 2/3,因此换热板组是一种高效、节能、节约材料、节约投资的先进热交换设备。将换热板组应用于蒸发冷凝器,突破了传统盘管或翅片管型冷凝器的结构特点,是一种新型的凝汽设备,如图 6-4 所示。

（5）板管型　板管型蒸发冷凝器在箱体内装有板管组,在板管组的上方为喷淋装置,如图 6-5 所示。在板管型蒸发式冷凝器工作过程中,水泵不断将水槽中的循环冷却水送至板束的上方,布水器将水均匀地喷洒在板片上,喷淋水在重力的作用下向下流动,在板片表面形成连续的水膜。制冷剂蒸气从板管组的上面进入板管内部,在冷凝之后变成液态从下面流

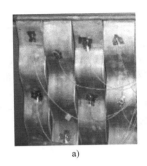

图 6-4 板型冷凝器

a）波纹板 b）凹凸板

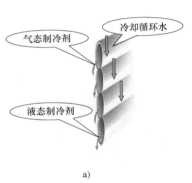

图 6-5 板管型换热器

a）原理图 b）局部剖面实物图 c）实物图

出，制冷剂在板管内部冷凝放出的热量在水膜蒸发过程中被吸收带走。因水膜吸热蒸发而形成的水蒸气则与空气混合，混合后形成的高温高湿空气在风机的驱动下不断被排出释放到大气中，未蒸发的喷淋水回落到下面的水槽中。水槽中设有浮球阀调节控制水槽中的水位，可以及时补充在设备运行中因蒸发而减少的喷淋水。

此外，喷淋水在循环利用过程中不断蒸发，水中的不纯物质的浓度不断上升，如果喷淋水中的不纯物质浓度达到一定限度后，在板片的表面会生成污垢，因此在水槽底部设有排污装置，不间断地排出一定量的水，使喷淋水中不纯物质的浓度保持在产生污垢的临界值以下。其主要技术形式是在原来板型的基础上，在板间形成一个一个的管，制冷剂从管间流过。其特点是，喷淋水在板管外侧能形成更均匀水膜，不易形成干点并结垢，换热效率更高。

蒸发冷凝器的优点有：占地面积小，换热效率高，耗水量小，结构紧凑，安装方便，且能耗低，冷凝温度低等。

2. 蒸发冷凝空调的分类

蒸发冷凝空调分为分体式蒸发冷凝空调、一体化蒸发冷凝式空调机组、蒸发冷凝式冷水机组等。

（1）分体式蒸发冷凝空调 相比于传统的分体式空调，蒸发式冷凝空调只是在室外对冷凝器做了特殊的设置，就是将冷凝器中的铜管铝箔换热器更换为具有蒸发冷凝功能的换热器，主要的做法是将冷凝器与填料耦合，放置在室外机，如图 6-6 所示，并通过外机中的循环水不断地喷淋作用蒸发吸收冷凝器的热量。较原来的冷凝温度降低 5~8℃，有效降低了整机的能耗。

图 6-6　分体式蒸发冷凝空调室外机

（2）一体化蒸发冷凝式空调机组　一体化蒸发冷凝式空调机组就是将传统的机械制冷的各个部件（即制冷四大件），其中的冷凝器部分应用具有蒸发冷凝功能的换热器，并且结合直接蒸发冷却段、间接蒸发冷却段以及各个功能段整合在一个组合式箱体中完成空气的热湿处理过程，并在不同的季节开启不同的功能段实现全年全周期的使用。一体化蒸发冷凝空调机组结构如图 6-7 所示。

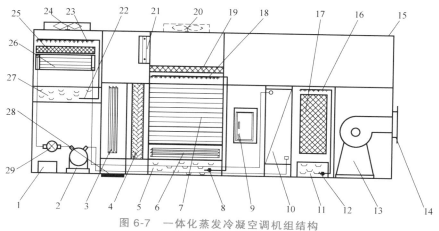

图 6-7　一体化蒸发冷凝空调机组结构

1—PLC 电控箱　2—压缩机　3—新（回）风口 a　4—初效过滤器　5—蓄水池 a　6—二次空气进风口
7—管式间接蒸发冷却器　8—循环水泵 a　9—检修门　10—蒸发器　11—蓄水池 b　12—循环水泵 b
13—风机　14—机组出风口　15—集装箱式外壳　16—布水器 b　17—填料 a　18—布水器 a　19—挡水板
20—二次排风机　21—二次风阀　22—循环水泵 c　23—布水器 c　24—冷凝排风机　25—填料 b
26—板管型蒸发冷凝器　27—蓄水池 c　28—新（回）风口 b　29—热力膨胀阀

新型一体化蒸发冷凝空调机组主要由机械制冷段、新（回）风段、过滤段、管式间接蒸发冷却段、直膨段、直接蒸发冷却段、风机段等组成，如图 6-8 所示。

（3）蒸发冷凝式热泵机组　蒸发冷凝式热泵机组在运行制热工况时，也属于一种空气源热泵，是以原蒸发冷凝器作为热源端，使用端换热器提供热水，通过改变制冷剂流向来实现制热功能，其流程如图 6-9 所示。

制热模式下，使用端换热器的工作原理同传统风冷热泵的工作原理，在热源端换热器

图 6-8　新型一体化蒸发冷凝空调机组实物

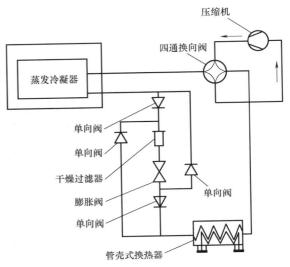

图 6-9　蒸发冷凝式热泵机组系统流程图

（蒸发式冷凝器）通过外表面的水与内侧的制冷剂换热，将蒸发式冷凝器的循环水的热量传递给内侧的制冷剂，外侧通过循环水与空气换热，将空气的热量传递给循环水，包括空气中部分凝结水的热量传递给循环水。

　　蒸发冷凝器在制冷工况下，由于水的蒸发导致整体的换热器系数较高，在制热工况下，可用的换热面积偏少，因此，必须使用循环水扩大换热面积，一般还会在蒸发冷凝器侧增加填料，扩大循环水与空气的换热面积，强化换热。在制热模式下，如果作为热源侧的蒸发冷凝器不运行循环水（也就是不喷水），空气直接与蒸发冷凝器的制冷剂管道或管板换热，由于空气的换热系数较低，会致使换热性能非常差，机组无法正常运行；在蒸发式冷凝器外表侧喷水后，由于循环水与蒸发冷凝器的制冷剂管道或管板换热的换热系数较高，可以在当前换热面积下循环水释放热量给蒸发冷凝器内侧的制冷剂，再通过扩充换热面积的填料，使空气与循环水有足够的热交换面积，从而使得循环水从空气中吸收足够的热量。

　　低环境温度下，如果水温进一步降低，达到水的冰点，会致使水结冰，使得蒸发冷凝热泵无法正常运行，因此，需要在蒸发冷凝器的循环水中添加防冻剂，这样才能使机组正常稳定运行（由于防冻剂的稀释而产生的防冻剂再生问题不在本书讨论范围）。添加防冻剂后，机组可以不需要融霜，一直稳定、持续地提供热源。

　　3. 蒸发式冷凝冷水机组的分类

　　1）蒸发式冷凝冷水机组　　根据蒸发冷凝器中风机位置的不同，可分为吸风式蒸发冷凝器和送（鼓）风式蒸发冷凝器。送风式蒸发冷凝器的风机在设备侧面底部进风口处，通过风机运转，形成正压，将空气压入机组内，与换热器表面水膜进行热质交换；而吸风式蒸发冷凝器的风机在设备顶部排风口处，风机运转造成箱体负压，从而使空气被吸入箱体，与换热器表面水膜进行热质交换。

　　吸风式蒸发冷凝冷水机组，这种吸风方式可以使箱体内保持负压，使内部空气充满整个腔体，流动稳定，可有效降低水的蒸发温度。由于高湿度并夹带微小液滴的空气通过风机，风机的零件容易受到腐蚀破坏，因此需要在板管组和风机之间安装挡水装置，如图 6-10

所示。

送风式蒸发冷凝冷水机组其结构如图 6-11 所示，其内部气流流动不均匀，但风压大，适合在风道距离过长的场合使用。

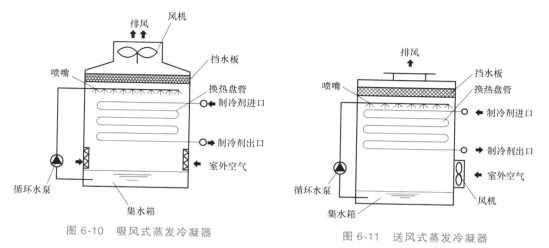

图 6-10　吸风式蒸发冷凝器　　　　　图 6-11　送风式蒸发冷凝器

2）蒸发冷凝冷水机组根据机组的整体构成可以分为分体式蒸发冷凝冷水机组和整体式蒸发冷凝冷水机组，如图 6-12 和图 6-13 所示。

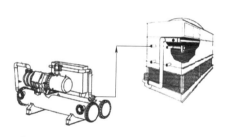

图 6-12　分体式蒸发冷凝冷水机组

图 6-13　整体式蒸发冷凝冷水机组

分体式蒸发冷凝冷水机组将压缩制冷机组与冷凝器分开设置，两者之间通过制冷剂管道连通，将冷凝器和冷却塔"合二为一"，相比冷却塔+压缩制冷机组的形式，蒸发冷凝器+压缩制冷机组形式机组散热效果更好，制冷能效比高。

整体式蒸发冷凝冷水机组将机组做成一体化形式，压缩机、冷凝器、节流装置、蒸发器等制冷部件以及布水装置安装在一个制冷机组内，结构更紧凑，机组冷量配置灵活，可模块化组合，安装与维护方便。

6.2　蒸发冷凝空调机组

6.2.1　蒸发冷凝空调机组的工作原理

蒸发冷凝空调机组主要由压缩机、蒸发冷凝器、膨胀阀、蒸发器组成，其中蒸发冷凝器应用蒸发冷凝技术，管外侧发生直接蒸发冷却过程，利用水蒸发吸收热量，带走冷凝管表面的热量。在此过程中管外空气与水膜热质交换，空气将显热传递给水，空气温度降低，水吸热汽化为水蒸气放出潜热，水温降低。冷量通过管壁导热作用冷却管内制冷剂。此过程示意图如图 6-14 所示。

从结构上来看，蒸发冷凝技术能够将冷却塔与冷凝器合二为一，减小占地面积，结构紧凑、安装维护方便。从能量消耗来看，蒸发冷凝器充分利用水的显热和蒸发潜热，用水量仅为水冷式的 3%～5%，冷凝温度比风冷式冷凝器低 8～11℃，比水冷式冷凝器低 3～5℃，能耗约为水冷式冷凝器的 80%，风冷式冷凝器的 30%。蒸发冷凝空调机组相较于传统空调机组可大大降低压缩机所耗能量，也排除了水冷式系统中水泵的问题和大量用水而产生的水处理问题，运行费用也有所降低。

一体化蒸发冷凝空调机组有三种运行模式：

（1）直接蒸发冷却运行模式（DEC） 在此模式下，开启新（回）风段、过滤段、直接蒸发冷却段和风机段。通过循环水泵抽吸作用，将蓄水池里的水吸到布水器中喷出，淋在直接蒸发冷却段填料表面，与从新（回）风口进入的空气进行热湿交换，对空气进行加湿、降温、过滤。其空气处理过程如图 6-15 所示。

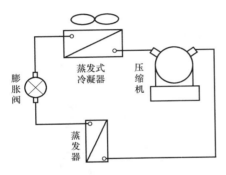

图 6-14　蒸发冷凝空调机组制冷系统示意图

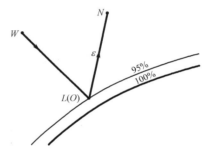

图 6-15　一体式蒸发冷凝空调机组 DEC
模式空气处理焓湿图

（2）间接蒸发冷却-直接蒸发冷却运行模式（IDEC） 此模式下，开启新（回）风段、过滤段、管式间接蒸发冷却段、直接蒸发冷却段和风机段。按照季节不同，还可细分为冬季运行和过渡季运行。冬季运行时，对于像数据中心这样需要全年供冷的建筑，冬季室外温度极低的空气是免费的冷源，此时进行自然冷却，室外新风由二次排风机从二次风空气进风口吸入，室内回风从新（回）风口进入，通过过滤段进入管式间接蒸发冷却器干通道内，与室外新风通过管壁进行换热降温后，由风机通过机组送风口送入室内，带走室内余热，此时机组为干工况。过渡季运行时，空气从新（回）风口进入，经过滤段后进入管式间接蒸发冷却器干通道内，循环水在管表面与从二次空气进口进入的室外空气接触，进行热湿交换，发生等焓冷却过程，然后通过管壁的导热将干通道内的空气等湿冷却。冷却后的空气继续在直接蒸发冷却段填料表面与喷淋水进行热湿交换，从而对空气达到降温加湿的目的。关闭二次风阀，换热后的二次空气通过二次排风机排走。其空气处理过程如图 6-16 所示。

（3）蒸发冷却-机械制冷联合运行模式（IEC+DX） 在这种模式下，开启机械制冷段、新（回）风段、过滤段、管式间接蒸发冷却段、直膨段和风机段，按照需要可开启直接蒸发冷却段。具体过程是：空气侧，新（回）风经过过滤段后进入管式间接蒸发冷却器干通道，循环水喷淋在管式间接蒸发冷却器的管表面与从二次空气进口进入的二次空气接触，进行热湿交换，发生等焓冷却过程，然后通过管壁的导热将干通道内的空气等湿冷却。经间接蒸发冷却器冷却后的空气流经直膨段内蒸发器与其盘管内制冷剂通过壁面导热发生热交换，实现减湿冷却过程后，由风机抽吸作用将空气送入室内。此时机组为湿工况。冷凝部分，开启二次风阀，由管式间接蒸发冷却器中的二次空气从上方空间进入机械制冷段板管式蒸发冷凝器盘管表面，与先淋在填料表面和二次空气进行热湿交换降低水温的循环水进行热湿交换，通过水的蒸发带走冷凝热，由上方的冷凝排风机排走。如果出风含湿量过低，还可以开启直接蒸发冷却段进行加湿、过滤。其空气处理过程如图 6-17 所示。

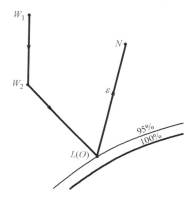

图 6-16　一体式蒸发冷凝空调机组 IDEC 模式空气处理焓湿图

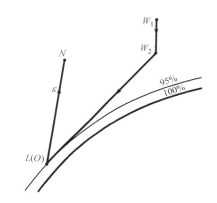

图 6-17　一体式蒸发冷凝空调机组 IEC+DX 模式空气处理焓湿图

6.2.2　蒸发冷凝空调机组性能评价

在制冷系统中，可由以下参数作为蒸发冷凝器的性能评价指标。

1. 制冷量

$$Q_e = V_s A_b \rho_a c_a (h_{s,o} - h_{s,i}) \qquad (6-1)$$

式中　Q_e——系统制冷量（kW）；

　　　V_s——空调箱表冷器入口平均风速（m/s）；

　　　A_b——风速测试截面面积（m²）；

　　　ρ_a——空气密度（kg/m³）；

　　　c_a——比热容［kJ/(kg·K)］；

$h_{s,o}$，$h_{s,i}$——表冷器进、出口空气焓值，由温湿度计算得出。

2. 排热量

$$Q_e = V_p \rho_a c_a (h_{p,o} - h_{p,i}) \qquad (6-2)$$

式中　Q_e——蒸发冷凝器排热量（kW）；

　　　V_p——空调箱表冷器入口平均风速（m/s）；

　　　ρ_a——风速测试截面面积（m²）；

$h_{p,o}$，$h_{p,i}$——蒸发冷凝器进、出口空气焓值，由温湿度计算得出。

3. 压缩机 COP

$$COP = \frac{Q_e}{P_c} \tag{6-3}$$

式中　Q_e——系统制冷量（kW）；

　　　P_c——压缩机功率（kW）。

4. 制冷系统 SCOP

$$SCOP = \frac{Q_e}{P_c + P_p + P_f} \tag{6-4}$$

式中　P_p——蒸发冷凝器循环水泵功率（kW）；

　　　P_f——蒸发冷凝器引风机功率（kW）。

6.3　蒸发冷凝冷水机组

6.3.1　蒸发冷凝冷水机组的工作原理

蒸发冷凝冷水机组是以冷却水作为冷却介质来散热的，结合风冷式和水冷式冷水机组的优点而发展起来的一种冷水机组。它主要由蒸发器、节流元件、压缩机、蒸发冷凝器四个主要部件及其他附属部件构成。其工作流程为：低温低压的制冷剂蒸气，经过压缩机压缩成高温高压过热蒸气后，进入蒸发冷凝器的换热盘管内冷凝成液体并向传热管外水膜放热，经储液罐缓冲后通过干燥过滤器进入膨胀阀，绝热膨胀成低温低压制冷剂液体进入蒸发器中蒸发，最后具有一定过热度的制冷剂蒸气再次回到压缩机，如此循环实现冷水机组中制冷剂的循环流动。图 6-18 所示为蒸发冷凝冷水机组工作原理图。

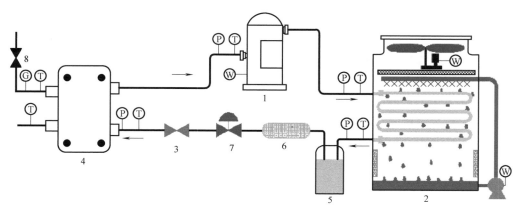

图 6-18　蒸发冷凝冷水机组工作原理

G—涡轮流量传感器　T—铂热电阻　P—压力变送器　W—功率表

1—压缩机　2—蒸发冷凝器　3—膨胀阀　4—板式蒸发器

5—储液器　6—干燥过滤器　7—电磁阀　8—阀门

蒸发器中制冷剂蒸发吸热，制取低温冷冻水，低温冷冻水沿冷冻水管被分配到空调末端来吸收房间热量，而升温后的冷冻水再回到冷水机组蒸发器内，完成冷冻水循环。

6.3.2　蒸发冷凝冷水机组性能评价

对冷水机组的性能评价，实际上是将影响冷水机组性能的各种因素综合起来，来反映冷水机组节能性。目前，国际上评价冷水机组性能普遍采用的指标有性能系数 COP（Coefficient of Performance）和综合部分负荷性能系数 IPLV（Integrated Part-Load Value）以及蒸发冷凝冷水机组综合性能系数计算 EER（Rated Energy Efficiency Ratio），并且近年来在数据中心制冷设备领域也不断在强调水利用效率 WUE（Water Usage Effectiveness）。各国/地区冷水机组评价情况见表 6-2。

表 6-2　各国/地区冷水机组评价情况

国家/地区	美国	加拿大	澳大利亚	中国	欧洲	新加坡
强制性	非强制性	强制	强制	部分强制	非强制性	强制
能效标准	Ashrae90.1—2010	CSA—C743—02	Ashrae90.1—2010	GB 19577—2015	无,但有能效标识分级代号 A~G	SS530—2006
指标	COP IPLV	COP IPLV	COP IPLV	COP IPLV	EER, ESEER	COP

1. COP

COP 是指在规定的试验条件下，制冷及制热设备的制冷及制热量与其消耗功率之比，其值用 W/W 表示。蒸发冷凝冷水机组的性能系数（COP）不应低于表 6-3 中的数值。

表 6-3　蒸发冷凝冷水机组的性能系数（COP）

类型	名义制冷量 CC/kW	性能系数（COP）					
		严寒 AB 区	严寒 C 区	温和地区	寒冷地区	夏热冬冷地区	夏热冬暖地区
活塞式/涡旋式	CC≤50	2.60	2.60	2.60	2.60	2.70	2.80
	CC>50	2.80	2.80	2.80	2.80	2.90	2.90
螺杆式	CC≤50	2.70	2.70	2.70	2.80	2.90	2.90
	CC>50	2.90	2.90	2.90	3.00	3.00	3.00

2. IPLV

IPLV 是用一个单一数值表示的冷水机组等设备的部分负荷效率指标，它基于机组部分负荷时的性能系数值，按照机组在各种负荷率下的运行时间等因素，进行加权求和计算获得。电动机驱动的蒸气压缩循环冷水机组的综合部分负荷性能系数（IPLV）应按式 (6-5) 计算。蒸发冷凝定频冷水机组的综合部分负荷性能系数（IPLV）不应低于表 6-4 中的数值。

$$IPLV = 1.2\% \times A + 32.8\% \times B + 39.7\% \times C + 26.3\% \times D \tag{6-5}$$

式中　A——100%负荷时的性能系数（W/W），冷凝器进气干球温度 35℃；

B——75%负荷时的性能系数（W/W），冷凝器进气干球温度 31.5℃；

C——50%负荷时的性能系数（W/W），冷凝器进气干球温度 28℃；

D——25%负荷时的性能系数（W/W），冷凝器进气干球温度 24.5℃。

表6-4 蒸发冷凝冷水机组综合部分负荷性能系数（IPLV）

类型	名义制冷量 CC/kW	综合部分负荷性能系数 IPLV					
		严寒AB区	严寒C区	温和地区	寒冷地区	夏热冬冷地区	夏热冬暖地区
活塞式/涡旋式	CC≤50	3.10	3.10	3.10	3.10	3.20	3.20
	CC>50	3.35	3.35	3.35	3.35	3.40	3.45
螺杆式	CC≤50	2.90	2.90	2.90	3.00	3.10	3.10
	CC>50	3.10	3.10	3.10	3.20	3.20	3.20

受 IPLV 的计算方法和检测条件所限，IPLV 具有一定适用范围：

1）IPLV 只能用于评价单台冷水机组在名义工况下的综合部分负荷性能水平。

2）IPLV 不能用于评价单台冷水机组实际运行工况下的性能水平，不能用于计算单台冷水机组的实际运行能耗。

3）IPLV 不能用于评价多台冷水机组综合部分负荷性能水平。

3. EER

由于蒸发冷凝器中风机和水泵都需要消耗能量，为此评价蒸发冷凝冷水机组的综合能效比 EER，其优势在于可得到制冷机组能效比最高的性能参数，为蒸发式冷凝器在机房空调领域的应用推广提供数据依据。

$$EER = \frac{Q_o}{P_c + P_p + P_f} \quad (6-6)$$

式中　Q_o——蒸发冷凝器制冷系统制冷量（kW）；

　　　P_c——压缩机输入功率（kW）；

　　　P_p——水泵输入功率（kW）；

　　　P_f——风机输入功率（kW）。

6.4 蒸发冷凝技术在数据中心的应用案例

6.4.1 北疆某数据中心应用案例

1. 工程概况

该工程位于乌鲁木齐市某软件园东北侧，原为丙类厂房，层高 5.4m，建筑高度 28.2m。经局部加固后，按《数据中心设计规范》（GB 50174—2017）A 级标准改造建设为数据中心，其中，改造建筑面积为 835m²。大楼一层为电气辅助用房，二~三层为数据机房，四层为监控及配套办公用房，屋顶局部是空调及配电设备用房。该工程共规划 860 个机架，单机架平均功率为 4kW。工程效果图如图 6-19 所示。

2. 空调系统方案

该工程空调冷负荷为 3650kW，采用风冷冷冻水空调系统，空调系统冷源由板管型蒸发冷凝冷水机组提供，共设置 5 台（4 主 1 备），均置于四层屋面。制冷系统满足工艺空调及辅助用房的需要，空调的供配电系统、不间断电源系统、柴油发电机系统、电池、主机集中控制及管理系统均按照 A 级机房标准设计。

图 6-19　工程效果图

（1）冷源系统　考虑到用冷安全余量及主机冷量的修正，本期安装 5 台单台制冷量为 1000kW 带自然冷源的冷水机组，4 主 1 备运行，可提供 4000kW 的制冷量，满足机房及辅助用房、配套办公用房等的用冷需求。其冷源侧水系统图如图 6-20 所示。

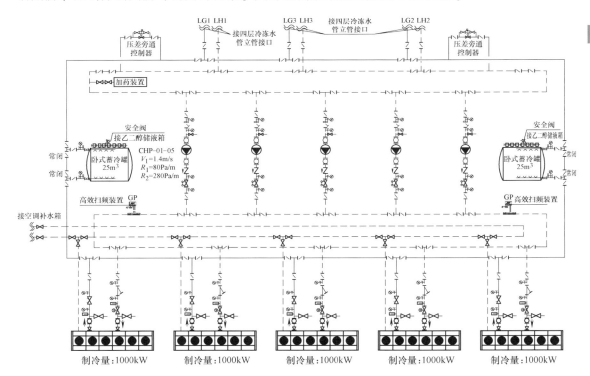

图 6-20　冷源侧水系统流程图

冷水机组采用板管型蒸发冷凝技术，实现空调主机冷源、冷却系统一体化、无须额外配置冷却塔、冷却水泵、冷却水系统管路；自然冷源运行时，不需要经过板式换热器二次换热，提高了自然冷源开启温度阈值，增加自然冷源运行时间，实现了进一步的节能。基于该工程的实际情况，板管型蒸发冷凝冷水机组置于大楼的屋面，如图 6-21 所示。

板管型蒸发式机房专用冷水机组（带自然冷源）默认设定，由机组出水温度调节压缩机运行，同时记录出水温度、回水

图 6-21　板管型蒸发冷凝冷水机组实景图

温度及环境温度，根据其变化趋势预判负荷变化，自主选择压缩机的运行数量和能级调节。同时，机组根据环境温度及其变化趋势情况实现空调机组运行的自动模式转换：

1）当环境湿球温度≥5℃时，机组初始运行压缩机制冷模式。

2）当环境湿球温度<5℃时，机组自动转换为喷淋自然冷源制冷模式。

3）当机组运行在喷淋自然冷源制冷模式下，如果满载运行的情况下，冷冻水出水温度仍然高于10.5℃时，则机组逐台自动转换为压缩机制冷模式。

4）当环境干球温度低于−15℃时，则机组开启风冷自然冷源制冷模式。

5）当机组运行在风冷自然冷源制冷模式下，如果满载运行的情况下，冷冻水出水温度仍然高于10.5℃时，则机组逐台自动转换为喷淋自然冷源制冷模式。

（2）输配系统　空调水系统采用一次泵变流量系统，系统主干管、主支管采用环路管网设计，各分支供回水管上设截止阀，用以保障末端单点故障时水系统的正常运行和维护。各末端的回水管上设平衡阀，用以调节各末端水力平衡。

为了能实现冬季采用自然冷却模式，同时为避免室外管网在冬季运行时冻结，在冷冻水系统添加体积浓度为45%的乙二醇（冰点温度为−32℃）。

（3）末端系统　为适应数据中心以显热为主的负荷特点，空调末端侧冷冻水采用供/回水温度为12℃/18℃的高水温，减少空调系统不必要的除湿能耗。末端空调采用机房专用精密空调，送风采用无极变频的 EC 风机，气流组织采用地板下送风的送风形式。

3. 节能分析

蒸发冷却空调机组能效主要受室外环境湿球温度影响，根据乌鲁木齐市历年气象参数统计，可知该地区室外湿球温度在全年的变化情况和时长，机组根据不同湿球温度下满负荷运行耗电量选型，所选的板管型蒸发冷凝式自然冷源机房专用冷水机组在满负荷工况下全年运行耗电量见表6-5。

4台1000kW制冷机组全年总耗电量为2.33GW·h，每台机组全年耗电量为0.58GW·h。机组全年平均制冷 COP 为15.03。

该工程设计 PUE 为1.362，由于初期启用250个机柜，经过现场测试，夏季6月（最热月）与冬季12月（最冷月）的运行数据见表6-6。

表 6-5 板管型蒸发冷凝冷水机组在室外不同湿球温度下的全年运行时间及耗电量分析

室外湿球温度 /℃	时长 /h	机组功率 /kW	全年耗电量 /(kW·h)	室外湿球温度 /℃	时长 /h	机组功率 /kW	全年耗电量 /(kW·h)
$t>29$	0	237.32	0.00	$10 \geqslant t>9$	319	160.61	204939.43
$29 \geqslant t>28$	0	232.99	0.00	$9 \geqslant t>8$	349	160.61	224212.73
$28 \geqslant t>27$	0	228.79	0.00	$8 \geqslant t>7$	299	160.61	192090.57
$27 \geqslant t>26$	0	224.71	0.00	$7 \geqslant t>6$	370	160.61	237704.05
$26 \geqslant t>25$	0	220.87	0.00	$6 \geqslant t>5$	454	160.61	291669.29
$25 \geqslant t>24$	0	217.03	0.00	$5 \geqslant t>4$	405	30.00	48600.00
$24 \geqslant t>23$	0	214.03	0.00	$4 \geqslant t>3$	340	30.00	40800.00
$23 \geqslant t>22$	0	206.95	0.00	$3 \geqslant t>2$	351	30.00	42120.00
$22 \geqslant t>21$	0	201.78	0.00	$2 \geqslant t>1$	386	30.00	46320.00
$21 \geqslant t>20$	0	196.98	0.00	$1 \geqslant t>0$	368	30.00	44160.00
$20 \geqslant t>19$	1	192.30	769.20	$0 \geqslant t>-1$	288	30.00	34560.00
$19 \geqslant t>18$	0	187.86	0.00	$-1 \geqslant t>-2$	296	30.00	35520.00
$18 \geqslant t>17$	1	183.66	734.63	$-2 \geqslant t>-3$	276	30.00	33120.00
$17 \geqslant t>16$	1	179.70	718.78	$-3 \geqslant t>-4$	244	30.00	29280.00
$16 \geqslant t>15$	2	175.85	1406.83	$-4 \geqslant t>-10$	1279	30.00	153480.00
$15 \geqslant t>14$	29	169.25	19633.33	$-10 \geqslant t>-15$	1257	27.00	135756.00
$14 \geqslant t>13$	63	165.89	41804.70	$-15 \geqslant t>-20$	674	27.00	72792.00
$13 \geqslant t>12$	93	165.89	61711.70	$-20 \geqslant t>-25$	116	24.00	11136.00
$12 \geqslant t>11$	197	164.57	129682.09	$-25 \geqslant t>-30$	2	24.00	192.00
$11 \geqslant t>10$	300	163.73	196477.06	$t>-30$	0	24.00	0.00

表 6-6 实际测量数据

月份	IT 负荷 /(kW·h)	空调主机耗电 /(kW·h)	水泵耗电 /(kW·h)	末端耗电 /(kW·h)	UPS 损耗 /(kW·h)	低压损耗 /(kW·h)	合计 /(kW·h)
6	299448	53325	20287	11695	10972	8527	404254
12	299331	18000	20203	11554	10635	8031	367754

2018 年 6 月和 12 月实际运行 PUE 分别为 1.349 和 1.229。这是由于提高了系统冷水的水温，且各运行设备效率超过目标值，故系统实际运行 PUE 较设计值有一定程度的降低。

6.4.2 珠海某数据中心应用案例

1. 工程概况

该项目位于珠海保税区，为旧厂房改造项目。总建筑面积约为 13400m²，地下 1 层，地上 8 层，总建筑高度为 34.2m，建筑平面效果如图 6-22 所示。规划总机架数 304 个，单机架功率为 5kW，设计要求机房全年平均 PUE 值不超过 1.4。

2. 空调系统方案

该项目空调系统总冷负荷为 2770kW，采用风冷冷冻水空调系统，由于主机房和动力配套用房的使用功能不用，其送回风参数也不同。因此，根据其使用功能对空调系统进行分区。主机房和电力电池室虽共用一套空调主系统，但其末端系统独立设置。

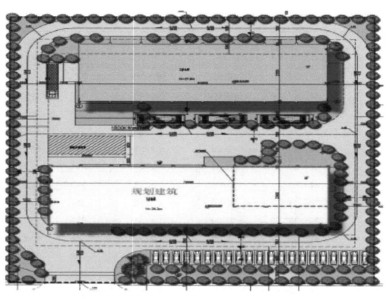

图 6-22　建筑平面效果图

（1）冷源系统方案　其冷源采用蒸发冷凝冷水机组，单台制冷量 1030kW，共配置 4 台（3 主 1 备），均置于屋面，如图 6-23 所示。设置 2 个蓄冷罐，单个蓄冷罐容量为 $50m^3$，保证该项目不间断供冷。

图 6-23　蒸发冷凝冷水机组屋顶安装实景

（2）输配系统　空调输配系统采用一次泵变流量系统，共配置 4 台冷冻水泵（3 主 1 备），冷冻水供回水温度为 10℃/15℃。为保证该项目达到 A 级标准，冷冻水供回水主干管采用环路及双立管供水系统，末端采用环路系统。该项目采用风冷冷冻水空调系统，如图 6-24 所示。

（3）末端系统　主机房的末端系统采用房间级空调进行供冷，采用封闭冷通道+架空地板下送风的形式进行气流组织管理，满足机柜的散热要求。动力配套用房采用普通风柜的形式供冷，其气流组织形式采用上送、侧回的形式。标准层平面工艺如图 6-25 所示，屋顶平面工艺如图 6-26 所示。

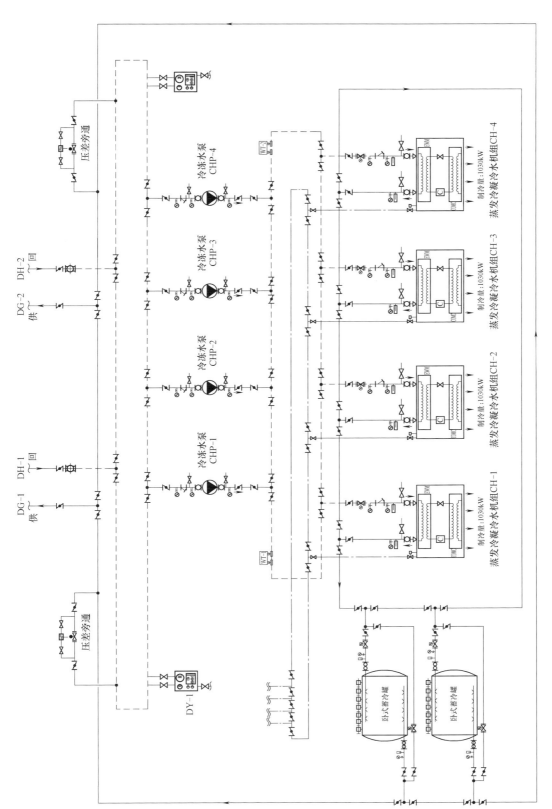

图 6-24　该项目风冷冷冻水空调系统

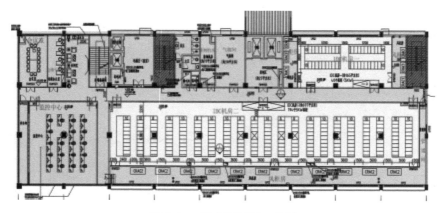

图 6-25　标准层平面工艺图

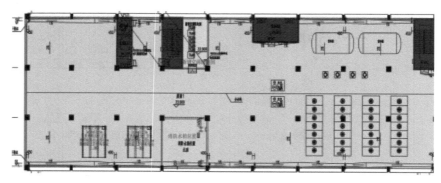

图 6-26　屋顶平面工艺图

6.4.3　甘肃某数据中心应用案例

1. 工程概况

该项目位于甘肃省金昌市开发区，园区总规划面积 517200m²，建设数据中心机楼 24 栋，形成 50000 个机柜的服务能力，年总用电量约 38 亿 kW·h，规划分三期建设。一期工程占地面积 94000m²，建设数据中心机楼 2 栋，动力中心 2 栋，办公及综合支撑楼 1 栋，集控中心 1 栋，形成约 5000 个机柜租用能力，机房总建筑面积约 5 万 m²，年总用电量约 3.8 亿 kW·h，建筑效果图如图 6-27 所示。金昌市年平均气温仅为 4.8~9.2℃，可以最大限度减少数据中心降温成本，同时该市处于河西走廊中段，是古丝绸之路重要节点城市，具有独特的区位优势。

2. 空调系统方案

（1）冷源系统方案　其冷源采用蒸发冷凝冷水机组，单台制冷量 900kW，共配置 8 台，均置于屋面，其实景如图 6-28 所示。该冷源的冷冻水进/出水温为 18℃/12℃。

（2）系统运行模式　该系统采用蒸发冷凝冷水机组，最大限度地利用自然冷源，其运行模式的切换条件见表 6-7。

（3）系统运行效果　采用蒸发冷凝方式，降低运行功耗、水耗，相比传统的机械制冷冷水机组全年平均能效提高 30%，水耗降低 50%。同时其冷源蒸发冷凝冷水机组采用一体

图 6-27　建筑效果图

图 6-28　蒸发冷凝冷水机组屋顶安装实景

化结构设计，在防冻、防风沙等方面兼顾应用环境需求。

表 6-7　系统运行模式

切换条件	运行模式
室外湿球温度>10℃	机械制冷
3℃≤室外湿球温度≤10℃	部分自然冷源运行
室外湿球温度<3℃	完全自然冷源运行

参 考 文 献

［1］ 马洁. 蒸发式冷凝器传热传质特性数值模拟与实验研究［D］. 江苏：南京师范大学，2017.

［2］ 孙荷静. 波纹板蒸发式冷凝器流体流动特性及传热实验研究［D］. 广东：华南理工大学，2010.

［3］ 任勤. 凸凹板蒸发式冷凝器强化传热及性能分析［D］. 广东：华南理工大学，2015.

［4］ 吴昊. 椭圆管蒸发式冷凝器结构设计及模拟仿真研究［D］. 黑龙江：哈尔滨商业大学，2016.

［5］ 李永泰，陈永东，陈明健，等. 波纹管换热器管束整体失稳分析及设计计算要考虑的问题［J］. 压力容器，2013（6）：12-15.

［6］ 朱冬生，郭新超，刘庆亮. 扭曲管管内传热及流动特性数值模拟［J］. 流体机械，2012（2）.

［7］ 蒋翔，王长宏，张景卫，等. 扭曲管蒸发式冷凝器的性能与工业应用［J］. 流体机械，2008（12）.

［8］ 施筠逸，朱冬生，郑伟业，等. 板式蒸发式冷凝器传热传质研究［J］. 热力发电，2012（11）：22-26.

［9］ 戴晨影. 鼓包板片蒸发式冷凝器流动特性与传热性能研究［D］. 广东：华南理工大学，2015.

［10］ 黄翔. 蒸发冷却空调理论与应用［M］. 北京：中国建筑工业出版社，2010.

［11］ 张景卫，朱冬生，蒋翔，等. 蒸发式冷凝器及其传热分析［J］. 化工机械，2007（2）：110-114.

［12］ 王红根. 板管型蒸发式冷凝器传热与流阻特性及结构优化研究［D］. 广东：华南理工大学，2016.

［13］ 约翰·瓦特（John R. Watt, P. E.），威尔·布朗（Will K. Brown, P. E）. 蒸发冷却空调技术手册［M］. 黄翔，武俊梅，译. 北京：机械工业出版社，2008.

［14］ 陈沛霖，秦慧敏. 在美国蒸发冷却技术在空调中的应用［J］. 制冷技术，1990（3）：1-4.

［15］ 区志江. 蒸发式冷凝制冷机组节能研究及其在机房空调的应用［D］. 广东：华南理工大学，2012.

［16］ 住房和城乡建设部. 供暖通风与空气调节术语标准：GB/T 50155—2015［S］. 北京：中国建筑工业出版社，2015.

［17］ 住房和城乡建设部. 公共建筑节能设计标准：GB 50189—2015［S］. 北京：中国建筑工业出版社，2015.

［18］ 吴冬青，吴学渊. 间接蒸发冷凝技术在北疆某数据中心的应用［J］. 暖通空调，2019，49（8）：72-76.

［19］ 李婷婷，黄翔，罗绒，等. 银川某数据中心用蒸发式冷凝器测试分析［J］. 制冷与空调（四川），2018，32（4）：380-386.

［20］ 沈家龙. 蒸发式冷凝器传热传质理论分析及实验研究［D］. 广州：华南理工大学，2005.

［21］ 苏晓青，黄翔，王俊. 蒸发式冷凝冷水机组在数据中心的应用分析［J］. 西安工程大学学报，2016，30（1）：37-42.

［22］ 张意祥. 地铁用蒸发式冷凝空调系统优化研究［D］. 北京：北方工业大学，2019.

第 7 章
喷淋降温

7.1 自动喷淋技术简介

喷淋技术多应用于局部降温，即利用喷嘴喷淋，形成大量液滴，液滴与空气直接接触并进行传热传质，实现空气的降温加湿。喷淋技术在燃气轮机雾化、空调领域、粉尘治理、农药喷洒、消防、喷雾干燥、喷涂工艺等领域广泛应用。20 世纪 70 年代初期，喷淋技术最早在金属切削过程中得到应用，以带走金属切削过程中产生的热量，防止加工工件变形。自动喷淋降温，即通过对某种变量（如温度）变化情况的感知，自动开启喷淋动作。喷淋技术在消防、农业领域的应用由来已久，其中消防领域喷淋技术的应用可以追溯到 19 世纪。世界上第一个实用型自动洒水器于 1870 年产生于英国，它由一个盐粉碎机型的分水器组成，分水器上面有一个盖，盖与分水器用一种低温焊料连接。在遇到火时，焊料受热熔化，使盖脱落，向火喷水，实现自动喷淋。此后，消防领域喷淋技术不断发展，到今天已经十分成熟。农业自动化喷淋系统是一种能够根据环境灰尘浓度和湿度控制电动机转速，从而实现控制喷淋泵喷水量的农业用喷淋系统，属于农业自动化设备领域。喷淋技术的另一个重要应用场合即是各类施工场所，为了达到降尘、降温增湿、养护、消防和清洗等目的，一些大型施工场所会加装喷淋系统，实现上述功能。此外，喷淋蒸发冷却技术被广泛应用于工业界，其中最常见的应用是石油化工、电力生产等工业过程中的冷却塔、蒸发冷凝器、燃气轮机进气冷却以及空气调节系统（如喷淋室、蒸发冷却空调器）等。随着大数据时代的到来，喷淋技术也在航天器、超级计算机、数据中心等场所得到了应用。

喷淋技术在数据中心应用主要是为了降温，包含空气处理和消防降温，如图 7-1 所示。本书前面提到的蒸发冷却、蒸发冷凝、水冷等技术均通过喷淋技术来实现。空调用喷淋技术主要应用在蒸发冷却冷水机组、蒸发冷却空气处理机组、蒸发冷凝、加湿器等；消防用喷淋的目的有两点：隔绝空气和降温。目前数据中心从保护人的角度已开始逐步用喷淋或细水雾的形式进行消防设置，其主要功能是通过挤压空气，减少氧气浓度达到灭火的目的，同时其还具备很好的降温功能，尤其是在锂电池房（锂电池在无氧状态下也可燃烧）的消防设计中，水消防的功能主要是为了电池在燃烧过程中降温，减缓其燃烧程度和覆盖面，达到保护财产的目的。

7.1.1 国内外研究现状

蒸发冷却技术具有环保、高效、经济的优点，广泛用于制冷、电力、水处理等领域，如喷淋室、蒸发冷却空调、冷却塔、蒸发冷凝器、燃气轮机进气冷却。国外学者 Watt[4] 对蒸

图 7-1 喷淋蒸发冷却的应用

a）数据中心用蒸发冷却空调双排喷淋室内部 b）数据中心喷淋箱

c）美国 Facebook 大数据中心喷雾式直接蒸发冷却段内部

发冷却的起源和发展做了全面的论述，为蒸发冷却技术早期的发展做出了巨大贡献。国内从事蒸发冷却研究较早的有哈尔滨工业大学陆亚俊教授[5] 和同济大学陈沛霖教授[6]，他们的研究工作为国内蒸发冷却技术的研究奠定了基础。近些年，西安工程大学黄翔教授团队[7] 对蒸发冷却技术做了大量的研究和推广应用工作。此外，清华大学、天津大学、北京工业大学等高校也进行了相关研究。

喷淋蒸发冷却是利用喷嘴将水进行雾化，增大空气与水之间的接触面积，液滴与空气接触时蒸发带走空气的显热，以实现空气的冷却。喷淋蒸发过程的热质传递规律及其性能控制机制一直是国内外学者关注的重点，主要研究方法包括实验测试和数值模拟。

实验测试方面主要关注点是液滴粒径分布规律及多因素对热质传递过程的影响机制。参考文献［8］基于可视化光学测量方法研究了不同喷嘴在不同工况下的液滴粒径分布规律，其研究结论为准确描述液滴粒径及其分布规律提供了支撑。参考文献［9］对燃气轮机入口空气蒸发冷却的传热传质过程进行了理论分析和实验测试，发现水滴粒径以及水滴和空气的接触时间是影响冷却效率的关键因素。参考文献［10］基于全尺寸测试研究了预喷淋冷却空冷散热器的情况，从喷淋角度和喷嘴位置方面对喷嘴布置进行了优化，使空冷散热器的散热能力提升了 6.7%。参考文献［11］实验研究了运行参数对再生式蒸发冷却降温系统内传热传质过程的影响，发现高温低湿的新风、低风速、低供水温度可提升制冷效果。然而，Zheng 等[12] 实验研究发现喷淋压力和水温对冷却效果的影响较小，可见水温的影响还未形成定论。刘海潮等[13] 采用喷淋蒸发冷却微通道换热器并进行了实验研究，发现淋水密度和风速对冷却效果有影响，蒸发冷却可提升系统换热量 2%～20%。

数值模拟方面的研究热点是耦合传热传质模型及多因素对传热传质性能的影响机理。西安交通大学陶文铨、何雅玲院士团队[14,15] 对数值计算理论和方法进行了大量研究，为流动与传热问题的数值模拟奠定了坚实的理论基础。文哲希等[16] 基于有限差分法将粒子群算法用于预测喷雾冷却过程中的热流密度，可准确预测热流密度随时间的变化规律。赵凯等[17] 用伪势模型代替了 R-K 着色模型建立了一种新的描述气液相变过程的格子 Boltzmann 理论模型，可提高计算效率且得到较好的计算结果，为气液相变过程的数值模拟提供了指导。Raoult 等[18] 基于喷淋形成机理和液滴扩散机理建立了传热传质模型，通过三维数值计算发现低湿空气、小粒径液滴、大喷淋锥角均有利于蒸发，水流量则同时影响液滴浓度和分布区域。Tissot 等[19] 基于欧拉-拉格朗日法建立了液滴喷淋蒸发过程的传热传质模型，模拟发现顺流时小粒径液滴并不一定总是有利于蒸发冷却，需要考虑液滴粒径与分布区域间的平衡问题。Xiao 和 Zhang 等[20,21] 分别建立了预喷淋冷却空冷换热器的三维数值计算模型，模拟发现喷嘴布置间距对冷却效果有一定的影响，Xiao 还研究了喷淋水量、喷淋角度的影响以及水损耗，并通过优化喷嘴布置很大程度提升了冷却效果。

喷淋蒸发冷却过程中，加有压力的喷嘴将大体积液体撕裂为丝带，进而破碎成液滴。可见喷淋蒸发冷却过程受喷嘴压力影响，进而影响喷淋产生液滴的直径。除喷嘴压力和液滴直径外，喷嘴的布置方式及喷淋所应用场合的环境因素（包括环境空气流速、干球温度、空气湿度等）也会影响喷淋蒸发冷却过程，使得蒸发冷却效果有所差异。

喷淋压力是影响喷淋蒸发冷却的根本原因之一。Kachhwaha[22,23] 通过实验研究和模拟发现，在其他因素保持不变时，喷淋压力的升高会提升传热传质效果，有助于蒸发冷却。喷淋压力会改变液滴的直径和液滴分散程度，即喷淋压力的增大会使液滴尺寸减小，增加液滴与周围空气的接触面积，从而促进蒸发冷却；同时喷淋压力越大，液滴分散程度越高，截面的温度均匀性也会得到提高[24,25]。

液滴直径会直接影响蒸发冷却过程，往往液滴直径越小，液滴与周围空气接触面积越大，有利于蒸发冷却[26,27]。Wachtell[28] 首次对水滴的完全蒸发进行了实验研究，发现小于 $20\mu m$ 的水滴在运动 2.5m 后，基本可以完全蒸发。研究发现，液滴尺寸较小时，由于空气与水的接触面积较大，换热充分，蒸发冷却性能较好。但液滴尺寸较小时，其惯性也较小，液滴会随着空气流动而聚集，从而导致局部冷却较好，而其他部分冷却效果变差。反而是尺寸较大的液滴，由于具有较大的惯性，可以保持自己的运动轨迹，覆盖更多的冷却面积，可优化冷却效果[19]。

此外，空气流速对液滴蒸发的影响也较大。在空气流速较快的情况下，大粒径液滴具有较大的蒸发能力，而如果空气速度较小，大粒径液滴会因重力作用滴落至地面。因此，在蒸发冷却过程中，液滴与气流速度之间是否存在最佳匹配，以使得蒸发冷却达到最优，需要进一步深入探究。

喷嘴布置和喷淋方向也是影响喷淋蒸发冷却过程的重要因素。参考文献［25］研究发现，喷嘴喷淋和空气流动方向为顺流时，空气与液滴的接触时间与逆流相比有所减少，不利于蒸发冷却；但顺流流动有助于液滴的充分扩散，逆流流动时有些液滴并不能充分扩散到空气之中。可见，顺流流动和逆流流动的选择并非绝对，应根据应用的要求进行设置。

喷淋蒸发冷却应用时的环境参数也会影响其冷却效果。研究表明，高干球温度、低空气湿度和合适的空气流速有助于喷淋蒸发冷却的进行。干球温度高时，会使得气液两相温差增大，换热驱动力增大，有助于传热；而空气湿度越低，空气能容纳水蒸气的能力越强，越有利于水的蒸发；空气流速适当提高时，可以提高气-液两相传质传热时的湍流程度，但这并不意味着可以无限提高空气流速，因为空气流速提高时，空气与液滴换热时间会有所降低，因此空气的流速要根据应用环境进行适当选取。

喷嘴特性是喷淋蒸发冷却的基础。由图 7-2 可见，日常所用喷嘴形式多样，需根据应用需求合理选择。参考文献 [29] 对离心喷嘴的特性和流场分别进行了实验研究和数值模拟，研究表明，离心喷嘴出口扩散角越大时，出口处喷淋液锥角越大，使液滴更加分散，喷淋区域有效增加；孙美玲等[30] 针对旋转喷嘴内的两相流进行模拟发现，旋流室与喷嘴连接的情况会影响喷嘴的喷淋范围，同时也会改变喷淋液膜的厚度；陈斌[31] 通过实验的方式探索了喷嘴雾化的特性，并总结出液滴粒径随喷嘴压力的变化规律。上述

图 7-2　不同形式的喷嘴

对喷嘴的研究为喷淋蒸发冷却过程的应用打下了良好的基础。

喷淋降温系统多采用闭环控制，由图 7-3 可见，智能控制系统通过温度传感器获得散热片的温度，而后将该信号传递给控制器，分析比较温度的高低，通过控制器控制水阀的开闭，从而进行定量喷淋，以控制整个系统的温度在合理范围之内。随着科技的发展，喷淋降温技术日渐成熟，其应用场所也会愈加广泛。

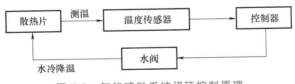

图 7-3　智能喷淋系统闭环控制原理

7.1.2　喷淋降温技术原理

1. 热湿交换原理

喷淋技术的主要原理即热湿交换，喷淋出来的液滴与周围空气发生接触，同时发生显热交换和潜热交换，即发生热交换的同时伴有质交换（湿交换）。显热交换是空气与水之间存在温差时，由温差引起的换热；潜热交换是空气中的水蒸气凝结（或蒸发）而放出（或吸收）汽化热的结果。

根据热质交换理论可知，如图 7-4a 所示，当空气与敞开水面接触时，由于水分子做不规则运动的结果，在贴近水表面处存在一个温度等于水表面温度的饱和空气边界层，而且边界层的水蒸气分压力取决于水表面温度。在边界层周围，水蒸气分子仍做不规则运动，结果经常有一部分水分子进入边界层，同时也有一部分水蒸气分子离开边界层进入空气中。空气和水之间的热湿交换与远离边界层的空气（主体空气）和边界层内饱和空气间温差及水蒸

气分压力差的大小有关。如果边界层内空气温度高于主体空气温度，则由边界层向周围空气传热；反之，则由主体空气向边界层传热。如果边界层内水蒸气分压力大于主体空气的水蒸气分压力，则水蒸气分子将由边界层向主体空气迁移；反之，则水蒸气分子将由主体空气向边界层迁移。所谓"蒸发"与"凝结"现象就是这种水蒸气分子迁移的结果。在蒸发过程中，边界层中减少了的水蒸气又由水面跃出的水分子补充；在凝结过程中，边界层中过多的水蒸气分子将回到水面。

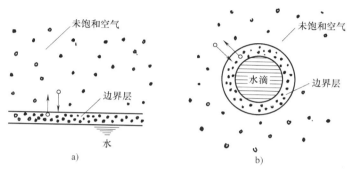

图 7-4　空气与水接触时的热湿交换

以水滴为例，如图 7-4b 所示，由于水滴表面的蒸发作用，在水滴表面形成一层饱和空气薄层。不论是空气中的水分子，还是水滴表面饱和空气层中的水分子，都在做不规则运动。空气中的水分子有的进入饱和空气层中，饱和空气层中的水分子有的也跳到空气层中。若饱和空气层中水蒸气压力大于空气中的水蒸气压力，由饱和空气层跳进空气中的水分子就多于由空气跳进饱和空气层中的水分子，这就是水分蒸发现象，结果是周围空气被加湿了。相反，如果周围空气跳到水滴表面饱和空气层中的水分子多于从饱和空气层中跳到空气中的水分子，这就是水蒸气凝结现象，结果是空气被干燥了。这种由于水蒸气压力差产生的蒸发与凝结现象，称为空气与水的湿交换。当空气流过水滴表面时，把水滴表面饱和空气层的一部分饱和空气吹走。由于水滴表面水分子不断蒸发，又形成新的饱和空气层。这样饱和空气层将不断与流过的空气相混合，使整个空气状态发生变化，这也就是利用水与空气的直接接触处理空气的原理。可见，在湿空气和边界层之间，如果存在水蒸气浓度差（或者水蒸气分压力差），水蒸气的分子就会从浓度高的区域向浓度低的区域转移，从而产生质交换。也就是说，湿空气中的水蒸气与边界层中水蒸气分压力之差是质交换的驱动力，就像温度差是产生热交换的驱动力一样。

从上面的分析可以看到，空气与水之间的显热交换取决于边界与周围空气之间的温度差，而质交换以及由此引起的潜热交换取决于二者的水蒸气分子浓度差或者说取决于二者之间的水蒸气分压力差。

2. 喷淋冷却空气的过程分析

喷淋冷却空气的原理，与上述液滴蒸发过程类似。喷淋冷却空气过程利用水蒸发吸热的原理，使一定量的水在空气中蒸发，吸收空气中的热量，从而使空气温度下降，以达到冷却空气的目的。液滴与空气间的传热传质过程主要发生在液滴表面。当液滴进入空气时，在液滴表面会形成一层饱和水蒸气层，当周围空气干球温度与液滴表面温度存在差异时，两者间会存在热量传递。同时，当周围空气处于未饱和状态时，即与液滴表面存在水蒸气浓度差时，两者间会存在传质过程。

喷淋冷却空气过程中，液滴蒸发会导致空气中含湿量增加，而进入空气的水蒸气将汽化热带回到空气中。因此，空气被冷却过程近似为等焓降温过程，在此过程中空气的湿球温度近似不变。当空气由未饱和状态被等焓冷却至饱和状态时，温度及含湿量的变化如图7-5所示。

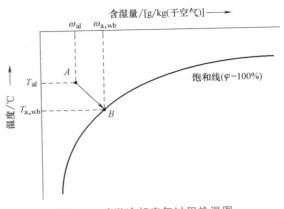

图 7-5　喷淋冷却空气过程焓湿图

通常为了简化计算，假设液滴为球形，由于液滴的直径很小，忽略液滴中的温度梯度，认为每个液滴具有单一温度；液滴与周围空气间的辐射传热忽略不计。液滴与空气间的传热传质过程主要包括对流传热和液滴蒸发引起的潜热传递过程。考虑到液滴的初始温度一般高于空气的湿球温度，因此在液滴蒸发初期，液滴蒸发首先从液滴本身吸收热量。当液滴温度降至空气湿球温度时，液滴蒸发的热量才由空气提供，进而空气温度开始降低，传质过程进入稳态蒸发阶段。

表7-1为不同液滴粒径下液滴存在时间与达到稳态蒸发阶段所需时间，表内的计算工况为环境干球温度15℃，相对湿度60%，液滴初始温度15℃。液滴的存在时间即液滴完全蒸发所需要的时间，达到稳态蒸发阶段所需时间即为液滴蒸发过程中冷却初始阶段。可见，液滴达到稳态蒸发阶段所需时间比液滴存在时间小得多，可以用稳态蒸发阶段来描述整个液滴的蒸发过程。

表 7-1　不同液滴粒径（D）下液滴存在时间 t_{life} 与达到稳态蒸发阶段所需时间 τ_c [32]

D /μm	τ_c /s	t_{life} /s	t_{life}/τ_c
10	0.00053	0.27	507
20	0.0021	1.04	503
30	0.0045	2.28	502
40	0.0079	3.95	503
50	0.0119	6.02	505
75	0.0249	12.8	514
100	0.0409	21.5	526
150	0.0792	43.7	553
200	0.1231	71.1	578
300	0.221	137	620
500	0.444	298	670

单个液滴吸收的热量可以表示为

$$q_t = m_d c_{p,d} \Delta T_d \tag{7-1}$$

式中　q_t——换热量（W）；

　　　m_d——液滴质量（kg）；

$c_{p,\mathrm{d}}$——比热容 $[\mathrm{J}/(\mathrm{kg}\cdot\mathrm{K})]$；

T_{d}——液滴温度（K）。

液滴与空气间的对流传热量可以表示为

$$q_{\mathrm{conv}} = \pi D_{\mathrm{d}}^2 h_{\mathrm{c}}(T_{\mathrm{a}} - T_{\mathrm{d}}) \tag{7-2}$$

式中　D_{d}——液滴直径（mm）；

h_{c}——传热系数 $[\mathrm{W}/(\mathrm{m}^2\cdot\mathrm{K})]$。

液滴蒸发带走的潜热量可以表示为

$$q_{\mathrm{lat}} = \frac{\mathrm{d}m_{\mathrm{d}}}{\mathrm{d}t}h_{\mathrm{fg}} \tag{7-3}$$

式中　h_{fg}——液滴蒸发热（J/kg）。

其中，$\dfrac{\mathrm{d}m_{\mathrm{d}}}{\mathrm{d}t}$ 为由于液滴蒸发引起的液滴质量流量的变化，液滴的蒸发速率等于相同时间内空气中水蒸气的增加量，因此液滴的蒸发速率可记为

$$\frac{\mathrm{d}m_{\mathrm{d}}}{\mathrm{d}t} = \pi D_{\mathrm{d}}^2 h_{\mathrm{D}}\rho_{\mathrm{a}}\ln(1+B_{\mathrm{M}}) \tag{7-4}$$

式中　h_{D}——传质系数（m/s）；

ρ_{a}——空气密度（kg/m^3）。

其中，

$$B_{\mathrm{M}} = \frac{Y_{i,\mathrm{s}} - Y_{i,\infty}}{1 - Y_{i,\mathrm{s}}} \tag{7-5}$$

当液滴与空气间的温差较小时，在远离液滴表面空气与水蒸气混合所带来的对流效应（Stefan 流）可以被忽略。因此，上式可简化为

$$\frac{\mathrm{d}m_{\mathrm{d}}}{\mathrm{d}t} = \pi D_{\mathrm{d}}^2 h_{\mathrm{D}}(\rho_{s,\mathrm{int}} - \rho_{\mathrm{va}}) \tag{7-6}$$

由于空气及水蒸气被视为理想不可压缩气体，因此其密度可以表示为

$$\rho_i = \frac{M_i P_i}{R T_i} \tag{7-7}$$

式中　M_i——摩尔质量（kg/mol）；

P_i——压力（Pa）；

R——摩尔气体常数，取 $8.31\mathrm{J}/(\mathrm{mol}\cdot\mathrm{K})$。

考虑到饱和蒸汽层的温度与液滴温度相同，因此，（$\rho_{s,\mathrm{int}} - \rho_{\mathrm{va}}$）可以表示为

$$\rho_{s,\mathrm{int}} - \rho_{\mathrm{va}} = \frac{M_{\mathrm{v}}}{R}\left[\frac{P_{\mathrm{v,int}}(T_{\mathrm{d}})}{T_{\mathrm{d}}} - \frac{P_{\mathrm{v,a}}(T_{\mathrm{a}})}{T_{\mathrm{a}}}\right] \tag{7-8}$$

经整理可得：

$$\frac{\mathrm{d}m_{\mathrm{d}}}{\mathrm{d}t} = \pi D_{\mathrm{d}}^2 h_{\mathrm{D}}\frac{M_{\mathrm{v}}}{R}\left[\frac{P_{\mathrm{v,int}}(T_{\mathrm{d}})}{T_{\mathrm{d}}} - \frac{P_{\mathrm{v,a}}(T_{\mathrm{a}})}{T_{\mathrm{a}}}\right] \tag{7-9}$$

因此，单个液滴的能量守恒方程可以表示为

$$m_d c_{p,d} \Delta T_d = \pi D_d^2 h_c (T_a - T_d) + \pi D_d^2 h_D \frac{M_v}{R} \left[\frac{P_{v,int}(T_d)}{T_d} - \frac{P_{v,a}(T_a)}{T_a} \right] h_{fg} \qquad (7\text{-}10)$$

3. 喷淋冷却热表面的微观机理

液滴生成有很多种方法，应用最广泛的方式是雾化，其他产生液滴的方式还有蒸汽凝结沉积以及等离子喷涂等。在喷淋系统中，喷嘴将水喷入到空气中形成细小的液滴，从而增加空气和水的接触面积；水离开喷嘴很快就破碎变成液滴进入空气中，并有各自的轨迹。在喷淋雾化过程中，液膜首先是破碎成丝带状，然后在作用力下继续破碎成为细小的液滴，其过程如图 7-6 所示。

由于喷淋冷却影响因素多、机理复杂，且受制于现有实验设备和测试手段，学者们对微观层面的换热机理认识尚不充分。目前普遍认可的是四个机理[33-36]：液膜蒸发、强迫对流、表面核态沸腾、二次核化。前两个是单相换热区，其主要换热机理贯穿喷雾冷却的始终，后两个发生在两相换热区，图 7-7 所示为这四种换热机理的示意图。

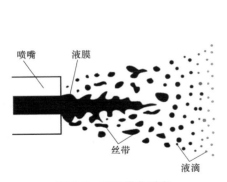

图 7-6　液滴雾化过程

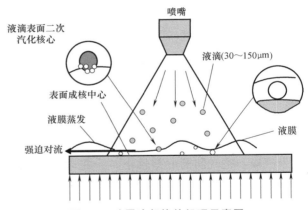

图 7-7　喷雾冷却换热机理示意图

（1）**液膜蒸发**　热源表面液体薄膜中液体分子的蒸发是无沸腾区换热的主要传热机制。如图 7-8 所示，液滴喷射到热源表面上，来不及蒸发和排开的液体会在热源表面上形成一层液体薄膜，这层液体薄膜厚度非常薄，通常只有几百微米（$300 \sim 500 \mu m$）。液膜形状受到喷雾液滴随机运动的影响，呈现出不规则状态，但由于强迫对流的作用，液膜会不断往两边移动，故整体上液膜一般为中间薄两边厚的形状。雾滴冲击液膜将会产生额外的扰动，从而减小液膜处的热阻，大幅度提高整体换热效率。液膜蒸发在整个喷雾冷却过程中是产生高热流

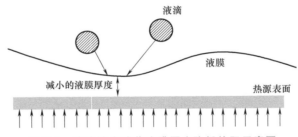

图 7-8　液滴冲击减薄液膜厚度降低热阻示意图

密度最重要的原因，虽然沸腾区换热对热流密度的提高也有促进作用，但沸腾换热量只占总换热量的 35%~65%[36]。Silk 等[37] 通过比对实验发现，液膜的适度蒸发比液膜全部蒸发能够得到更大的热流量。

（2）强迫对流　如图 7-9 所示，当雾滴冲击热源表面时，雾滴将会在液膜内引起强烈扰动，并且由于雾化锥角的存在，大部分液滴的路径与液面有一个夹角，因而喷雾液滴对液膜有很明显的推动和冲刷作用，并且液滴速度越大冲击力越强，换热能力也越强。

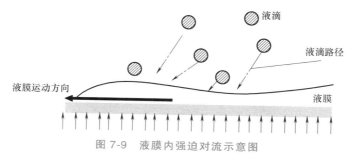

图 7-9　液膜内强迫对流示意图

Nevedo[38] 以水为工质在表面温度为 99℃ 时得到的热流量为 200 W/cm²，由于在 99℃ 时沸腾还没有发生，所以 Nevedo 认为绝大部分热流量归因于强迫对流，且在两相区，强迫对流在低热流量和表面过热度较低的阶段仍是最主要的换热方式。而影响强迫对流的因素主要有液滴粒径、液滴数通量、喷嘴高度和角度、冷却介质质量通量，Lefebvre[39] 给出了液滴直径与索特平均直径的关系式：

$$d_1 = 1.272 d_{32} \left(1 - \frac{1}{s}\right)^{\frac{1}{5}}$$

（7-11）

式中　d_{32}——索特平均直径（m）；

$s = 3.5$。

在此基础上王亚青等[40] 提出了液滴数 n 的计算式：

$$n = \frac{6Q_i}{\pi d^3}$$

（7-12）

式中　d——液滴直径（m）；

Q_i——有效流量（m³/h）。

Q_i 受到喷嘴高度 H 和雾化角度 θ 的影响。图 7-10 所示为喷嘴高度 H 和雾化角度 θ 的示意图。

当喷雾所形成的冲刷区域与热源表面外切时，Q_i 最大且换热效果最好。Pautsch 和 Shedd 等[41,42] 在 2005 年实施了一系列单喷嘴和多喷嘴的实验后，认为热源表面液膜为"双层"湍流膜，在分析了液滴数通量和介质质量流量、粒径、液滴速度对换热的影响后，Shedd 总结不同喷嘴的实验数据得到了液膜的换热系数：

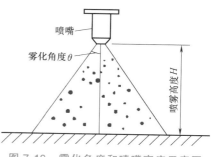

图 7-10　雾化角度和喷嘴高度示意图

$$h = c\rho c_p N^{0.5} Pr^{0.5}$$

（7-13）

式中　ρ——工质密度（kg/m³）；

119

c_p——工质比热容 $[J/(kg \cdot K)]$；

Pr、N——表征流动特性的普朗特数和换热特性的无量纲常数；且 c 可由下式计算：

$$c = 0.149m^{0.5}s^{-0.5} \tag{7-14}$$

（3）表面核态沸腾　喷雾冷却过程中，平面上一些凹凸不平的位置最先出现气泡。这是由于加热表面上的空穴作用促进了气泡的生长，且因为强迫对流，气泡最先出现在表面四周再向中心蔓延[36]。气泡最初的产生是由于成核中心处吸收了热源表面的热量，温度达到了工质相变温度，从而促使液体工质汽化，气泡产生后通过吸收热源表面的蒸汽逐渐长大，相应位置处热源表面温度开始降低，直到获得足够大的浮力用以克服液体表面张力和重力，气泡才会脱离壁面向液膜上表面移动，在移动过程中，气泡体积逐渐增大，这一过程与池沸腾非常相似，因此可以用池沸腾中的气泡生长模型[43]来描述：

$$R(t) = 2 \frac{(T_\infty - T_{sat})}{\rho_V h_{fg}} \sqrt[3]{\frac{3\rho_1 c_{p,1} k_1 t}{\pi}} \tag{7-15}$$

式（7-15）表示的是气泡直径随时间的变化模型。

式中　T_∞——热源表面平均温度 (K)；

T_{sat}——液体工质的饱和温度 (K)；

ρ_1——液体工质密度 (kg/m^3)；

ρ_V——汽化后介质的密度 (kg/m^3)；

$c_{p,1}$——液体工质比热容 $[J/(kg \cdot K)]$；

k_1——液体工质热导率 $[W/(m \cdot K)]$；

h_{fg}——冷却介质汽化热 (J/kg)。

定义特征时间可以得到喷雾冷却中气泡直径随时间的变化模型：

$$d_{bub} = 0.0101\sqrt{t} \tag{7-16}$$

式中　t——特征时间 (s)，表示气泡离开液膜所需的时间。

在池沸腾中，气泡在离开成核点位置前需要相对较长的一段时间来获得相对于其体积所需的浮力，从而克服液体表面张力和重力，成核点处同时也需要一段时间来弥补其失去的热量，将温度恢复到液体工质相变温度。在喷雾冷却过程中，如图7-11所示，雾滴的动力使其可以穿透液膜，频繁地击打热源表面，加速气泡破裂并离开成核点位置，缩短气泡生命周期；另一个原因是：强迫对流对表面上的气泡有一

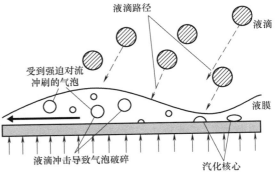

图 7-11　液滴冲击对表面成核的影响示意图

定的冲刷作用，缩短了气泡停留在热源表面和新气泡产生的时间。由于气泡尺寸减小、生长周期缩短使得在喷雾冷却过程中允许有更多的气泡生长，在同一成核点周围也可以产生更多的气泡。大量学者的研究表明，尽管池沸腾和喷雾冷却沸腾换热阶段均包括相变传热过程，但是喷雾冷却这些额外的促进因素更有利于气泡的产生以及充分利用汽化热，所以喷雾冷却所产生的热流量几乎比池沸腾所产生的热流量要高一个量级。

热源表面产生的气泡数目与静态接触角和表面过热度有关，并且满足以下关系式[44]：

若 $T_w - T_{sat} \leqslant 15℃$：

$$N_0 = 0.34(1-\cos\phi_s)(T_w-T_{sat})^2 \tag{7-17}$$

若 $T_w - T_{sat} > 15℃$：

$$N_0 = 34 \times 10^{-5}(1-\cos\phi_s)(T_w-T_{sat})^{5.3} \tag{7-18}$$

式中　N_0——热源表面上气泡核心数；

ϕ_s——静态接触角（°）；

T_w 和 T_{sat}——壁面温度和液体饱和温度（K）。

郭子义等[45] 在此基础上得到了由表面汽化核心引起的沸腾换热的热流密度计算模型：

$$q'' = 6N_0 \frac{1}{t} m h_{fg} \tag{7-19}$$

式中　q''——热流密度（W/m^2）；

m——单个气泡的质量（kg）。

将计算结果与 Rohsenow[46] 得到的核态沸腾热流密度经验模型对比，该公式的误差仅为 7.97%。

（4）二次核化　在表面过热时，喷雾冷却过程中液膜内实际存在的气泡数基本上都要大于理论汽化核心数目，即气泡核心并非都是在表面上生成的，也有很大一部分由重新回到液膜内的破碎气泡充当，此为"二次核化"[47]。二次核化带来的换热能力一直是许多学者研究的重点，但是目前依然存在很多争议。Esmailzadeh[48] 和 Sigler 等[49] 在其各自的研究中均发现在气泡上升到液膜上表面时，大气泡会破裂成许多个小气泡，这些小气泡重新回到液体膜中，当其移动到热源表面时，会再次充当汽化核心促进传热。Selvam 等[50] 通过数值模拟方法观察液滴击打气泡的行为提出了另外一种观点：液滴击碎气泡同样有利于二次核化。液滴到达热源表面时会将大气泡击碎成许多小气泡，大量的小气泡附着在液滴表面，随着液滴冲击到液膜内，这些被带回的气泡在液膜内或者热源表面重新充当汽化核心，并在适当的条件下生长成为气泡。因此喷雾冷却相比池沸腾成核密度要高许多，这些气泡将会继续提供更多的成核点并从热源表面吸收热量。Esmailizadeh[48] 通过实验发现，每个小液滴携带的"二次汽化核心"大多都不止一个。因而他提出用成核系数 α 和成核范围系数 β 来表示二次核化对换热的影响，其中成核系数 α 表示单位数量的液滴所携带的汽化核心数目；成核范围系数 β 表示汽化核心距液滴中心的距离与液滴半径的比值。α、β 的取值取决于不同的热源表面状况，且壁面温度越高，相应的 α、β 值越大，表面捕捉汽化核心的能力也越强。但喷雾冷却换热性能受到很多因素的影响，这些因素互相耦合相互影响，很难用两个甚至更多个独立的参数去断定或表征换热性能的好坏。例如，王亚青等[40] 指出，在某个确定的壁面温度下，通常存在一个最佳的 α、β 值，他利用下式计算二次汽化核心：

$$R_{nd} = \beta r_{dp} \tag{7-20}$$

式中　$\beta \geqslant 1$；

r_{dp}——液滴半径（m）。

上式的前提假设为，每个液滴携带的二次汽化核心数目相同，即均为 α 个，且每个核心在达到成核条件时均可发展成为气泡。Cho 等[51] 根据实验结果拟合出的核态沸腾热流量的计算经验模型公式如下：

$$\frac{qH}{\mu_f h_{fg}} = 93.8 We_{d_{32}}^{0.43} \left(\frac{c_{p,f}\Delta T}{h_{fg}}\right)^{0.98} \tag{7-21}$$

式中　$We_{d_{32}}$——相对于某一索特平均直径的韦伯数；

　　　　$c_{p,f}$——冷却工质比热容 [J/(kg·K)]；

　　　　ΔT——过热度（K）；

　　　　H——喷嘴到换热面的距离（m）。

当 $\alpha=6$，$\beta=8$ 时，模拟结果与经验模型基本吻合。值得注意的是当忽略二次核化（即 α 取 0）时，对比结果相差甚大，这足以说明二次核化所引起的传热在核态沸腾中所占的比例非常大。

7.1.3　喷淋降温技术应用形式

1. 喷雾式蒸发冷却空调机组

喷雾型蒸发冷却空调系统如图 7-12 所示，其工作原理：外面的空气先经过垂直排水百叶进入集装箱，当外面的空气太冷时，外部空气与数据中心的回风混合，使得室外寒冷的空气可以和服务器排出的热气相混合以调节温度，避免了寒冷的室外空气直接送入机房导致服务器关闭或产生结露；继而，经滤波器组进入蒸发冷却区，即喷雾系统开始喷雾，在空气通道中喷出细小的水雾，不仅制

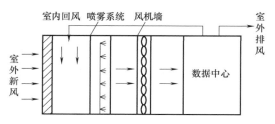

图 7-12　喷雾型蒸发冷却空调系统

冷而且还增加了湿度，与此同时，喷雾系统还有一定净化空气的作用；再经除雾器来防止水残留；之后冷湿空气经送风机墙进入送风区域，经送风口送到集装箱的冷过道；最后进入服务器机柜的热通道，部分空气返回到过滤区，或者排至室外大气，如此循环。

2. 基于建筑结构的喷雾式蒸发冷却空调系统

直接蒸发冷却技术目前在数据中心领域也得到了较好的应用，但众所周知直接蒸发冷却空调系统因其处理的风量较大，喷雾式直接蒸发冷却空调设备占据的空间以及占地面积较大，所以在数据中心的建设中将喷雾式直接蒸发冷却段与建筑结构有机的融合，使得数据中心建筑结构作为喷雾式直接蒸发冷却空调系统的壳体，既满足了节地要求又使得建筑结构得到充分利用。目前在数据中心采用喷雾式直接蒸发冷却空调系统中，无论是采用基于建筑吊顶的：进风段（混风段）+过滤段+直接喷雾段+挡水段+风机墙段+送风段的组成形式（图 7-13），还是采用直流

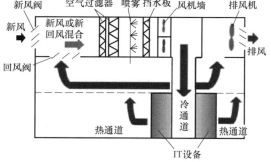

图 7-13　基于建筑吊顶的数据中心喷雾式直接蒸发冷却空调系统

式的以数据中心与数据机房紧接的辅助建筑的壳体为基础的喷雾式直接蒸发冷却空调系统（图 7-14），都可以很好地满足喷雾式直接蒸发冷却空调系统的要求。与此同时，这种基于建筑结构的形成不同的空调通风通道也可以实现数据中心基于建筑结构的间接蒸发冷却空调

系统，即以建筑结构本身形成内外两个循环，外循环作为间接蒸发冷却二次空气处理侧在直接喷雾段形成直接蒸发冷却过程，内循环以实现对数据中心内部循环风的冷却散热（图7-15）。

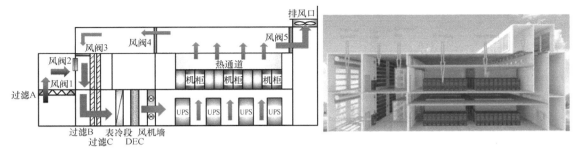

图 7-14　基于辅助建筑的数据中心喷雾式直接蒸发冷却空调系统

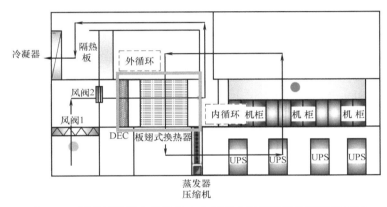

图 7-15　基于辅助建筑的数据中心喷雾式间接蒸发冷却空调系统

3. 喷雾式蒸发冷凝空调系统

众所周知，蒸发冷凝技术是目前最为高效的空调系统的冷凝器散热方式，所以蒸发冷凝技术在数据中心建设中也得到了广泛的应用。目前蒸发冷凝技术也有直接喷淋式、外布填料预冷式、喷雾式等几种方式，但是就换热的高效性而言，喷雾式蒸发冷凝技术因为其喷洒在冷凝器外盘管上的水是更小的雾状的小水珠颗粒（图7-16），所以增大了水雾与冷凝器表面的换热面积，使得水的蒸发速率大幅度加快，所以整个冷凝器的散热效率是最高的，冷凝器的换热效率的提升使得整个空调系统的制冷效率得到很好的提升。蒸发冷凝技术可用于数据中心直膨式空调系统，也可应用于数据中心水冷式空调系统，同时也可以与热管技术等有机结合、灵活使用，为数据中心降温散热。图7-17所示为数据中心用蒸发冷凝+主动热管空调系统。数据中心需要不间断供冷，所以制冷系统的效率是尤为关键的。采用高效的冷凝散热方式有助于数据中心整个空调系统安全可靠性的提升。

7.1.4　喷淋降温性能评价

当前对喷淋冷却技术的性能评价有诸多参数，如温降、冷却效率、传热速率、液滴逃逸率、液滴蒸发率、换热扩大系数等。

1. 温降

温降是对喷淋冷却性能进行评价时最直观的一种方式。降温是喷淋冷却的主要目的之

123

图 7-16　喷雾式蒸发冷凝器

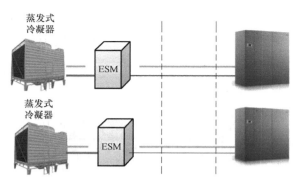

图 7-17　数据中心用蒸发冷凝+主动热管空调系统

一，温降的定义通常如下：

$$\Delta T = T_1 - T_2 \tag{7-22}$$

式中　T_1——未开启喷淋冷却系统之前，该应用区域的初始温度（K）；

　　　T_2——应用喷淋冷却系统之后，应用区域的温度（K）。

对于以降温为目的的喷淋冷却系统而言，在不考虑冷却经济性的前提下，温降越大，代表喷淋冷却效果越好。

2. 冷却效率

冷却效率被广泛用于判断蒸发冷却过程中空气出口状态接近饱和状态的程度，其定义为

$$\eta = \frac{(t_1 - t_2)}{(t_1 - t_{wb})} \tag{7-23}$$

式中　η——冷却效率；

　　　t_1——冷却前空气温度（K）；

　　　t_2——冷却后空气温度（K）；

　　　t_{wb}——冷却前空气所对应湿球温度（K）。

冷却效率越高，说明空气出口状态更接近饱和状态，冷却效果越好。

3. 传热速率

传热速率 Q_S[52,53] 可将冷却效率和被冷却空气量综合起来，其数值大小代表空气与水的实际传热速率，传热速率越大说明单位时间内从空气中除去的显热越大，蒸发冷却效果越好。传热速率 Q_S 可由下式计算：

$$Q_S = m_a c_{p,a} (t_{in} - t_{in,wb}) \eta \tag{7-24}$$

式中　Q_S——传热速率（kW）；

　　　m_a——空气质量流量（kg/s）；

　　　$c_{p,a}$——空气比热容 [kJ/(kg·K)]；

　　　t_{in}——入口空气温度（K）；

　　　$t_{in,wb}$——入口空气湿球温度（K）；

　　　η——冷却效率。

4. 液滴蒸发率及逃逸率

喷淋冷却过程中，大体积的水被破碎成小体积液滴，液滴与周围空气互相接触，进行热

质交换，以达到降温目的。在此热质交换过程中，由于液滴尺寸形状各有不同，与周围空气接触的面积也有差异，造成热质交换速率的区别，有些液滴会完全蒸发，而另外一些会离开需要冷却的区域（如滴落至地面），不再起降温作用。

蒸发的液滴可利用液滴蒸发率描述，而逃逸的液滴则对应液滴逃逸率，这二者的概念几乎相同，蒸发数量和逃逸数量之和即为总的液滴数量。二者定义如下：

$$\alpha = \frac{n_1}{n} \tag{7-25}$$

式中　α——液滴蒸发率（液滴逃逸率）；

　　　n——液滴总数目；

　　　n_1——液滴蒸发数目（液滴逃逸数目）。

在液滴数目一定时，蒸发率越高，逃逸率越少，证明起作用的液滴越多，喷淋冷却越有效果。

5. 换热扩大系数

空气与水直接接触时，取一微小元截面 dA（m^2）进行分析，空气温度变化为 dt，含湿量变化为 $d(d)$，显热交换量为

$$dQ_X = dGc_p dt = h(t - t_b) dA \tag{7-26}$$

式中　dG——与水接触空气量（kg/s）；

　　　h——空气与水表面传热系数 [$W/(m^2 \cdot \text{℃})$]；

　　　t、t_b——主体空气和边界层空气的温度（℃）。

湿交换量：

$$dW = dGd(d) = h_{mp}(P_q - P_{qb}) dA \tag{7-27}$$

式中　h_{mp}——空气与水表面间按水蒸气分压力差计算的湿交换系数 [$kg/(N \cdot s)$]；

　　　P_q、P_{qb}——主体空气和边界层空气的水蒸气分压力（Pa）。

由于水蒸气分压力差在比较小的温度范围内可以用具有不同湿交换系数的含湿量差代替，所以湿交换量也可写成

$$dW = h_{md}(d - d_b) dA \tag{7-28}$$

式中　h_{md}——空气与水表面间按含湿量差计算的湿交换系数 [$kg/(m^2 \cdot s)$]；

　　　d、d_b——主体空气和边界层空气的含湿量（kg/kg）。

潜热交换量：

$$dQ_q = rdW = rh_{md}(d - d_b) dA \tag{7-29}$$

式中　r——温度是 t_b 时水的汽化热（J/kg）。

因为总热交换量 $dQ_z = dQ_X + dQ_q$，于是，可以写出

$$dQ_z = [h(t - t_b) + rh_{md}(d - d_b)] dA \tag{7-30}$$

通常把总热交换量与显热交换量之比称为换热扩大系数 ξ，即

$$\xi = \frac{dQ_z}{dQ_X} \tag{7-31}$$

由此可见，在空气与水热质交换同时进行时，推动总热交换的动力将是焓差而不是温差，因而总热交换量与湿空气的焓差有关。对于不同的喷淋系统而言，换热扩大系数也成为性能评价的标准之一，其数值越大，总热交换的推动力也越大。

7.2 先进喷淋系统

7.2.1 重力喷淋系统

重力喷淋系统是在没有压力的情况下，利用进液端与出液端的压力差实现喷淋。采用重力喷淋系统减少了泵的使用，特别是高压泵的使用，减少了其系统的能耗，可以大幅度提升系统的综合能效。

数据中心内使用的各类服务器、刀片服务器等，受大数据业务及市场的带动，其功率大幅度提升，排布密度越来越高，相应的高热流密度下的散热问题备受关注，也成为数据中心建设及其运维工作的重点。传统机柜大多采用风冷散热的方式，制冷量有限，如果机柜中设备的放置密度增加，设备的内部温度会急剧上升，不能有效的制冷。另外，传统机柜是开放结构，IP 等级低，存在局部紊流和散热死角，散热效率低，能耗高。直接液冷散热模式从理论上分析是最有效的散热方式。设计者采用重力喷淋系统（图 7-18）将冷却液态油集中于上置的分油箱内，油因重力的作用，自动顺着油道流动，油路中无须设置压力，降低了油泵的功耗，提高散热系统效能以及降低数据中心总体 PUE（Power Usage Effectiveness，电能利用率，等于数据中心总用电量与 IT 设备总用电量的比值）。

在实际的大型工程应用中，系统采用了全重力流动设计，泵只需将液体抽到高处，不仅不需支出额外的泵功来给每个服务器的喷头提供带压力的液体，也不用在管路和弯头处消耗泵功，这样极大地节省了泵功，降低了泵的成本，既节能又经济。

采用重力喷淋的特点是减少了泵的使用，特别是高压泵的使用，能够大幅度减少系统的能耗，节约能源，从而能够提高系统的综合能效。重力喷淋系统结构简单，明显降低初投资以及运行成本。缺点是喷淋压力比较小，不适用于比较复杂的喷淋系统，应用的局限性大。

7.2.2 压力喷淋系统

压力喷淋系统是依靠系统提供压力，将喷淋液体输送到喷淋装置，实现喷淋。对于大型服务器机柜冷却问题，也有研究者对其采用压力喷淋方式进行了研究，每一服务器外壳上方设有一布液器；分油装置与布液器通过进油装置连接；冷却液态油通过泵泵入分油装置内，分油装置在所述泵压力作用下分油流至布液器，布液器喷淋冷却液态油至服务器上冷却。图 7-19 所示为数据中心机柜压力喷淋系统。

压力喷淋系统可根据系统本身的要求设置喷头，压力大，喷水量大，冷却效果比重力喷淋系统好，但是与重力喷淋系统相比压力喷淋系统增加了泵的功耗。

7.2.3 高压细水雾

高压细水雾系统是由高压水通过特殊喷嘴产生的细水雾，它能产生雾滴粒径在 40～200μm 的细水雾，可用于冷却或特殊场所的灭火。图 7-20 所示为喷头喷出的细水雾。

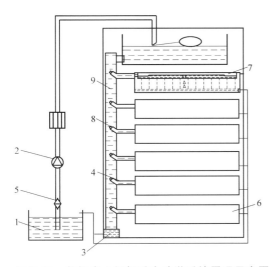
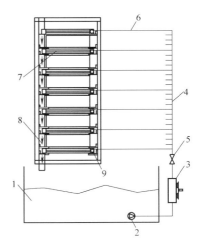

图 7-18　数据中心机柜重力喷淋系统原理示意图

1—主油箱　2—泵　3—辅助油箱　4—进油支管

5—过滤器　6—进油装置　7—布液器

8—进油调节阀　9—进油箱

图 7-19　数据中心机柜压力喷淋系统

1—主油箱　2—泵　3—散热器

4—压力分油装置　5—过滤器　6—进油装置

7—布液器　8—回油装置　9—进油调节阀

图 7-20　细水雾

一般情况下，高压细水雾系统的工作压力为 10MPa。由于液滴粒径小，可提供的空气与水的接触面积大，高压细水雾系统具备良好的冷却性。此外，由于压力高，该系统还具备自动清洗功能。缺点是对喷嘴的抗压能力要求很高，所以系统在造价方面要比传统的水喷淋系统昂贵。另一方面，高压系统的管路、配件及水泵的工作压力很高，水质不好会造成喷嘴堵塞，甚至损坏喷嘴，因此该系统对水质要求较高。

7.2.4　智能控制喷淋系统

随着喷淋系统应用场合的增多，人工智能的普及和应用，以及国内外对环境保护的高度重视，喷淋系统的智能化控制逐渐被重视。本节对喷淋系统的智能控制进行简单的举例说明，图 7-21 所示为遥控智能塔吊喷淋系统自动化控制系统。

该套系统相比传统塔吊喷淋的核心在于遥控智能，可通过时间程序、遥控、手动多种方式控制水泵的开启和关闭来实现自动喷淋。其中多路遥控器既可实现单台或多台塔吊喷淋的开启或关闭，也可开启时间控制程序，使喷淋按照自主设定的循环模式自动开启或关闭。

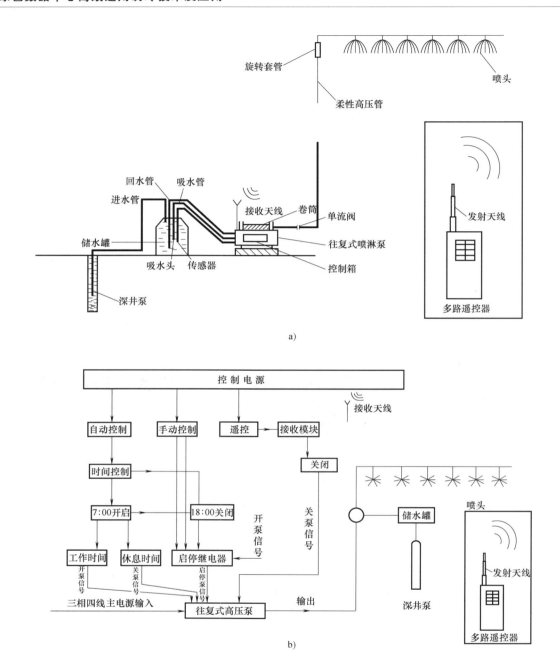

图 7-21 遥控智能塔吊喷淋系统自动化控制系统

a) 塔吊喷淋系统示意图 b) 塔吊喷淋系统自动化控制流程

上述系统同样适用于变压器的智能喷淋。例如，某变压器的智能喷淋冷却是基于 PID 控制技术，通过对变压器进行多点采集建立实时温度场模型，应用智能算法对变压器油温进行综合分析，实现喷淋系统的提前启动。为控制喷淋流量采用 PID 控制技术，引入平均流量的概念实现流量大小的连续调节，提出了温度闭环控制策略，调节水流将变压器运行油温始终保持在理想温度。其工作原理是智能喷淋系统通过温控器设定装置启动的临界值，当温度传感器检测的现场温度达到临界值时，数据通过信号线传递给温控器，温控器接通电源使电子水阀触点闭合吸进水流，通过水管引流至散热片顶的喷淋管，喷出雨状水。形成的水流沿散热片壁在表面形成一层水膜，加速散热。当平均温度低于设定的临界值后，温控器自动断开电源，使得控制电子水阀的继电器触点随之断开，停止喷淋系统工作。通过这样的不断循环，使变压器平均油温始终保持在临界值以下，从而实现闭环控制，保证变压器良好的运行温度。

喷淋系统的智能控制功能多样，消除了人工喷淋作业的安全风险，节省了人力成本，降低了劳动强度，稳定性好，取得了良好的经济效益及社会效果，而且可以在一定程度上节约水资源。但是系统比较复杂，造价高，维护不方便，运行成本相对较高。

表 7-2 将重力喷淋系统、压力喷淋系统、高压细水雾系统、智能控制喷淋系统、公交车站喷淋降温系统、工程养护喷淋系统等先进喷淋降温系统进行了归纳整理，方便根据工程应用要求选取合适的系统。

表 7-2　喷淋降温系统汇总

喷淋系统	优点	缺点	适用场合
重力喷淋系统	减少泵的使用，系统的综合能效提高，结构简单，初投资以及运行成本低	喷淋压力小，应用的局限性大	对喷淋压力要求不太高的场合
压力喷淋系统	压力大，喷水量大，冷却效果比重力喷淋系统好	与重力喷淋系统相比增加了泵的功耗	对喷淋压力有要求的场合
高压细水雾系统	冷却性能好，具备自动清洗功能	对喷嘴的抗压能力要求很高，系统造价高，对水质要求高	高效冷却、灭火等领域
智能控制喷淋系统	控制功能多样，消除了人工喷淋作业的安全风险，节省了人力成本，降低劳动强度，稳定性好，节约水资源	系统比较复杂，造价高，维护不方便，运行成本相对较高	大型工程的喷淋降尘，梁场以及工程喷淋养护，大棚种植的喷淋
公交车站喷淋降温系统	水雾细能耗低、卫生、喷雾量大、使用方便快捷	实际应用未大规模量化生产、单台设备生产成本高	公交车站台，火车候车站台等
工程养护喷淋系统	养护效果以及经济效益高于人工养护，养护效果好、养护效率高、安全可靠、节水、管理方便等	喷淋养护台车造价高	大型工程的喷淋降尘，梁场以及工程喷淋养护

7.3　喷淋降温系统水质处理

喷淋降温系统因为其水均经过加压后再经过不同形式的喷头送出，进而形成水雾，喷淋降温系统因为喷头的流道一般都比较狭窄或者细小，对水质的要求就较高，对于进入喷淋降温系统的水必须经过过滤净化软化处理。一般使用的喷淋降温系统均属于开式循环水系统，因此都存在结垢、腐蚀、细菌滋生等问题。

7.3.1　蒸发冷却空调系统结垢顺序和趋势判定

喷淋降温系统中结垢的先后顺序为：碳酸钙、硫酸钙、二氧化硅络合物、硫酸钡、硫酸锶、氧化钙。

1. 朗格利尔指数（L. S. I）

蒸发冷却空调循环水系统结垢趋势可通过朗格利尔指数又称饱和指数（L. S. I）来判断，饱和指数是水中可能产生结垢或者腐蚀倾向的一种计算指数。

$$L. S. I = pH - pHs = pH - (K + p_{Ca} + p_{Alk}) \tag{7-32}$$

L. S. I = pH - pHs > 0   结垢

L. S. I = pH - pHs = 0   不腐蚀不结垢（稳定）

L. S. I = pH - pHs < 0   腐蚀

式中　　pH——循环水 pH 值；

      pHs——水体系中 $CaCO_3$ 饱和时的 pH 值；

      K——常数，是水温与离子强度的函数，由离子强度和水温的关系曲线求得；

      p_{Ca}——钙离子浓度的负对数（mol/L），$p_{Ca} = -lg[Ca^{2+}]$；

      p_{Alk}——总碱度浓度的负对数（mol/L），$p_{Alk} = -lg[CO_3^{2-} + HCO_3^-]$。

饱和指数（L. S. I）越大结垢的趋势越严重，饱和指数（L. S. I）越小腐蚀的趋势越严重。

饱和指数（L. S. I）与循环水的硬度、碱度、水温及 pH 值密切相关，由于喷淋降温系统在运行过程中循环冷水不断蒸发浓缩，使水中的钙镁离子浓度不断增加，当循环水中钙镁离子浓度超过标准值时会造成严重的结垢现象，降低换热效果，因此需根据实际情况采取必要的水质处理措施降低循环水的硬度和碱度，防止循环水系统因钙镁离子浓度增加而引起的结垢问题。

2. 帕克拉兹结垢指数（P. S. I）

帕克拉兹认为用总碱度测定出平衡 pH 值（pHeq）来判断水质更接近实际。

$$pHeq = 1.4651gM + 4.54 \tag{7-33}$$

P. S. I = 2pHs - pHeq < 6   结垢

P. S. I = 2pHs - pHeq = 6   既不腐蚀也不结垢

P. S. I = 2pHs - pHeq < 6   腐蚀

式中　　M——系统中水的总碱度（mg/L）（以 $CaCO_3$ 计）；

      pHeq——平衡 pH 值。

3. 罗兹那稳定指数（S. A. I）

$$S. A. I = 2pHs - pH = 2(K + p_{Ca} + p_{Alk}) - pH \tag{7-34}$$

S. A. I = 2pHs - pH > 6   无结垢趋势

S. A. I = 2pHs - pH < 6   有结垢趋势

S. A. I = 2pHs - pH < 5   结垢严重

用罗兹那稳定指数计算值来判断循环水系统结垢倾向，同时也反映了水质的稳定性，适用于高矿化度、高 pH 值的地方。

7.3.2 喷淋降温水处理的常用方法与设备

针对喷淋降温循环水系统所出现的水质问题，目前常用的水处理方法主要分为三大类：物理法、化学加药法及臭氧法。通过使用这些方法对喷淋降温系统用水质进行处理，使水质达到表 7-3 所示的喷淋降温系统中循环水及补充水水质标准规定值。

表 7-3　蒸发冷却循环水系统循环水及补充水质标准

检测项	单位	直接蒸发		间接蒸发	
		补充水	循环水	补充水	循环水
pH	—	6.5~8.5	7.0~9.0	6.5~8.5	7.0~9.0
浊度	NTU	≤3	≤3	≤3	≤5
电导率(25℃)	μs/cm	≤400	≤1000	≤800	≤1600
总硬度(以 $CaCO_3$ 计)	mg/L	≤200	≤400	≤300	≤600
总碱度(以 $CaCO_3$ 计)	mg/L	≤200	≤500	≤200	≤600
Cl^-(以 Cl^- 计)	mg/L	≤100	≤200	≤150	≤300
总铁(以 Fe 计)	mg/L	≤0.3	≤1.0	≤0.3	≤1.0
SO_4^{2-}(以 SO_4^{2-} 计)	mg/L	≤250	≤500	≤250	≤500
氨氮	mg/L	≤0.5	≤1.0	≤5	≤10
COD	mg/L	≤3	≤5	≤30	≤100
菌落总数	CFU/mL	≤100	≤100	—	—
异氧菌总数	个/mL	—	—	—	≤1.0×105
磷酸盐(以 P 计)	mg/L	—	—	—	≤1.0
有机磷	mg/L	—	—	—	≤0.5

1. 物理水处理方法

（1）直排法

1）根据循环水的电导率值进行排水。对于循环水不断浓缩，可以由图 7-22 所示电导率控制器，根据水的电导率值排水，并进行补水。当水的电导率超过设定值时，电磁阀泄掉系统中的水，间接地补充新水，直到电导率回到可以接受的范围。这个控制可以通过手动或自动添加化学药剂来予以增强，以防溶解的矿物质结垢，进而允许系统在较高的 TDS 浓度下运行，并减少泄水量和补充水量。

2）根据循环水硬度进行排水。为了减少因循环水 Ca^{2+}、Mg^{2+} 离子浓度增加而引起结垢，可以人为地排放掉一部分浓缩水，并补充新鲜水来保持水质稳定。图 7-23 所示被广泛应用于蒸发冷却器运行中对流失水的估算。从图中可以看出，如果知道了水的硬度，就可以得到对应的流失水速率与蒸发速率的比值（B/E），补水和流失水的速率就可以确定了。

补充水的速率（A）为

$$A = B + E \tag{7-35}$$

集水箱水的硬度（H）为

$$H = AX/B \tag{7-36}$$

补水速率和流失水速率的比例：

$$A/B = H/X \tag{7-37}$$

式中　X——补充水的硬度，一般以 $CaCO_3$ 计算；

　　　H——通过试验测得，通过这个比例可以更好地控制蒸发冷却系统，减少水垢的产生。

该方法简单、方便，但不能从根本上解决水中不稳定溶解盐的问题，仍有结垢的可能。

图 7-22　电导率控制器

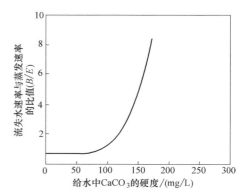

图 7-23　给水 $CaCO_3$ 的硬度与 B/E 的关系

（2）高压静电场法　高压静电场法由高压发生器和电极组成，利用静电作用使水中离子定向移动并产生活性氧等氧化性物质，达到防垢杀菌的效果。此方法对应的水处理设备有循环水在线吸垢器、电化学净水处理设备。

1）循环水在线吸垢器。循环水在线吸垢器由控制器和吸收器组成，如图 7-24 所示，其中吸收器放置在循环水的蓄水池中。图 7-25 所示为循环水在线吸垢器作用原理，惰性阳极表面发生氧化反应生成活性氧等氧化性物质，阴极表面发生还原反应产生氢氧根离子，形成相对较高的碱性环境，使水中易结垢的微粒聚集并附着在阴极上，同时使盐类成垢微粒间的负性增大，电性斥力增加，从而阻碍微粒聚结成垢而阳极附近产生的活性氧及其他氧化性物质能够破坏其生物膜和细胞核等，达到杀菌灭藻的作用。

图 7-24　循环水在线吸垢器

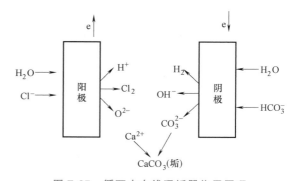

图 7-25　循环水在线吸垢器作用原理

该方法具有较强的杀菌灭藻功能，由于生物结垢腐蚀得到抑制，因此还具有一定的防垢与缓蚀功能。

2）电化学净水处理设备。电化学净水处理设备由电极棒、电源及电线三部分组成，如图 7-26 所示，利用高压电与金属管壁所产生的电容器效应改变流体的物性。采用高压放电技术，透过变压器，将 90~240V AC 转换成 35kV DC。此充电效应同时具备很强大的移除或抑制生物膜效果（非杀菌剂）以电荷相斥性质的方式防止系统结垢沉积。

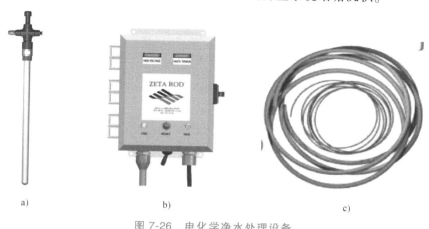

图 7-26　电化学净水处理设备
a）电极棒　b）电源　c）电线

电化学水处理技术是采用独特的电化学工艺，可以在不使用有害化学物质的情况下，积极、高效、经济地解决水质硬的相关问题。其特点是绿色环保，无化学物质进出，且对于结垢和腐蚀有明显效果。

① 循环水电化学综合处理系统（ECT）。循环水电化学综合处理系统（ECT）是迄今最新的冷却塔循环水处理技术。ECT 循环水处理系统能够预防结垢，预防生物污染和微生物滋生，抑制腐蚀，在水中产生氧化剂杀灭微生物，预防空气传播细菌。

通过一个独特的电化学过程，ECT 系统灵活、高效和经济地处理与冷却水系统有关的所有问题，而不使用危险化学品。反应室和安装在内部的电极（阳极）事实上构成了一个阴极保护系统。反应室通过专用循环泵或旁路与冷却塔相连，循环水从冷却塔进入 ECT 处理后回到冷却塔，循环处理。

阴极电化学反应：

反应室中维持的工作电流大概为直流 7~50A。结果是，在阴极（反应室内壁）附近形成高浓度的氢氧根，这种升高的 pH 值环境（pH 值高达 13），让易结垢的矿物质预先结垢，并从水中析出。实际上，阴极附近局部的高氢氧根浓度形成的化学环境，和用石灰处理形成的冷石灰软化环境类似。

$$2H_2O(l) + 2e^- \longrightarrow H_2(g) + 2OH^-(aq)$$

$$CO_2(aq) + OH^-(aq) \Longleftrightarrow HCO^{3-}(aq)$$

$$HCO^{3-}(aq) + OH^-(aq) \Longleftrightarrow CO_3{}^{2-}(aq) + H_2O(l)$$

$Ca^{2+}(aq)$ 钙离子可能形成

氢氧化钙：$Ca(OH)_2$（垢）

碳酸钙：$CaCO_3$（垢）

阳极电化学反应：

电流也将一部分的氯离子转化成氯气，在冷却水中形成持续杀菌效果的次氯酸。同时产生臭氧、氧自由基、氢氧根自由基和双氧水。这一系列产物提供了杀生效应，结合安培电流及局部高的和低的（阳极）pH 值区域，维持了 ECT 内部一个事实的消毒环境。

$$生成氧气 \quad 4HO^- \longrightarrow O_2(g) + 2H_2O + 4e^-$$

$$游离氯 \quad Cl^- - e^- \longrightarrow Cl^0$$

$$氯气 \quad 2Cl^-(aq) \longrightarrow Cl_2(g) + 2e^-$$

$$臭氧 \quad O_2 + 2HO^- - 2e^- \longrightarrow O_3(g) + H_2O$$

$$自由基 \quad OHOOH^- - e^- \longrightarrow OHO$$

$$过氧化氢 \quad 2H_2O - 2e^- \longrightarrow H_2O_2 + 2H^+$$

$$氧自由基 \quad 2H_2O - 2e^- \longrightarrow OO + 2H^+$$

阳极和刮刀：

ECT 本身是一个碳钢制造的圆柱状的容器，直径大约为 300mm，深为 850mm。固定在碳钢盖子上有阳极和一组刮刀。阳极直伸到容器底部。电极用钛基镍氧化物制成，以便耐受局部低 pH 值环境。刮刀每次清洗时用来擦掉内壁预沉淀出来的矿物质。

清洗周期和清洗时间取决于每天要去除的矿物质以及从冷却塔中排掉的水量，以维持冷却塔中水系统的化学和悬浮物平衡。矿物质平衡通过分析监测冷却水的化学性质来决定，从而可以设置每天需要清洗的次数。每天补加的新水的电导率记录下来，用来帮助估计系统中矿物质的波动范围。

② 频繁倒极电渗析（EDR）系统。电渗析（Electrodialysis，ED）是利用阴、阳离子交换膜交替排列于正负电极之间，并用特制的隔板将其隔开，组成除盐淡化和浓缩两个系统。当向隔室通入盐水后，在直流电场作用下，阳离子向负极迁移，并只能通过阳离子交换膜，阴离子向正极迁移，只能通过阴离子交换膜，而使淡室中的盐水被淡化，浓室中的盐水被浓缩。一般来说，淡水作为产水被回收利用，浓水作为废水排掉。

频繁倒极电渗析（EDR）是根据 ED 原理，每隔一特定时间（一般为 15~20min），正负电极极性相互倒换，频繁倒极，能自动清洗离子交换膜和电极表面形成的污垢，以确保离子交换膜效率的长期稳定性及淡水的水质水量。

EDR 系统是由电渗析本体、整流器及自动倒极系统三部分组成的，其倒极程序如下：

A. 转换直流电源电极的极性，使浓、淡室互换，离子流动反向进行。

B. 转换进、出水阀门，使浓、淡室的供排水系统互换。

C. 电极的极性转换后持续 1~2min，将不合格淡水归入浓水系统，然后浓、淡水各行其路，恢复正常运行。

上述过程可使用电气程序自动控制柜及可控硅整流器实现自动化控制，无须人员操作自动化运行。

③ 电化学软化（EST）系统。电化学软化（Electrochemical Softening Treatment，EST）是利用水电解过程中，阴极产生的氢氧根离子，将水中的钙镁硬度以碳酸钙和氢氧化镁的形式沉淀析出的过程。

与冷石灰软化类似，电化学软化直接产生氢氧根离子，无须带进来阳离子，而将阴极室中的水溶液 pH 值升高到 10.3 以上，发生还原反应：

$$2H_2O+2e^-\Rightarrow H_2+2OH^- \tag{7-38}$$

$$O_2+2H_2O+4e^-\Rightarrow 4OH^- \tag{7-39}$$

在阴极附近的强碱性环境条件下，HCO^{3-} 离子与 OH^- 离子反应生成 CO_3^{2-}，从而与水中的 Ca^{2+} 离子结合生成难溶解盐碳酸钙，在阴极附近碳酸钙处于过饱和状态，从而形成碳酸钙结晶析出，沉积在阴极表面：

$$Ca^{2+}+HCO^{3-}+OH^-\Rightarrow CaCO_3+H_2O \tag{7-40}$$

氢氧化镁在高 pH 值条件下也析出沉积：

$$Mg^{2+}+2OH^-\Rightarrow Mg(OH)_2 \tag{7-41}$$

电化学软化的优势：采用电化学的方法产生氢氧根（OH^-）替代投加碱性物质消石灰，去除暂时硬度，达到软化目的：

A. 通过电解装置产生碱性物质去除暂时硬度，替代通过投加石灰产生碱性物质，设备可以模块化，单个模块处理水量从 $1m^3/h$ 到 $50m^3/h$ 可以选择。

B. 大水量可以并联多个模块，处理量没有限制，从而扩展钙硬度去除的应用范围。

C. 提高处理工艺的自动化程度，降低劳动强度，保证处理工艺的长期运行稳定性。

D. 改善工作环境，不会产生石灰运输、消石灰配制、石灰乳计量、石灰乳投加系统堵塞等困难。

E. 减少固体废弃物的量，不产生二次污染。

（3）磁化法　利用高强磁性材料产生的超高强磁场，在不改变水原有的化学成分条件下，使水中矿物质的物理结构发生变化。原来缔合链状的大分子，断裂成单个小分子，水分子偶极距发生偏转。水中溶解盐类的正负离子（垢分子）被单个水分子包围，使水中的钙、镁等结垢物的针状结晶改变为粒状结晶体，相互黏附与聚积特性受到了破坏，从而在受热面或管理壁上不结硬垢，粒状结晶体则随排污孔排出，同时由于水分子偶极距增大，使其与盐类正负离子吸引力增大，使受热管壁上原有的旧垢逐渐开裂、疏松、自行脱落，达到了处理效果。磁化水处理器如图 7-27 所示。

图 7-27　磁化水处理器

水被磁化后，形成的水垢质脆疏松、附着力减弱，因此该法对防垢有一定的作用，但磁场强度会随时间推移而逐步减弱，进而影响其效果。

2. 化学水处理法

（1）化学加药法　化学加药法是一种较为传统的水处理技术。在水中加入一些缓蚀阻垢剂、杀菌剂能有效去除水中的细菌以及水垢，延长机组使用寿命。美国某公司采用创新固体化学方法对蒸发冷却循环水系统进行处理，利用"袋中袋"式的药剂筒和微生物控制加药器处理循环水。加药装置内加缓蚀阻垢剂包，循环水流过加药装置与缓释阻垢剂包接触，固体化学药片封装于半渗透高分子涂层中，固体药剂内部变成浆状，当水与半透膜内部的固体药片接触时产生渗透压，使药片膨胀，迫使化学药剂穿过聚合物涂层，药片的高分子涂层可持续在一个月以上的时间内控制活性化学药品的释放速度，处理过后的水回到水盘中。再通过生物控制加药装置，生物控制加药装置中内含粒状氧化性杀菌剂，循环水流经加药机时，其内置的膜分离技术使氧化性生物灭杀剂持续释放，对循环水进行杀菌作用。这种固体化学药剂比液体药剂包装少，装卸和运输都较容易，并消除了液体药剂泄漏的危险。

通过采用化学方法添加化学缓蚀阻垢剂、微生物抑制剂等化学药品对蒸发冷却空调循环水系统进行水质处理，虽然缓蚀、阻垢、杀菌效果较好，但其对环境具有二次污染且加药量及加药比例需要控制，否则会导致水系统中结垢、粘泥及腐蚀的现象更加严重。图 7-28 及图 7-29 所示为某公司三种循环水处理装置。

a)   b)

图 7-28　固体加药装置

a）用于冷凝器　b）用于冷却塔

近年来，很多新型的水处理方法对于间接蒸发冷却换热芯体的防垢有着不错的效果。如益美高 EVAPCO 公司的固体化学水处理技术，图 7-30 所示就是具有可持续性且适用于冷却塔、蒸发冷却设备的固体化学水处理系统。

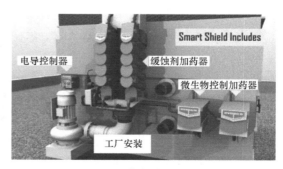

图 7-29　某公司物理场水处理装置　　　　图 7-30　固体化学水处理系统

EVAPCO 固体化学水处理系统分为控制式释放系统和监测式释放系统两种，主要由电导控制器、缓蚀剂加药器和微生物控制加药器组成，其设备如图 7-31 所示。它模块化设计以简化安装，并最大限度地减少水处理系统在机房的占地面积，使用固体化学品消除液体泄漏的可能性，最多可减少 80% 的化学品运输、装卸和储存量，专业包装，使水处理操作更安全。

a)　　　　　　　　　　　　　　　　　　　　　b)

图 7-31　固体化学水处理设备

a）冷却塔用固体化学水处理设备　b）固体化学水处理设备加药口

运行原理如下：

1）控制式释放系统适用于小型系统和抑制剂需求量较小的系统。它采用控制式释放技术，在湿运行下提供为期 30 天的均匀的水处理。每当系统泵运行时，循环水流过加药器，与加药器内由聚合物涂层包裹着的缓蚀阻垢剂固体药丸相接触。之后，经过处理的水返回到水泵吸入口。这确保了冷却设备运行时水处理的连续性。

2）监测式释放系统适用于较大的系统和抑制剂需求量更高的系统。它采用先进的抑制剂探针来自动检测并精确维持蒸发式冷却水循环中阻垢缓蚀剂的残余量。监测式释放加药器所使用的固体化学药剂含有惰性示踪剂染料，可以使用荧光灯来检查抑制剂探针。利用固体化学水处理系统组件中包含的控制器，无论蒸发式冷却系统的热负荷如何变化，监测式释放系统都能够自动确定冷凝水中的化学药剂量，并对阻垢缓蚀剂的残余量进行连续精确的控制。

1）投药量。循环水中的投药量，可按以下公式计算（不考虑系统的渗漏损失）

$$G = [(P_3 + P_2)QC_1]/a \tag{7-42}$$
$$P_3 = [P_1 - P_2(N-1)]/(N-1)$$

式中　Q——循环水量（m^3/h）；

　　　C_1——循环水中阻垢剂的有效浓度（mg/L）；

　　　a——阻垢剂的纯度（%）；

　　　G——投药量（g/L）；

　　　P_1——循环水系统水蒸发损失率（%）；

　　　P_2——循环水系统风吹损失率（%）；

　　　P_3——循环水系统排污损失率（%）；

　　　N——循环水浓缩倍数。

2）药剂浓度与时间的关系。所投药剂随着补充水进入系统后，由于排污、渗漏、风吹损失等，每天带走一部分药剂，使循环水中药剂浓度随时间而下降。根据循环水中药剂浓度变化与时间的关系，就可确定加药剂量与投加时间，使循环水保持一定的药量。药剂浓度与时间的关系如下式：

$$C_T = C_o - [(Q_b + Q_w)(t - t_o)]/V \tag{7-43}$$

式中　C_T——t 小时后循环水中药剂浓度（mg/L）；

　　　　C_o——加药完全混合（t_o）时，循环水的药剂浓度（mg/L）；

　　　　Q_b——排污和渗漏损失水量（m^3/h）；

　　　　Q_w——风吹损失水量（m^3/h）；

　　　　t_o——药剂形成 C_o 浓度时的时间（h）；

　　　　t——药剂形成 C_T 浓度时的时间（h）；

　　　　V——循环系统中水的容量（m^3）。

该方法能够在很大程度上解决蒸发冷却空调水系统中存在的结垢、腐蚀及细菌滋生等问题，基本上满足生产要求，但是需要确定加药量和加药时间，过程复杂且处理及运行费用较高；在使用过程中需要排出一部分水，因此对环境会产生污染；需投加多种药剂才能达到防腐、阻垢、缓蚀、杀菌灭藻等功能，而这些药剂之间有时会相互作用降低药效，为了使各种药剂更好地发挥作用，达到较好的处理效果，必须配备专业操作及分析人员，加强运行维护和管理，增加了工作量。

（2）离子交换树脂法　将离子交换树脂颗粒的功能基上所携带的离子与循环冷却水中易导致结垢或腐蚀的钙镁等离子进行交换和吸附，带走这些成垢致蚀离子而留下不易形成结垢和腐蚀的离子基团，最高耐受水温为 50℃。该离子交换装置由玻璃钢树脂罐、酸性阳离子交换树脂和石英砂过滤器等组成，当循环冷却水流经离子交换树脂时，树脂上的官能团释放出来与水中的钙镁等阳离子进行交换后被吸附到树脂上，同时树脂上所带的阳离子留在水中，经离子交换后的循环冷却水通过石英砂过滤净化去除水中的悬浮物质，当树脂吸附达到饱和之后经再生后继续循环使用。装置实物图如图 7-32 所示。

图 7-32　离子交换装置实物图

该方法的优点是解决了高硬度、高碱水的严重结垢趋势，缺点是增加了腐蚀性离子，腐蚀严重。

（3）臭氧法　由于臭氧有较高的氧化还原电位，分解后产生的新生氧具有较强的氧化能力，因而可以降解水中多种杂质和杀灭菌类物质。而臭氧可使 $CaCO_3$ 晶体在其成长过程中发生位错。随着晶体的缓慢增长，晶体晶格上就会出现台阶式的螺旋位错，台阶一层一层地堆积，从而起到阻垢作用。

臭氧法在国外早已有应用实例，国内西安工程大学杨秀贞等人也对采用喷淋降温系统的蒸发冷却空调系统循环水水质用臭氧法处理进行试验研究。其中直接段空气和水直接接触容易引起灰尘的堆积在铝箔填料上形成结垢，进而影响了机组的使用寿命和使用效率。该试验对直接段底部的水箱中的水通入臭氧进行处理，来解决细菌、污垢、腐蚀等水质问题。

臭氧法处理循环水的优点在于污水排放量减少 50% 以上；不需要化学药剂，可完全满足环保要求；臭氧是最好的杀菌剂，可以有效地杀灭细菌及病毒，包括军团菌，去除生物粘泥、藻类、霉菌等；使用臭氧可降低腐蚀速率 50% 以上（包括钢铁和铜）；由于臭氧能有效杀灭生物质，因而可以减少甚至清除蒸发冷却器上的污垢。使用臭氧后，最高可节能 16%，压缩机能力提高 6%；由于臭氧是现场制造，只使用电及空气可实现自动控制，不需要储存和投加药品，因而可节约操作及管理费用 50% 以上；投资可在 6~18 个月内收回。但此方法臭氧作用时间随水质情况而变化，需要对臭氧量进行控制。

针对目前常用的并具有前瞻性的一些循环冷却水方法进行整理，对于各处理方法在其功能特点、作用效果、适用条件、操作条件、投资费用和环境影响等各方面进行对比分析，归纳总结出适合于不同喷淋降温系统的循环冷却水水质处理方法，见表 7-4。

表 7-4　喷淋降温系统水质处理方法分类表（一）

性能比较		量子法	超声波法	联合法		直排法
				臭氧联合法	物化法	
作用机理		量子力释放振动能，使水中粒子产生干扰和共振	超声波的空化作用和自由基氧化原理	臭氧联合电磁场处理	高频电磁场联合化学处理	直接排放污水，更换新水
结构		量子管通环（特种合成材料硅和铝等）	超声波发生器	臭氧发生装置、高频发生装置	高频发生装置、化学药剂	无
占地面积		很小	较小	大	较大	无
功能特点		阻垢、缓蚀、杀菌	杀菌、阻垢、缓蚀	阻垢、缓蚀、杀菌	阻垢、缓蚀、杀菌	减少污染组分浓度
作用效果	阻垢	效果较好	效果较好	效果较好	效果较好	效果一般
	缓蚀	效果较好	效果一般	效果较好	效果较好	效果较差
	杀菌	效果较好	效果很好	效果很好	效果较好	效果较差
适用条件	水温	范围较广	常温	范围较窄	0~95℃	没有要求
	流速	范围较宽	范围较宽	1.5~2.5m/s	1.5~2.5m/s	没有要求
	pH	范围较广	较低	>6.5	>6.5	没有要求
	含盐量	范围较宽	范围较宽	范围较窄	<700mg/L	硬度较小
	处理量	范围较宽	范围较宽	较小	<300m³/h	较小
初投资		高	高	较高	较高	无
运行费用		较低	较低	较低	较高	较高，极费水
环境影响		无化学污染	无化学污染	无化学污染	有化学污染	污染水体

归纳整理蒸发冷却空调系统水质的各种处理方法，并分别对化学法、臭氧法及包括内磁法、高压静电场法、低压电场法、高频电磁场法和射频场法等物理场处理方法从作用机理、结构、占地面积、作用效果、适用及操作条件、投资费用和环境影响等方面进行比较分析，见表 7-5。

表 7-5　喷淋降温系统水质处理方法分类表（二）

性能比较	化学法	臭氧法	物理场法				
			内磁法	高压静电场法	低压电场法	高频电磁场法	射频场法
作用机理	化学缓蚀阻垢反应	产生的单元子氧具强氧化能力	磁场效应改变晶体形态，破坏细胞通道	强制水中离子在静电场作用下定向移动并产生活性氧	微电流作用使带电粒子沉淀、抑制器壁腐蚀并产生活性氧	高频电磁场产生粒子碰撞，形成水合离子抑垢阻垢并破坏细胞原生质杀菌灭藻	高频电磁场使水分子的物理结构变化，水垢呈片状脱离
结构	缓蚀、阻垢、杀生药剂	臭氧发生器及气水混合器	5 对以上极性相反的永久性磁铁	高压发生器阳极电棒（不与水接触）和阴极外壳	低压发生器阳极电棒（直接与水接触）和阴极外壳	高频发生器阳极电极和阴极外壳	射频发射极
占地面积	很小	较大	较大	较大	较大	较大	较大
功能特点	缓蚀、阻垢、杀菌	杀菌、阻垢、防腐	阻垢、杀菌	阻垢、防垢、杀菌	阻垢、缓蚀、杀菌	防垢、阻垢、缓蚀	防垢、阻垢、杀菌
作用效果　阻垢	效果较好，稳定	效果一般	效果较好，但不稳定	效果较好，较稳定	效果很好，但不稳定	效果较好，时间较短的范围内较稳定	效果很好，但不稳定
作用效果　缓蚀	效果较好，稳定	效果一般	效果不明显	效果不明显	有一定效果	效果不明显	效果不明显
作用效果　杀菌	效果较好，稳定	效果较好，稳定	有一定的效果，但不稳定	效果一般	有一定效果	有一定的效果，但不稳定	效果较好，但不稳定
适用条件　水温	0~200℃	范围较窄	0~80℃	0~80℃	0~105℃	0~95℃	范围较广
适用条件　流速	>0.3m/s	范围较广	1.5~3.5m/s	范围较广	范围较广	1.5~2.5m/s	1.5~2.5m/s
适用条件　pH	范围较宽	范围较宽	7.5~11	>6.5	>6.5	>6.5	>6.5
适用条件　含盐量	范围较宽	范围较宽	<3000mg/L	<700mg/L	<550mg/L	<700mg/L	<700mg/L
适用条件　处理量	范围较广	较小	<300m³/h	<300m³/h	<300m³/h	<300m³/h	<300m³/h
操作条件	人工管理、强制排污、须采用无味、对人体无毒药剂	须保持一定浓度的臭氧环境	无须人工管理，不宜设在系统总干管上	人工管理、不得无水运行，可水平安装	人工管理、不得无水运行、须垂直安装	人工管理，须定期排污，须采用屏蔽手段	人工管理，须定期排污，须旁通安装
初投资	较低	较低	较高	较高	较高	较高	较高
运行费用	较高	较低	很低	较低	较低	较低	较高
环境影响	有化学污染	无化学污染	无化学污染	无化学污染	无化学污染	无化学污染	无化学污染

7.4　喷淋降温在数据中心的应用案例

随着人工智能、云计算、物联网以及 5G 技术的兴起，数据量、传输速率以及处理速度均大幅增长，带动信息计算/传输节点扩增，同时对运算和传输能力提出了更高要求，相应的数据中心、通信节点的大功率器件和设备使用量增加，数据中心耗电量在全社会耗电量中所占的比重持续增长，能耗负担已成为各信息产业大国面临的共同问题，以节能、低耗为目的的绿色数据中心成为未来的发展趋势。

2018 年，北京、上海先后出台政策，严格限制 PUE 值。对于数据中心整体能效的评价，业内公认的指标是由 Green Grid 提出的 PUE 值，主要用于评价数据中心基础设施的能效，其值越小越好[69]。2019 年深圳市发改委给予政策引导，对 PUE 值低于 1.4 的数据中心按节能等级给予不同力度支持。可见，数据中心的节能降耗已成为信息产业发展的重要课题。

数据中心能耗主要包括 IT 设备能耗、制冷设备能耗和电源设备能耗，其中，IT 设备和制冷设备能耗分别占总能耗的 50% 和 40%，而电源设备仅占 10% 左右。数据中心内部设备复杂，散热量大，制冷要求高，保障性要求也高，其制冷设备的高效节能技术对实现节能、低耗的绿色数据中心至关重要。

高可靠的机房设备运行环境，包括温度、湿度、洁净度。传统的空调制冷系统用电量可占机房总用电量的 40%，与 IT 设备本身的耗能相当，有较大的节能优化空间。蒸发冷却技术是一种环保、高效、经济的冷却方式，设备成本较低，也不使用传统的压缩机，所以其能耗较低，同时，它能减少温室气体和 CFCs（氢氟氯碳化物）的排放量，将这项技术应用在数据中心机房空调中，符合数据中心环境的特点，且初投资少、运行和维护费用低，节能潜力巨大。

7.4.1　喷淋降温应用于直接蒸发冷却器

1. 喷雾型直接蒸发冷却器

喷雾型直接蒸发冷却即利用喷雾直接处理空气，该种处理空气的方式已在数据中心有应用案例，如 Facebook 俄勒冈数据中心、富士通纽伦堡数据中心。

（1）Facebook 俄勒冈数据中心　在 Facebook 最新建立的俄勒冈数据中心中，采用了一套蒸发冷却喷雾型空调系统（图 7-33），该系统反映了 Facebook 专注于为提高效率降低成本而不断完善数据中心设计的追求。

该数据中心采用双层结构，分离服务器和冷却基础设施，并且允许最大化使用楼层空间以满足服务器需求。Facebook 选择使用顶级冷却管理系统，使冷气从机房的顶部进入，送入

图 7-33　Facebook 俄勒冈数据中心冷却图

数据中心的冷空气与数据中心的热空气由于这种自然的热压差驱动而产生循环流动（冷空气下沉，热空气上升），所以无须外部强制动力（风机等的布置）进行驱动掺混循环。与普

通数据中心相比，Facebook 数据中心的能效提高 38%，建造成本降低 24%[68]。

（2）富士通纽伦堡数据中心　2010 年 11 月，日本跨国公司富士通在德国纽伦堡设立了一个现代化的高效数据中心。纽伦堡数据中心是一个典型的能源效率案例：电源使用效率（PUE）为 1.25，低于传统数据中心电源使用效率 1.6。该指标不仅显示的是计算机能量需求，同时也显示冷却系统、通风系统，以及不间断电源系统和照明系统的能量需求。冷却系

统和通风系统，使用一个空气调节装置，该装置安装在屋顶上，采用直接自然冷却的方式确保高效节能。该技术使用外部新鲜空气进行冷却，效率非常高，特别是在冬季，与只使用连接到冷却器上的冷却盘管相比，节省运行成本高达 90%[70]。在旱季，高比例的循环空气在四只喷雾器的作用下，可对供风进行加湿。因此，其设计要求能够满足低运行成本、低维护成本，符合最严格的节能指导方针。湿度控制由四只高压喷雾器进行（图 7-34 和图 7-35），喷雾器对供风进行加湿，并将供风湿度保持在推荐的范围内。

图 7-34　加湿供风用带喷嘴的配气支架

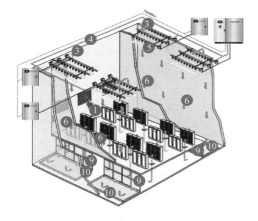

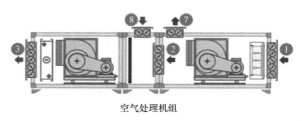

空气处理机组

图 7-35　冷却和加湿系统图

1—回风　2—再循环空气　3—加湿前出口空气　4—高压水路　5—雾化喷嘴
6—加湿后供风　7—排气　8—外部空气　9—水滴分离器　10—水滴收集器

2. 滴水型直接蒸发冷却器的应用

（1）哥伦比亚大学数据中心　哥伦比亚大学工程学院数据中心位于某建筑物四层，某公司对数据中心进行节能改造，原数据中心空调系统采用直接膨胀式制冷系统，改造后采用通信机房专用蒸发式冷气机。滴水型直接蒸发冷却空调系统如图 7-36 所示，布水系统将水喷淋到蒸发式冷气机内部的填料上，室外新风经过蒸发式冷气机降温，在变频轴流风机的压力下输

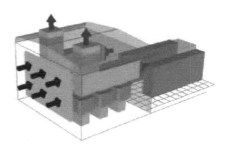

图 7-36　滴水型直接蒸发冷却空调系统

送到吊顶空间，空气通过安装在吊顶的空气过滤器过滤后，输送至冷通道；冷通道设置密封隔板，使得冷空气只能从机柜正面穿到机柜背面的热通道，带走 IT 设备的散热量；机柜背面的热空气在变频轴流风机的抽吸下经过风管返回空调机房，这部分热空气通过风阀调节，可以与蒸发冷却降温后的室外空气混合或直接与室外空气混合，循环送入机房，也可以通过屋顶的排风口排入大气。

哥伦比亚大学数据中心采用"动态控制送风状态系统"，如图 7-37 所示。春秋过渡季节直接采用填料蒸发冷却实现等焓降温，获得温度和湿度都适宜的工况；冬季调节风阀将一部分室内回风与室外新风混合，提高了送风的温度，避免了寒冷的室外空气直接送入机房导致服务器关闭或产生结露。

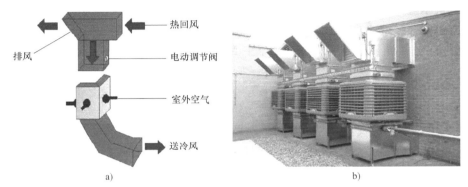

图 7-37　动态控制送风状态系统

a）示意图　b）实物图

（2）福建联通福州金山通信机房　福建联通福州金山通信机房位于福州市（高湿度地区）西南城区某工业园，属于在楼顶自建的独立式基站。基站内有通信设备、UPS（不间断电源组）和空调等，基站内部通信设备的发热量为 2kW。该基站原安装 1 台分体落地式空调器，制冷工况下额定功率 2780W，额定制冷量 7.2kW。2010 年 2 月该基站加装基站专用蒸发式冷气机 1 台，型号为 AZL05-LC13TB，风量 5500m³/h，风压 165Pa，额定功率为 200W。蒸发式冷气机用一进一排的通风方式，实现等焓降温加湿的空气处理过程；蒸发式冷气机相当于湿式过滤器，将水喷淋到冷气机内的填料上，实现降温、过滤和换气等功效[71]。蒸发式冷气机进风管及蒸发式冷气机的室外布置方式如图 7-38 所示。

143

图 7-38　福州金山通信机房的蒸发式冷气机

7.4.2 喷淋降温应用于空调冷凝器

1. 吉林石化数据中心

吉林石化数据中心位于吉林市高新技术开发区东南部，毗邻松花江。整个数据中心园区占地 1.9 万 m^2，最多可放 400 个机柜，可托管服务器 3200 台。吉林石化数据中心现有数据机房 7 个，共有 10 台风冷机组，共计 20 台室外冷凝器。夏季由于室外机所处场地空间有限，设备排列密集，造成相对的高温环境，冷凝器散热不畅，设备能耗居高，制冷效果不佳，机组高压停机、管路破裂停机等故障较多，维护压力非常大，同时也给机房温湿度环境的稳定造成影响。

为了解决上述问题，2012 年该数据中心设计及安装了水喷淋系统，如图 7-39 所示。利用安装在空调外冷凝器上的雾化装置，由高压喷嘴或雾化泵使水雾化，形成极其细小的水雾颗粒，迅速吸收空气中的热量并蒸发，降低冷凝器周围的温度，实现冷却降温。该系统采用冷凝管路温度控制，温度高于 40℃ 时喷淋，低于 38℃ 时停止喷淋，避免水资源的浪费，喷水量为 3t/天左右。喷淋系统功率为 1 kW，且间歇运行，每日耗电量最高约为 10kW·h，折合电费为 3 万元，一年最低可节能 9 万元，同时保护空调系统不发生高压宕机故障，保证机房环境稳定。据了解，该数据中心 2011 年空调系统共发生高压报警宕机或冷媒管路破裂故障 30 余次，而加装水喷淋系统后，2012 年其全年未发生一起空调高压报警或冷媒管路破裂故障，有效地降低了空调系统的故障抢修率，保障了机房环境的稳定。

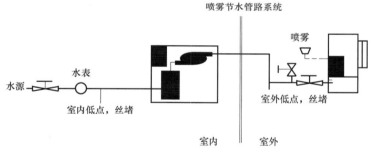

图 7-39 微雾水喷淋系统的组成

2. 中国联通北京分公司互联网数据中心

中国联通有限公司北京分公司互联网数据中心是中国联通投资兴建的最大数据中心之一，该中心由北京市电信规划设计院负责设计，IBM（中国）有限公司负责提供集成，中心使用了多家国际一流厂商的先进技术和设备，以期为用户提供全面的高质量服务。该中心位于某大厦五层北侧的机房，在风冷式空调机组室外冷凝器的通风效果不畅情况下，为提高空调机组的运行效率，在室外机组上增加软化水喷淋辅助降温系统。

风冷式空调室外冷凝器机组软化水喷淋降温降温装置，主要包括软水器、储水箱、增压机构、控制阀和雾化喷头。软水器一端与水源相连接，另一端连接储水箱的入水口，储水箱的出水口与提高软化水压力的增压机构相连接，该增压机构经控制阀与置于空调机组冷凝器下方的雾化喷头相连接。将水增压雾化处理后，经雾化喷头直接喷洒在冷凝器翅片上进行汽化吸热，使得冷凝器的整体散热量增大，散热效率提高。此时，冷凝器的整体散热量包括两部分：通过外界空气传导散热，通过雾化的水滴汽化吸热。

喷淋装置及其系统如图 7-40 所示。在压力储水罐顶部设置以下几个接口：一是压差控制器，其与常流量增压泵的控制回路连锁实现联动控制，在气压低时启动增压水泵，维持压力储水罐的压力；另一个是氮气充入口，通过充入口向压力罐充入 40% ~ 50% 总体积的干燥氮气，利用气体的压缩性调控水的压力，当压力罐的水位降低后，上部的氮气体积膨大，相应气压降低，此时压差控制器发出指令启动增压泵供水；随着水位的上升，上部的氮气体积变小，相应气压升高，当达到额定压力时压差控制器发出指令关闭增压泵；此外，还可以设置一个压力指示表接口接入压力表，用于维护人员掌握系统内部压力的变化情况。在增压水泵与压力储水罐之间安装一个单向水阀，防止水泵停机后水会倒流至软化水储水箱中。控制阀可以是防水电磁阀，电磁阀经压力开关与空调压缩机的排气管相连接实现联动。当压缩机的排气压力高于压力开关的设定值后，压力开关导通电磁阀电源，启动喷淋装置。软水器可以是离子置换式软水器或其他形式的软水器。为了防止储水箱内的水位过高或过低，在储水箱内设有高水位保护行程开关和低水位保护行程开关。在软水器和储水箱之间安装有进水电磁阀，进水电磁阀的控制电路与高水位保护行程开关相连接，而低水位保护行程开关则与常流量增压泵的控制电路连接实现联动。

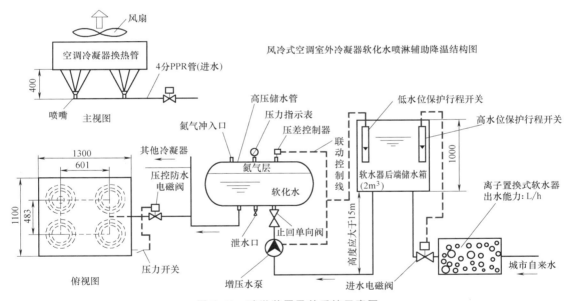

图 7-40　喷淋装置及其系统示意图

软化水喷淋降温装置安装时，无须对冷凝机组各设备进行改动或调整，只需在冷凝器的翅片下方安装雾化喷头，该改造方案对室外空间有限的场所非常有效。经试验测试，改造后空调室外冷凝压力在最炎热夏季从原先的 2.26 ~ 2.35MPa 降低至 1.77 ~ 1.86MPa，下降 0.39 ~ 0.49MPa；冷凝温度从 60℃ 降低至 50℃，降低了 10℃，粗略推算机组的节能效率约为 20%[73]。

7.4.3　喷淋降温直接应用于发热设备

喷淋降温直接应用于发热设备主要是指喷淋液冷技术，它是继浸没式、冷板式液冷系统之后的新型液冷系统，借助特制的喷淋板将冷却液精准喷洒至发热器件。喷淋液冷技术具有用液量较少、流量控制精确以及喷淋结构通用性强等特点，在大量的实测、试运营中显示出良好的应用潜力。液冷系统虽然总体能量利用效率较高，但其节能潜力需要借助合理的计算、优化策略才能充分发挥。

液冷是指通过某种液体，比如水、氟化液或是某种特殊的不导电的油，来替代空气，把CPU、内存条、芯片组、扩展卡等器件在运行时所产生的热量带走。对于承载着高功率、高密度服务器设备的大型数据中心而言，空气冷却技术的风冷条件已经无法满足系统的高效散热需求。相比之下，液冷型制冷技术具备两大优势：一是冷源无限贴近热源，充分吸收服务器中高热耗元件；二是单位体积下，液冷冷却效果是空气冷却的 1000~3000 倍，从而大幅降低制冷能耗。

喷淋液冷系统采用某种冷却液，并通过冷却液直接或者间接吸热带走器件所释放的废热至数据中心外部，进行集中散热的散热形式。喷淋液冷系统具有器件集成度高、散热效率强、高效节能和静音等特点，是解决大功耗机柜在数据中心机房部署以及降低 IT 系统制冷费用，提升能效的有效手段之一。喷淋液冷系统与传统风冷技术相比，主要优势是：

1）节能：低功耗（满负荷工作节能 30%），低 PUE 值（<1.1，风冷 1.77~2.15），总节能 54%。

2）降噪：无风扇，基本达到静音状态。

3）密度高：2 个机架的服务器单元可以集中到单个机架中（若改变主板设计，可以提高到 1/6~1/4）。

4）可靠性高：低芯片表面工作温度（33℃，风冷 57℃），电路板表面被冷却液覆盖。

5）天然防尘、防潮、防烟雾、防霉变、防静电。

6）部署灵活：无须空调/新风系统、无须防尘/防潮系统，可以部署在普通办公室，甚至宿舍或家庭房间。

7）易搬移：与数据舱天然吻合，可以部署在一个集装箱内，随集装箱整体搬移。

8）延长使用寿命：芯片内部结温低（41~43℃，风冷 65~67℃）、功耗小，工作稳定且寿命延长 0.5 倍。

9）大幅降低全寿命使用费用：硬件成本相同，冷却系统节省经费 60%，节能 54%，寿命延长 0.5 倍，全生命周期成本降低 37%。

如图 7-41 所示，喷淋液冷系统由几大模块组成，主要包括电气/控制模块、室外散热模块（水冷塔、冷水机以及风冷散热器等）以及室内 CDU（Cooling Distribution Unit）模块（主要包括泵、过滤器以及换热器等）。冷却液储存于储液箱，由泵驱动进入换热器降温（换热器的水侧与外部水冷塔、冷水机或风冷换热器连接），后经过滤器进入机柜，在机柜内部经各支管进入各层服务器，升温后的回液进入储液箱，完成循环。冷却液进入机柜内部的各层服务器，经喷淋板（特制的机箱顶盖）喷洒至各发热器件。喷淋液冷服务器结构如图 7-42 所示。喷淋板是扁平空腔，在正对发热器件的位置开有大量小孔，冷却液经由小孔直接喷淋至服务器内的发热器件。每个器件对应的开孔数量主要由其发热功率决定。

1. 一种芯片级精准喷淋液冷技术

广东合一新材料研究院有限公司自主研发了一种芯片级精准喷淋液冷技术，可以解决计算设备高功率、高密度、高热量问题，是一种面向芯片级冷却、精准喷淋、接触式液冷技术。该技术提供配套的喷淋式液冷服务器和集装箱数据中心的整机解决方案。这项技术的主

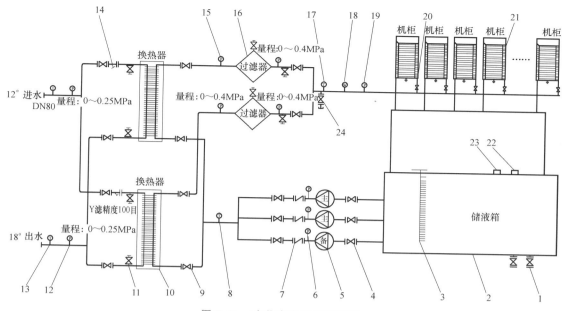

图 7-41　喷淋液冷系统原理图

1—阀门　2—储液箱　3—液位传感器　4—阀门　5—泵　6—压力传感器　7—单向阀　8—温度传感器
9—手动蝶阀　10—板式换热器　11—排气排液阀　12—压力传感器　13—温度传感器　14—Y 形过滤器
15—压力传感器　16—过滤器　17—温度传感器　18—水分传感器　19—压力传感器　20—进液球阀
21—机柜　22—加油口　23—呼吸器　24—排液阀

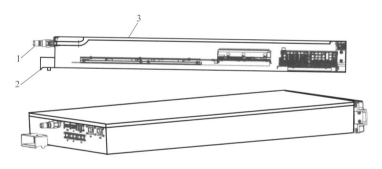

图 7-42　喷淋液冷服务器结构
1—进液口　2—回液口　3—喷淋板

要工作过程是：直接将绝缘、非导电和环保的液体冷却介质精准喷淋到服务器内部的发热器件或与其接触的散热器上，通过扩展表面使得器件的热可以迅速被吸收和传递，冷却液变为高温后，经过滤和换热处理为低温冷却液，再循环进入服务器喷淋。冷却液全程无相变，全程不需要空调参与冷却，使系统整体散热能效远高于现有机房数据中心服务器的散热系统。采用绝缘导热液体材料面向芯片直接精准喷淋，实现高效散热，从而达到数据中心高密、节能的效果。这种技术利用安全绝缘的液体材料和喷淋液态冷却系统相结合，将电子设备运行产生的热量高效率带出电子设备，通过电子设备外（或机房外）冷却系统进行冷却处理，变散热为冷却，突破了电子设备大功率芯片散热的冷却技术瓶颈，将成为未来高性能计算服务器的散热主流。

国家大数据试验场（复旦大学张江校区）采用了可便捷移动、快速部署的集装箱式数据中心。针对大规模数据处理需求特别研制的高速大数据处理服务器，采用了多路高速CPU+多路GPU+多FPGA创新性架构设计，2U服务器功率高达2.8kW，试验场单柜集成功率达16kW以上。高速率、高功率服务器大幅提高了大数据处理的速度，同时也给机房带来了高热量。传统风冷散热能力所支持的单柜功率密度普遍在5kW以下，国家大数据试验场单柜功率高达16kW，且部署在一个狭小的集装箱内，气流设计困难，风冷无法解决计算设备的散热需求。采用芯片级精准喷淋液冷技术可以解决该项目计算设备高功率、高密度、高热量问题。喷淋式液冷技术对其服务器进行高效节能热管理，可以在上海地区实现PUE值小于1.2的节能效果。该项目2018年6月完成设备调试，进入实际运行，其设备运行状态稳定，各项结果满足规范要求（图7-43）。在无空调设备制冷且机房环境达40℃情况下，使高密度服务器正常运行成为可能；同时该数据中心结构紧凑，节省了大量空间。

图7-43 国家大数据试验场实例图

2017年广东合一通用直接液冷标准示范数据中心于雄安新区（河北容城县）建成并投入运营。通过采用新技术、新方案，数据中心能耗效率达到1.03~1.1，破解了传统数据中心该指标处于1.5~2.3高位的难题。

2. 一种刀片服务器喷淋液冷装置

刀片服务器是指在标准高度的机架式机箱内可插装多个卡式的服务器单元，是一种实现高可用、高密度的低成本服务器平台，目前已经在高密度、高性能计算机集群环境成为主流。刀片服务器比塔式、机架式服务器更节省空间、便于集中管理，同时散热问题也更突出，其高负荷工作时产生大量的热，同样体积的刀片需要的冷却是其他服务器的数倍，往往要在机箱内装上大型强力风扇来辅助散热。传统的空调风冷冷却方式，能耗非常大，散热功率有限，且容易出现局部温度过高，冷却效果不好会使得超级计算机中心的能力大打折扣。

如图7-44所示为一种刀片服务器喷淋液冷装置，该装置主要包括淋油装置、服务器外壳、主工质箱、工质泵、换热器。淋油装置设于服务器外壳内的上部，服务器外壳上设有服

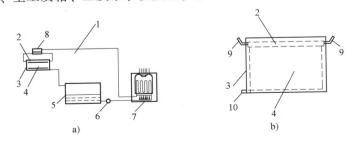

图7-44 一种刀片服务器喷淋液冷装置

1—液冷装置 2—淋油装置 3—服务器外壳 4—刀片服务器主板 5—主工质 6—工质泵
7—换热器 8—辅助工质箱 9—淋油装置进液口 10—服务器出液口

务器出液口，服务器外壳的服务器出液口连接主工质箱的进液口，主工质箱的出液口连接工质泵的进液口，工质泵的出液口连接换热器的进液口，换热器的出液口设有若干支路，若干支路分别与淋油装置的若干淋油装置进液口连接，主工质箱内装有绝缘导热液体工质的冷却液，服务器外壳内竖直插装有若干刀片式服务器主板，淋油装置对刀片式服务器主板进行喷淋。

刀片服务器喷淋液冷装置，其工作过程：首先，将刀片服务器主板竖直放置于服务器外壳内，启动工质泵后，工质泵抽取主工质箱内较热的冷却液，泵入至换热器中使其吸收热量；换热器吸取冷却液的热量后，通过其出液口的若干支路将冷却液输送到淋油装置内；淋油装置对竖直放置于服务器外壳内的刀片式服务器主板进行喷淋，冷却液填充于服务器外壳内，并直接接触位于服务器外壳内的刀片式服务器主板；淋油装置下端开有一道道细长的槽，冷却液顺着槽道流下来淋到刀片式服务器主板上；冷却液继而顺着服务器主板从上往下流动过程可以冷却主板上的发热元件，冷却液温度升高，通过管道回到主工质箱中。如此循环，将服务器中的热量源源不断地带出，保持刀片式服务器主板在良好的工作温度，提高其使用寿命。

图 7-44c 所示，淋油装置的喷淋结构表面上可均匀设有若干小孔，喷淋结构表面可设计为网状结构。将喷淋结构表面设计为带小孔的网状结构，有利于提高喷淋压力，并使冷却液均匀并保持较高压力喷淋于刀片服务器主板上，提高液冷装置的冷却效果。

参 考 文 献

［1］ M YOUBI-IDRISSI, H MACCHI-TEJEDA, L FOURNAISON, et al. Numerical model of sprayed air cooled condenser coupled to refrigerating system ［J］. Energy Conversion and Management, 2007, 48 (7): 1943-1951.

［2］ M CHAKER, C B MEHER-HOMJI. Gas Turbine Power Augmentation: Parametric Study Relating to Fog Droplet Size and Its Influence on Evaporative Efficiency ［J］. Journal of Engineering for Gas Turbines and Power, 2011, 133 (9): 092001-092010.

［3］ 连之伟, 孙德兴. 热质交换原理与设备 ［M］. 北京：中国建筑工业出版社, 2011.

［4］ JOHN R, WATT. Evaporative Air Conditioning Handbook ［M］. 2nd ed. Chapman and Hall, London, UK, 1986.

［5］ 陆亚俊. 间接—直接蒸发冷却在空调中的应用 ［J］. 建筑技术通讯 (暖通空调), 1982, 1: 37-40.

［6］ 陈沛霖. 论间接蒸发冷却技术在我国的应用前景 ［J］. 建筑技术通讯 (暖通空调), 1988, 2: 26-31.

［7］ 黄翔, 等. 蒸发冷却空调理论与应用 ［M］. 北京：中国建筑工业出版社, 2010.

［8］ ABDULLAH ALKHEDHAIR, ZHIQIANG GUAN, INGO JAHN, et al. Water spray for pre-cooling of inlet air for Natural Draft Dry Cooling Towers-Experimental study ［J］. International Journal of Thermal Sciences, 2015, 90: 70-78.

［9］ M CHAKER, C B MEHER-HOMJI. Gas Turbine Power Augmentation: Parametric Study Relating to Fog Droplet Size and Its Influence on Evaporative Efficiency ［J］. Journal of Engineering for Gas Turbines and Power, 2011, 133 (9): 092001-092010.

［10］ YUBIAO SUN, ZHIQIANG GUAN, HAL GURGENCI, et al. Spray cooling system design and optimization for cooling performance enhancement of natural draft dry cooling tower in concentrated solar power plants

［J］. Energy, 2019, 168: 273-284.

［11］ 刘俊奇, 葛天舒, 代彦军, 等. 再生式蒸发冷却降温系统的实验研究［J］. 制冷学报, 2019, 40 (4): 113-120.

［12］ KAI ZHENG, MASAYUKI ICHINOSE, NYUK HIEN WONG. Parametric study on the cooling eects from dry mists in a controlled environment［J］. Building and Environment, 2018, 141: 61-70.

［13］ 刘海潮, 邵双全, 张海南, 等. 回路热管微通道换热器蒸发冷却实验［J］. 化工学报, 2018, 69 (S2): 161-166.

［14］ 陶文铨. 数值传热学［M］. 2 版. 西安: 西安交通大学出版社, 2001.

［15］ 陶文铨, 何雅玲. 对流换热及其强化的理论与实验研究最新进展［M］. 北京: 高等教育出版社, 2005.

［16］ 文哲希, 吕硕, 何雅玲. 预测喷雾冷却热流密度反问题的粒子群算法研究［J］. 工程热物理学报, 2013, 34 (8): 1506-1510.

［17］ 赵凯, 李强, 宣益民. 相变过程的格子 Boltzmann 方法模拟［J］. 计算物理, 2008, 25 (2): 151-156.

［18］ FABIEN RAOULT, STEPHANIE LACOUR, BERTRAND CARISSIMO, et al. CFD water spray model development and physical parameter study on the evaporative cooling［J］. Applied Thermal Engineering, 2019, 149: 960-974.

［19］ J TISSOT, P BOULET, F TRINQUET, et al. Air cooling by evaporating droplets in the upward flow of a condenser［J］. International Journal of Thermal Sciences, 2011, 50 (11): 2122-2131.

［20］ LIEHUI XIAO, ZHIHUA GE, LIJUN YANG, et al. Numerical study on performance improvement of air-cooled condenser by water spray cooling［J］. International Journal of Heat and Mass Transfer, 2018, 125: 1028-1042.

［21］ ZHIYU ZHANG, SUOYING HE, MINGXUAN YAN, et al. Numerical study on the performance of a two-nozzle spray cooling system under different conditions［J］. International Journal of Thermal Sciences, 2020, 152: 106291, 1-14.

［22］ S S KACHHWAHA, P L DHAR, S R KALE. Experimental studies and numerical simulation of evaporative cooling of air with a water spray-I. Horizontal parallel flow［J］. Internation Journal of Heat and Mass Transfer 1998, 41 (2): 447-464.

［23］ S S KACHHWAHA, P L DHAR, S R KALE. Experimental studies and numerical simulation of evaporative cooling of air with a water spray-II. Horizontal counter flow［J］. Internation Journal of Heat and Mass Transfer, 1998, 41 (2): 465-474.

［24］ R SURESHKUMAR. Heat and mass transfer studies on air and waterspray interactions.［R］. Department of Mechanical Engineering, Indian Institute of Technology Delhi, 2000.

［25］ R SURESHKUMAR, S R KALE, P L DHAR. Heat and mass transfer processes between a water spray and ambient air-I. Experimental data［J］, Applied Thermal Engineering, 2008, 28: 349-360.

［26］ CHAKER M. Gas Turbine Power Augmentation: Parametric Study Relating to Fog Droplet Size and Its Influence on Evaporative Efficiency［J］. Journal of Engineering for Gas Turbiness and Power, 2011, 133 (9).

［27］ ALKHEDHAIR A, GUAN Z, JAHN I, et al. Water spray for pre-cooling of inlet air for Natural Draft Dry Cooling Towers-Experimental study［J］. International Journal of Thermal Sciences, 2015, 90 (90): 70-78.

［28］ G P WACHTELL. Atomized Water Injection to Improve Dry Cooling Tower Performance［Z］. National Technical Information Service, USA, 1974.

［29］　尹晓奇. 离心式喷嘴空心锥喷淋特性数值研究 ［D］. 大连：大连理工大学，2012.

［30］　孙美玲. 旋流喷嘴两相流动的数值模拟 ［D］. 大连：大连理工大学，2013.

［31］　陈斌，郭烈锦，张西民，等. 喷嘴雾化特性实验研究 ［J］. 工程热物理学报，2001，22（2）：237-240.

［32］　HOLTERMAN H J. Kinetics and evaporation of water drops in air ［R］. Wageninger：Instituut voor Milieu-en Agritechniek，2003.

［33］　张翔宇. 间接空冷机组喷雾冷却增效的优化研究 ［D］. 济南：山东大学，2018.

［34］　MELSER R，MAILEN G. Nucleate boiling in thin liquid films ［J］. AICh E J，1997，23：954-957.

［35］　YANG J，CHOW L C，PAIS M R. Nucleate boiling heat transfer in spray cooling ［J］. J Heat Trans，1996，188：668-671.

［36］　RINI D P，CHOW L C，MAHEFKEY E T. Surface roughness and its effect on the heat transfer mechanism in spray cooling ［J］. J Heat Trans，2002，124：211-219.

［37］　SILK E A，GOLLIHER E L，SELVAM R P. Spray cooling heat transfer：technology overview and assessment of future challenges for micro-gravity application ［J］. Energy Convers Manage，2008，49（3）：453-468.

［38］　NEVEDO J. Parametric effects of spray characteristics on spray cooling heat transfer ［D］. American：University of Central Florida，2008.

［39］　LEFEBVRE A H. Atomization and sprays ［M］. New Yorks：Hemissphere Publishing Corporation，1989.

［40］　王亚青，刘明侯，刘东. 数值研究二次成核在喷雾冷却中的作用 ［J］. 中国科学技术大学学报，2009，4：391-397.

［41］　PAUTSCH A G，SHEDD T A. Spray impingement cooling with single- and multi-nozzle arrays. part1：heat transfer date using FC-72 ［J］. Int J Heat Mass Trans，2005，48：3167-3175.

［42］　SHEDD T A. Next generation spray cooling：high heat flux management in compact spaces ［J］. Heat Trans Eng，2007，28（2）：87-92.

［43］　VAN CAREY P. Liquid-vapor phase-change phenomena ［M］. USA：Hemisphere Publishing Corporation，1992.

［44］　BASU N，WARRIER G R，DHIR V K. Onset of nucleate boiling and active nucleation site density during subcooled flow boiling ［J］. J Heat Trans，2002，124（44）：717-728.

［45］　郭子义，陶毓伽，淮秀兰. 基于二次核化的沸腾喷雾冷却模拟研究 ［J］. 煤炭技术，2012，31（2）：196-198.

［46］　ROHSENOW W M. A method of correlating heat transfer data for surface boiling liquids ［J］. ASME，1992，74：969-980.

［47］　RINI D P. Pool boiling and spray cooling with FC-72 ［D］. USA：University of Central Florida，2000.

［48］　ESMAILIZADEH L，MESLER R. Bubble entrainment with drops ［J］. J Colloid Inter Sci，1986，110（2）：561-574.

［49］　SIGLER J，MESLER R. The behavior of the gas film formed upon drop impact with a liquid surface ［J］. Int J Colloid Interface Sci，1990，134（2）：459-474.

［50］　SELVAM R P，SARKAR M，SARKAR S，et al. Modeling thermal-boundary-layer effect on liquid-vapour interface dynamics in spray cooling ［J］. J Thermophys Heat Trans，2009，23（2）：365-370.

［51］　CHO C，PONZEL R. Experimental study on the spray cooling of a heated solid surface ［J］. ASME：Fluids Eng，1997，244：265-272.

［52］　HE SUOYING，GURGENCI H，GUAN ZHIQIANG，et al. A review of wetted media with potential application in the pre-cooling of natural draft dry cooling towers ［J］. Renewable and Sustainable Energy Reviews，2015，44.

[53] HE S Y. Performance improvement of natural draft dry cooling towers using wetted-medium evaporative pre-cooling [D]. Brisbane：The University of Queensland, 2015.

[54] 华侨大学. 一种电梯井错位重力喷淋装置：CN201410446174. 0 [P]. 2015-07-08.

[55] 王伟, 肖玮, 任昌磊. 一种数据中心机柜及其压力喷淋系统：CN106659092B [P]. 2019-12-31.

[56] 李大伟, 乔天治, 孟超. 遥控智能塔吊喷淋系统的研究 [J]. 中国战略新兴产业, 2020, （2）：39-40.

[57] 黄江宁, 吴靖, 黄旭亮, 等. 基于 PID 控制技术的变压器冷却装置智能喷淋系统的研究及应用 [J]. 浙江电力, 2018, 37 (9)：31-35.

[58] 郑心茹, 孔德丹, 祁华菊, 等. 基于传感器的夏季公交车站自动喷淋降温系统的控制 [J]. 南方农机, 2019, 50 (16)：25.

[59] ABDULLA M A. Modelling and experimental study of spray cooling systems for inlet air pre-cooling in natural draft dry cooling towers [D]. Brisbane：The University of Queensland, 2015.

[60] 刘严雪, 何锁盈, 张治愚, 等. 双喷嘴布置间距对蒸发冷却性能影响的数值模拟 [J]. 中国电机工程学报, 2020, 40 (15)：4910-4918.

[61] J. MAULBETSCH, M DIFILIPPO. Spray Cooling Enhancement of Air-Cooled Condensers [R] EPRI, Palo Alto, CA, California Energy Commission, Sacramento, CA, and Crockett Cogeneration, Crockett, CA：2003. 1005360.

[62] ASHRAE. ASHRAE handbook—HVAC applications (SI)：heating, ventilating, and air-conditioning applications [M]. SI ed. Atlanta, USA：American Society of Heating, Refrigerating, and Air-Conditioning Engineers, Inc.；2007.

[63] SUOYING H E, HAL GURGENCI, ZHIQIANG GUAN, et al. A review of wetted media with potential application in the pre-cooling of natural draft dry cooling towers [J]. Renewable and Sustainable Energy Reviews, 2015, 44：407 – 422.

[64] LIE HUI XIAO, ZHI HUA GE, LI JUN YANG, et al. Numerical study on performance improvement of air-cooled condenser by water spray cooling [J]. International Journal of Heat and Mass Transfer, 2018, 125：1028-1042.

[65] SUN Y, GUAN Z, GURGENCI H, et al. Investigation on the influence of injection direction on the spray cooling performance in natural draft dry cooling tower [J]. International Journal of Heat & Mass Transfer, 2017, 110：113-131.

[66] 马军鹏, 孙汉明, 褚世洋, 等. CRECT 冷却塔蒸发水气回收效率提高措施研究 [J]. 石油化工安全环保技术, 2017, 33 (01)：53-55.

[67] 黄翔, 韩正林, 宋姣姣, 等. 蒸发冷却通风空调技术在国内外数据中心的应用 [J]. 制冷技术, 2015.

[68] GREEN GRID. Recommendations for measuring and reporting over all data center efficiency [J]. Measuring PUE for Data Centers, 2011, 2.

[69] CARLE. 蒸发冷却 [M]. 意大利：dell' Industria 11, 35020 Brugine (PD), 2013：117-118.

[70] 范坤, 黄翔, 周敏, 等. 浅谈蒸发式冷气机在通信机房应用的几种形式 [J]. 发电与空调, 2012 (04)：52-57.

[71] 吴雪莉, 慈宏昕. 微雾水喷淋系统在传统风冷空调机组中的节能应用 [J]. 中国管理信息化, 2014 (4)：36-37, 38.

[72] 袁祎, 苏晓甦, 郭端晓. 风冷式空调室外冷凝器自动喷淋装置 [J]. 机械制造与研究, 2007, 36 (6)：73-75.

[73] 宣静雯. 西北地区蒸发冷却空调系统水质问题的研究 [D]. 西安：西安工程大学. 2016.

［74］ JONES，ROBERT LEE. A water chemistry for open recirculating cooling water systems ［D］. University of Houston，1991：109-155.

［75］ 吴晋英，黄长山，徐会武，等. 集中空调系统冷却水水质管理 ［J］. 暖通空调，2008，38（4）：125-126.

［76］ GUANHUA Y，HONGYUN Z，YAJUN Z. Countermeasures to Prevent and Cure the Fouling in Recirculating Cooling Water System ［J］. MSE-2010（10）：418-422.

［77］ 鲍其鼐. 我国循环冷却水处理 30 年 ［J］. 工业水处理，2010，30（12）：6-8.

［78］ 杨秀贞. 臭氧处理蒸发冷却空调水的应用技术研究 ［D］. 西安：西安工程大学. 2006.

［79］ 赵琼. 循环冷却水系统腐蚀情况分析及药剂控制方法 ［J］. 天然气与石油，2010，28（2）：46-47.

［80］ 吕勇，明云峰，王肇君，等. 高浊度工业循环冷却水中菌藻的控制 ［J］. 工业水处理，2012，32（8）：94-95.

［81］ 赵彬林. 工业循环冷却水处理技术 ［M］. 北京：中国石化出版社，2014.

［82］ 黄磊，汪伟英，汪亚蓉，等. 结垢预测方法研究 ［J］. 断块油气田，2009，16（5）：94-96.

［83］ 黄翔. 蒸发冷却通风空调系统设计指南 ［M］. 北京：中国建筑工业出版社，2016.

［84］ 杨彩奎. 敞开式循环冷却水系统的水质处理 ［J］. 山西建筑. 2003.（18）：119-120.

［85］ 黄翔，武俊梅，等. 中国西北地区蒸发冷却技术应用状况的研究 ［J］. 西安工程科技学院学报，2002（1）.

［86］ 中华人民共和国住房和城乡建设部. 采暖空调系统水质：GB/T 29044—2012 ［S］. 北京：中国计划出版社，2012.

［87］ 中华人民共和国住房和城乡建设部. 工业循环冷却水处理设计规范：GB 50050—2017 ［S］. 北京：中国计划出版社，2017.

［88］ 杨秀贞，黄翔，程刚. 蒸发冷却水质问题的分析研究 ［J］. 制冷空调. 2004，25（100）：33-36.

［89］ 黄翔. 蒸发冷却理论与应用 ［M］. 北京：中国建筑工业出版社，2016.

［90］ 约翰·瓦特（John R. Watt，P. E.），威尔·布朗（Will K. Brown，P. E）. 蒸发冷却空调技术手册 ［M］. 黄翔，武俊梅，译. 北京：机械工业出版社，2008.

第 8 章
液冷技术

8.1 液冷技术发展概况

液冷作为一种成熟的散热技术，已被广泛应用于航空、航天、汽车、雷达等工业设备领域。近年来，随着数据中心的规模和单机柜容量逐渐增加，其制冷系统的能耗和效率已成为业界重点关注的问题。为提升服务器的散热效率，充分降低数据中心 TCO，液冷技术已成为解决这一难题的有效技术手段。采用液冷技术后，可实现服务器元器件全年进行自然冷却，且不受地域和季节限制。从而大幅度降低数据中心 PUE 值；该技术可支持的单机柜容量也大大增加，范围可从 5kW 到 3000kW。液冷技术不仅降低数据中心运营成本，助力国家节能减排，还大幅提升单机柜容量，助力国家信息化事业的发展。

8.1.1 工业液冷技术发展概况

早期，世界各国的人造卫星的散热效果不好是导致卫星寿命较短的主要原因之一（例如法国和日本的卫星就是因为温度太低或太高出现故障，在上天工作不久出现失灵），这是因为卫星外部设备在受太阳辐射时温度急剧升高，且卫星为独立运行个体，加上宇宙环境脱离大气层，这就导致设备的热量不能通过热传导和对流向外散出，热量只能通过辐射向外散热。为解决这一难题，后期专家通过液冷系统将设备热量带到外部的散热片上（图 8-1 所示方框内白板），再由散热片以辐射形式散出，达到降温的效果，在太空低温环境时，通过折叠散热片或调整其角度减小或阻断其散热，达到整体温控的效果。

飞机和军用设备的雷达（图 8-2）、汽车发动机（图 8-3）、高性能计算机主机（图 8-4）用液冷散热的原因有以下几点：①系统更加安全，将发热设备贴近液体循环系统，由于液体的高比热，可使得设备始终工作在较低且均衡安全的温度范围内，从而保证设备的运行安

图 8-1 卫星液冷散热

图 8-2 飞行器雷达液冷散热

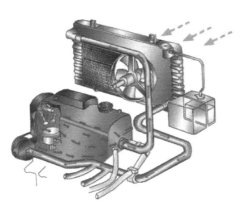

图 8-3　汽车发动机散热示意图　　　　　　图 8-4　水冷散热台式机

全；②辐射能力减弱，用液冷技术可使得设备的整体温度相对于风冷大大降低，不易被敌方侦查从而暴露目标；③占据空间少，类似于液压技术，可在最小的体积内获得最大的散热量（能量），可减少飞行器和车辆的体积。

8.1.2　计算机液冷技术的发展

计算机用液冷技术成因主要由前端计算机的发展变革引起，与其发展的五个阶段有密切关系：第一代计算机（1946—1957 年）主要元器件是电子管（图 8-5），其中世界上第一台电子计算机问世于美国宾夕法尼亚大学，它由冯·诺依曼设计，整个计算机占地 170m²，它的存储容量很小，只能存 20 个字长为 10 位的十进位数，一秒钟内可进行 5000 次加法运算，由于其算力较小，其散热通过一般风冷便可解决。第二代计算机（1958—1964 年）主要变革是用晶体管代替了电子管（图 8-6），第三代计算机（1965—1970 年）主要特点是以中、小规模集成电路取代了晶体管（图 8-7），第二代和第三代计算机由于其尺寸还比较大，故设备整体功率密度很低，散热形式主要以风冷为主。

图 8-5　第一代计算机（电子管）　　　　图 8-6　第二代计算机（晶体管）

直到第四代计算机（1971 年至今）采用大规模集成电路和超大规模集成电路（图 8-8），导致一些大型计算机的散热受到制约，液冷技术呼之欲出，在 20 世纪 80 年代，考虑到计算

图 8-7　第三代计算机（集成电路）

图 8-8　第四代计算机（大规模集成电路）

机设备的发热量较大，传统的风冷技术很难满足该种计算机的运行安全（风冷散热能力受限），一些大型发热计算机设备开始使用 Cary-2 氟化液为其散热，往后的 20 年间，随着单位 CPU 的处理能力逐渐增强，其发热量也急剧增加，高热流密度元件用液冷技术逐渐在 PC 市场兴起，用户量得到显著提升。2010 年以来，第五代计算机进入智能计算时代，其对应发热量呈指数增长，此时液冷技术迎来春天，得到迅猛发展，变得愈发成熟；且该技术还可大大降低用户的运行成本，后续逐渐回归到企业级和 HPC（高性能运算）市场。

　　在 20 世纪 60 年代，一些功率较高的计算机因为长期高速运行，出现了因为过热而宕机的事件，为解决这一难题，IBM 公司开发了水冷系统，即采用"喷射"水技术直接冷却服务器，应用该技术后，不仅解决了设备运行安全的问题，还使得空调散热的能耗大大降低，约降低 65% 以上。

8.2　液冷系统原理及优势

8.2.1　液冷系统原理

　　液冷的原理就是利用液体的高比热特性，将服务器的热量在较小的空间内迅速带走。相对于低比热容的换热介质（一般为冷风），可大大降低传热温差：一般服务器的内核温度为

40~60℃，为保证 CPU 安全运行，由于风的单位体积比热容较小，须向服务器送出温差很大的冷风，一般送风温度不高于 27℃，导致供水温度不得低于 20℃，相对于 30℃ 室外环境温度，空调系统需进行逆向散热，故需要压缩机做功完成系统散热，如图 8-9 所示。液冷由于其较高的比热性能，可以向服务器送出温差较低的冷液，一般供液温度不低于 35℃ 即可，相对于 30℃ 环境温度，空调系统可为正向散热，

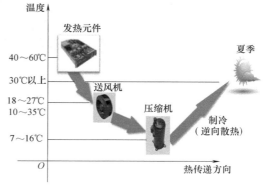

图 8-9　逆向散热

也可以称之为自然冷却，可省去压缩机的能耗，如图 8-10 所示。

通过该种技术，省去压缩机，可降低空调系统能耗的 50%～70%，可降低数据中心能耗的 40%～54%。

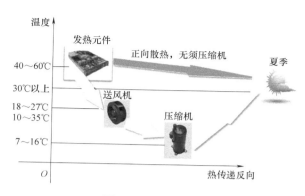

图 8-10　正向散热

8.2.2　液冷散热技术优势

1. 散热能力强

数据中心用液冷技术最初目的是为了解决服务器主要发热源 CPU 和内存的散热问题，前文已经提到，当单机柜容量大于 25kW 时，采用风冷技术对服务器进行冷却，效率很低，代价很高。由于液体的比热容大、热导率高，传热效率是空气的 1000～3000 倍。

如表 8-1 所示，不同介质的比热容相差很大，加上液体的密度较大，故在相同体积容量条件下，液冷带走的热量是风冷的千倍之多，这就解释了为什么液冷散热能力强的原因。

表 8-1　冷却液主要特性比较

冷却剂		冰点/℃	黏度/Pa·s	热导率/[W/(m·K)]	比热/[J/(kg·K)]	密度/(kg/m³)	汽化热/(kJ/kg)	表面张力/(dyn/cm)
非导电介质	FC-87(PF5050)	-115	4.81×10^{-4}	0.056	1045	1660	103	9.9
	FC-72(PF5060)	-90	6.90×10^{-4}	0.058	1045	1688	88	10.9
	HFE 7000	-120	4.83×10^{-4}	0.076	1285	1415	148	
	HFE 7100	-135	6.20×10^{-4}	0.070	1173	1529	121	
	芳香族化合物(DEB)	<-80	1.00×10^{-4}	0.140	1700	860		
	脂肪族化合物(PAO)	<-50	9.00×10^{-4}	0.137	2150	770		
	有机硅(Syltherm XLT)	<-110	1.40×10^{-8}	0.110	1600	850		
水和水溶液	水	0	1.08×10^{-3}	0.598	4182	998	2461	72.7
	乙二醇/水(50/50)(v/v)①	-37.8	3.80×10^{-3}	0.370	3285	1087		
	丙二醇/水(50/50)(v/w)②	-35	6.40×10^{-3}	0.360	3400	1062		
	甲醇/水(40/60)(w/w)③	-40	2.00×10^{-3}	0.400	3560	935		
	乙醇/水(44/56)(w/w)	-32	3.00×10^{-3}	0.380	3500	927		
	钾甲酸/水(40/60)(w/w)	-35	2.20×10^{-3}	0.530	3200	1250		
制冷剂	R-134A	-103.3	2.09×10^{-4}	0.083	1403	1225	217	8.75
	R-410A	—	1.31×10^{-4}	0.103	1658	1083	234	6.41
	R-744(二氧化碳)④	-56.5	7.37×10^{-8}	0.084	3396	775	1535	

注：$1dyn=10^{-5}N$。

① "v/v" 为体积比。

② "v/w" 为体积比质量。

③ (w/w) 为质量比。

④ R-744 的闪点（即大气压下的沸点）低于其冰点，所以在此工况下直接从固体转化（升华）成气体。

2. 节能性好

数据中心用液冷技术基本可实现全年自然冷却，数据中心空调系统耗电占系统整体耗电的 40%~50%（图 8-11），空调系统的压缩机占空调系统耗电的 54% 左右（图 8-12），采用液冷技术后，可使得数据中心整体节能性超过 20%，PUE 下降 0.2 左右，大大降低了基础设施耗电和服务器本身的功耗。

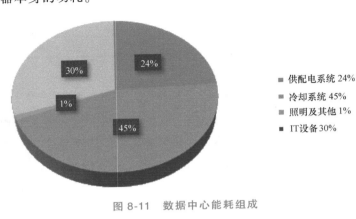

图 8-11　数据中心能耗组成

- 供配电系统 24%
- 冷却系统 45%
- 照明及其他 1%
- IT设备 30%

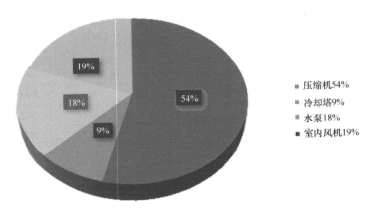

图 8-12　华南地区典型空调能耗系统组成

- 压缩机54%
- 冷却塔9%
- 水泵18%
- 室内风机19%

3. 服务器性能更高

采用液冷技术后，服务器满载运行 CPU 温度可降低至 40~50℃，比风冷降低约 20℃，由于 CPU 和内存温度降低，CPU 超频性能可得到完全释放，机群性能可提高 5% 以上。

4. 安全性更强

采用液冷技术后，CPU 等核心器件的运行温度被液冷通道钳位于 50℃ 左右，不会发生热宕机现象，完全消除机架内的热岛现象。器件稳定性可提高一个数量级，温度对电子元器件寿命和稳定性的影响，主要体现在以下几个方面：

（1）器件安全　CPU 内核温度每降低 10℃，反向漏电流减少了 1 倍，可大大减小工作点漂移、特征曲线变化、增益不稳定、最大允许功率下降、P-N 结击穿等风险。

（2）电阻安全　由于内核温度降低，电阻内热噪声减小，阻值偏离很小，允许的耗散功率增加。

（3）电容安全　内核温度每降低 10℃，电容寿命增加一倍，减小器件击穿的风险。

（4）敏感性低　采用高比热容流体给 CPU 散热，即使在流体发生温升时，其对服务器也不会构成太大安全影响，主要因为在液冷系统调节过程中，CPU 温度变化没有风冷那么敏感，故对于服务器温控来讲，液冷技术更加安全。

电子信息设备内元件典型发热量、热流密度、耐温情况如下：

（1）CPU　电子信息设备的核心计算元件，典型发热量为 $100\sim200W$，典型热流密度为 $6\sim10W/cm^2$，内核耐受温度上限一般为 $90\sim105℃$。

（2）PCH 芯片　电子信息设备主板上的高速信号桥接元件，典型发热量为 30W，典型热流密度为 $3W/cm^2$，内核耐受温度上限一般为 $86℃$。

（3）内存　电子信息设备的高速数据存储元件，典型发热量为 10W，典型热流密度为 $0.2W/cm^2$，典型内核耐受温度上限一般为 $85℃$。

（4）硬盘　电子信息设备的固态数据存储元件，一般是指机械硬盘，典型发热量为 5W，典型热流密度为 $0.1W/cm^2$，正常工作要求环境温度上限一般为 $55℃$。

（5）GPU　电子信息设备的图形处理器，也可用作复杂数学和几何运算，典型发热量为 $200\sim300W$，典型热流密度为 $20W/cm^2$，内核耐受温度上限一般为 $80℃$。

因此，数据中心空调系统环境温度控制的目标是使整体电子元件不得超过 $55℃$，也就是空调要控制的最高温度。

5. 噪声更低

液冷散热器在噪声方面也有优势，传统的风冷服务器的噪声一般来自于风扇，噪声一般在 50dB 左右，加上周围的空气环境，其噪声将达到 70 dB 以上，液冷服务器大大降低了服务器的风扇功耗，同时也省去（或降低）了一大部分环境冷却风量，整体环境噪声低于 30dB，大大提升了环境质量。

6. 系统简化、投资降低

相对于传统空调系统，液冷系统去掉压缩机系统，不仅大大降低了空调系统的复杂程度，而且减少了对电力容量的侵占，提升了数据中心用于机柜的电力容量。

液冷系统的投资关键在于服务器定制，其市场价格高于一般传统风冷服务器，但是通过该种技术大大减少了对压缩机的依赖，因此，引起的压缩机和对应电气系统投资大大减少，且对大楼围护结构（土建）投资也低于常规机械压缩空调系统。

如表 8-2 所列，以一个 IT 工艺负荷 1MW 数据中心为例，针对服务器采用风冷散热和液冷散热技术的基础设施投资进行对比。就空调系统而言，采用液冷散热技术的方案投资约为采用风冷散热技术的 61%；就电力系统而言，采用液冷散热技术方案的投资约为采用风冷

表 8-2　采用风冷和液冷技术的基础设施的投资对比

序号	技术名称	空调系统	电力系统	土建（其他）
1	风冷散热技术	280 万元	160 万元	450 万元
2	液冷散热技术	170 万元	20 万元	360 万元
3	节省比例	39%	87.5%	20%

注：1. 以一个 IT 负荷为 1MW 系统为例。

　　2. 以上冷却技术是指针对服务器的冷却技术。

　　3. 表中电力系统为高低压配电系统。

散热技术的 12.5%；就土建投资而言，采用液冷散热技术方案的投资约为采用风冷散热技术的 80%。总之，对于同一个数据中心而言，采用液冷散热技术的数据中心基础设施投资相较于采用风冷散热技术的方案是节省的。

8.3 液冷技术的分类

目前数据中心液冷形式根据介质是否相变，分为单相液冷、相变液冷（见下文各个章节）；按照服务器和液体介质的接触程度分为冷板式、喷淋式和浸没式，其分类见表 8-3。

表 8-3 液冷分类

液冷方式	实现方式	冷媒工质
冷板式	流体在冷板内流动，带走 CPU 等发热元件的热量	纯水、氟化液、醇类液体
喷淋式	在服务器上方开孔，液体定向喷淋到主板及发热元件上，带走热量	硅油、矿物油、氟化液
浸没式	将服务器浸没在冷却液中，通过液体流动冷却服务器	硅油、矿物油、氟化液

8.3.1 冷板式液冷技术

冷板式液冷技术研发初衷是为了避免冷却液与服务器直接接触，该种技术针对主要发热源 CPU 和内存等部件进行精确制冷。针对数据中心电子信息设备内部元件的差异化发热特征，采用"无压缩机"液冷通道对高热流密度元件进行散热、采用高效气冷通道对低热流密度元件进行散热的方式，如图 8-13 所示。该技术适用于功率密度小于 30kW 的新建、扩建和改建液/气双通道散热数据中心机房工程的规划与设计。

1. 冷板式液冷原理

冷板式液冷技术是在常规风冷服务器基础上，CPU 和内存侧紧贴一块板式换热器，芯片的热量通过热传导传至板内流体，流体

图 8-13 冷板式液冷服务器实景图

为绝缘介质，可为去离子水、乙二醇溶液、氟化液等或相变的热管（热管通过换热器将热传导至机房外水系统）。冷却的板片与服务器的 CPU/GPU（高热流密度元件）通过直接接触将服务器的主要热量带走（冷板内有热管和液体散热两种形式），其余部件（低热流密度元件）热量可通过较高温的风带走，这种由液冷和气冷结合的散热技术称为液气双通道散热技术，其原理如图 8-14 所示。

该技术相对于传统的机架式风冷服务器，资源利用率得到显著提升，机架可容纳的装机功率可提升至 30kW 以上，由于服务器安装维护与常规风冷服务器基本一致，故该种液冷技术的运维难度基本和传统行级空调一致。

2. 冷板式液冷设计

（1）液冷通道散热 针对高热流密度元件的散热需求，由水冷型热管散热器、液冷分

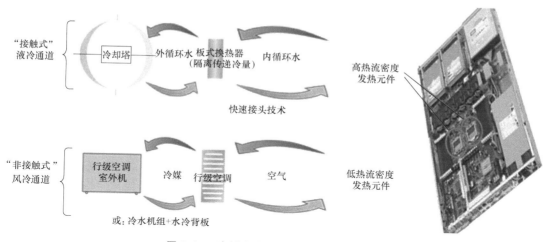

图 8-14 冷板式液冷散热原理（第一代）

配单元、液冷维护单元、液冷温控单元、自然冷却单元、内外循环管路等组成的液冷循环散热系统。其主要原理为：通过液体或水冷型热管散热器接触电子信息设备高热流密度元件，利用内外两级水（液）循环及自然冷却单元排走该部分热量。冷板式液冷散热原理如图8-15 所示。

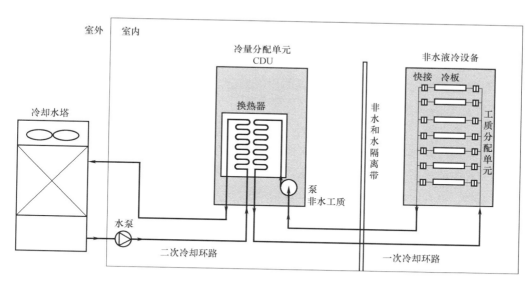

图 8-15 冷板式液冷散热原理

将服务器发热元件（CPU/GPU/DIMM 等）贴近冷板，利用冷板中流动的介质带走热量，工作介质可以选择去离子水、乙二醇溶液、氟化液等。全部液冷部件支持热插拔，维护简单，安全可靠。机柜实物图如图 8-16 所示。

该系统的散热负荷包括数据中心冷负荷以及湿负荷，冷负荷主要包括供电等设备的发热、未采用非水液冷散热的少量电子设备的发热、建筑围护结构的传热、通过外窗进入的太阳辐射热、人体散热、照明装置散热、新风等。

（2）气冷通道散热　针对低热流密度元件，采用专用空调、气体循环通道封闭等技术，实现气冷循环散热与湿度调节功能，其原理同常见气冷技术基本一致。液冷服务器安装于机架上，与传统风冷环境一致由风冷辅助制冷，风冷负责液冷冷板无法覆盖的部件，散热占比 10%～30%，系统无相变。由于服务器核心的热量已被带走，冷通道或机柜进风区域的温度范围可提升至 18～35℃。

液气双通道的冷源：服务器的内核温度安全阈值上限为 55℃，进水温度低于 40℃ 即满足使用要求。在我国全部地区，该部分的散热采用常规冷却塔均可满足散热要求，中国移动南方基地第一代液气双通道技术液通道采用开式冷却塔散热。广州当地极端湿球温度为 29.4℃，若采用传统的冷源（如冷却塔），极端出水温度将高于 33℃，送风温度将高于 38℃，为保证系统的安全性，气

图 8-16　机柜实物图

a）机柜正面图　b）机柜背面

冷通道散热采用大楼中央空调冷水为服务器提供不高于 27℃ 的冷风，即采用两种品位不同的差异化的冷源散热。

为实现冷板式液冷彻底告别压缩机补冷，简化系统构成，中国移动南方基地第二代液气双通道技术，即液通道和气通道采用同一套冷源，同一套输配系统，冷源采用间接蒸发冷却冷水机组提供高温冷水，该冷水机组在完全满足液冷通道散热的同时，也能满足气冷通道的最高送风温度低于 35℃，完全满足服务器的用冷安全。

3. 几种形式的冷板

液冷通道是"液/气双通道散热系统"的核心，其实现了将 CPU 等高热流密度发热元件的发热量高效排向大气。液冷通道由两个循环系统组成：由室内闭式循环加室外开式循环组成，室内闭式循环通常有水冷型热管散热器和直接液冷型散热器两种，室外循环与常规空调散热形式一致，两者中间用板式换热器进行换热。

（1）直接液冷型散热器　该种技术将冷却液体直接供至贴在 CPU 侧的冷板内，使得冷却液体与热源间接无限接近，大大提高了散热效率，直接液冷型散热器如图 8-17 所示。其

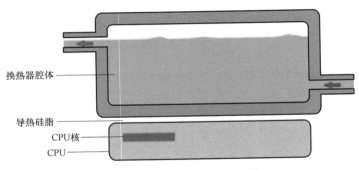

换热器腔体

导热硅脂

CPU核

CPU

图 8-17　直接液冷型散热器

原理为：CPU 核的高温通过中间的导热硅脂将热量传导至冷板腔体内的冷却液，实现工作液体与被冷却对象分离，该技术将冷却剂直接导向热源，直接液冷型散热原理如图 8-18 所示。

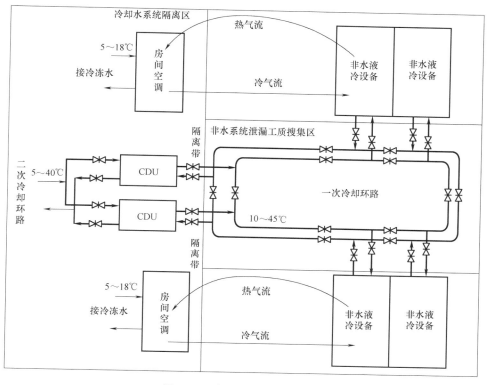

图 8-18　直接液冷型散热原理

考虑到冷却液进入服务器的安全性，尽管水的比热容很高，但存在泄漏、排气挥发等风险，现冷却液一般采用非水介质进行冷却。其工质一般需满足以下要求：

1）应有良好的绝缘性能，可有效预防冷却工质泄漏后的短路风险。

2）应有良好的载冷能力，密度和比热容的乘积应很高。

3）应有良好的环境适应能力，更低的凝固点和更高的沸点。有利于防冻，以及有利于降低系统压力和降低系统设计的复杂性。

4）应有良好的材料兼容性，应与管路材料（包括金属和非金属）有良好的兼容性，保障长期运行的可靠性。

5）应有良好的环保特性，低全球变暖潜能值（Global Warming Potential，GWP）和低消耗臭氧潜能值（Ozone Depletion Potentia，ODP），满足当地环保法规。

6）应有良好的低黏度性能，在工作温度 10~45℃ 范围内，黏度 <1mPa·s，且无闪点，不可燃，挥发性 <1。

7）冷却工质应低毒。

8）应选择不可燃材料作为冷却工质。

非水冷却工质物性参数一般需满足表 8-4 所示的要求。

表 8-4　非水冷却工质物性参数

物性参数	数值	备注
密度	>1.5kg/L	此物性仅供参考,实际应用时会综合考虑各项指标
比热容	>900J/(kg·K)	
常压沸点	>100℃	此物性仅供参考,实际应用时会综合考虑各项指标
凝固点	<-40℃	
电阻率	>3.3MΩ·cm	
绝缘强度	2121V,3mm gap	
GWP	推荐采用低 GWP 工质,可参考当地法规要求	推荐<150
ODP	0	

注:该表冷却工质在水 25℃ 下的物性。

考虑到非水工质的特性,其储藏与使用过程中应注意以下要点:

1)非水工质的储藏与使用应遵循对应的化学品安全说明书（MSDS）的指导。

2)非水工质储存与使用应在有足够通风的条件下进行。液冷机房内应定期检测空气质量,除了检测空气中的粒子浓度外,还要检测冷却液蒸气及其可能的分解产物的浓度,其浓度应控制在该类物质的职业接触限值以内。

3)非水工质质量指标应取样定期检测,非水工质首次注入系统,系统完成调试后应在3 个月内进行首次检测,在用非水工质过程中至少每年取样检测 1 次。主要检测指标包括外观、运动黏度、闪点、酸值、体积电阻率、含水量、固体颗粒物含量。

非水工质在废弃后,需做好相应的回收处理,处理过程中应注意以下要点:

1)非水工质废弃处理应按当地法规进行,且由有资质的化学品处理机构完成。使用过的非水工质包装物应送至许可的废弃物处理场所进行循环利用或处置。

2)在液冷机房建设完成交付后,投入使用前,制订相应的非水工质泄漏应急处置程序,并在程序中规定非水工质的收集、回收、废弃处理方式,严禁直接排放至下水道或环境中。

3)机房使用过程中尽量防止非水工质溢出,轻度溢出可以使用惰性材料吸收,并用清洁剂清洁残留液体;对大量的溢出、泄漏的非水工质进行围液处理,并用泵抽回预定容器中。

4)废弃非水工质的处理咨询非水工质生产厂商及当地的化学品废弃物处理企业。

（2）水冷型热管散热器　为了最大化减小冷却液在服务器内部泄漏的风险,后期新型冷板式液冷技术采用新一代水冷型热管散热器,置于服务器热管内只有极少量的绝缘流体,其传热循环时长可达到 50ms 以内,基本原理为将 CPU 等高热流密度元件发热量高效地排出服务器外,由水冷板、热管及固定板三部分构成,排热过程自然运行、无须驱动能源。其中,热管是确保整个水冷型热管散热器高效导热、低热阻的关键核心元件,水冷板的换热效率决定着该散热器的散热效果,水冷型热管散热器结构如图 8-19 所示。

热管充分利用相变原理,因热导率高、等温性好等特点而被广泛使用于散热等领域。热管工作原理如图 8-20 所示,其主要由管壁、吸液芯、工质（工作液体）和蒸汽通道组成,在其密闭的腔体内灌入一定量的工质,并进行抽真空工艺,使其腔体内的压力在 3~10Pa。

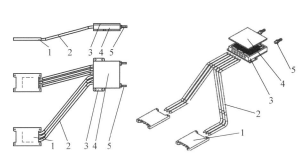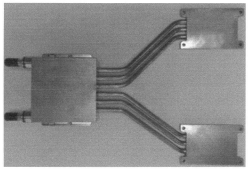

图 8-19　水冷型热管散热器结构

1—固定板　2—热管　3—水冷板基板　4—水冷板盖板　5—接头

热管工作时，蒸发段的液体工质受热汽化，在蒸汽压差的驱动下高速（近乎声速）向冷凝段流动，遇冷放出热量同时凝结成液体，完成相变过程，液体工质在吸液芯的毛细力的作用下流回蒸发段，重复循环。

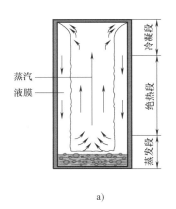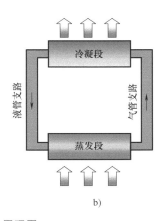

a)　　　　　　　　　　　　　　　　　　b)

图 8-20　热管工作原理图

a）热管　b）分离式热管

吸液芯结构作为热管的核心部件，其工质蒸汽与冷凝液的流动阻力决定热管的传热性能，吸液芯结构和毛细力确保热管内部冷凝液的回流即循环流动和传热，但是，当蒸汽和冷凝液的流动压力损失超过最大毛细力时，流动循环将停止。

当前最常见的热管吸液芯结构有沟槽式、烧结式、丝网式几种，如图 8-21 所示，需要根据具体使用情况，对传热性能、可靠性、制造工艺等差异进行对比，找出不同工艺参数下最优的吸液芯结构。

水冷型热管散热器的设计优劣，取决于两点：一是选取合适的热管并采取恰当的弯折结构，使得高热流密度元件热量可被传导至水冷板；二是水冷板内部采用良好的流道结构，使得水流与金属之间高效换热，并且整体的压力损失较小。

4. 控制逻辑

冷板式液冷管网系统相对于较大冷量的风机盘管末端，不论是其管网尺寸和最终换热单元（单个服务器）的负荷都很小，为保证服务器的 CPU/GPU 正常高效散热，一般情况下，

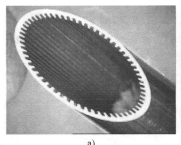 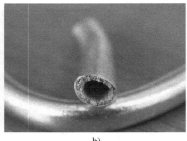 

图 8-21 不同吸液芯结构图

a）沟槽式热管　b）烧结式热管　c）丝网式热管

控制要满足以下要点：

1）流量分配：机架液冷分配单元各分支水流量不均衡度不宜超过 20%。

2）温度控制：外界大气湿球温度超过 28℃时，内循环供水温度相比外界大气湿球温度的升温值不得超过 7℃。

3）压力控制：任意处工作压力不应高于 0.6MPa（该值远大于案例系统运行压力，为宽松值）。

4）水质要求：参照《采暖空调系统水质》（GB/T 29044—2012）4.2 空调冷冻水要求。

5）管路材质：内循环管路宜采用不锈钢钢管等耐腐蚀的管材。

6）气冷通道：控温要求：电子信息设备进风温度不超过 30℃、不低于 18℃。

智能化子系统逻辑图如图 8-22 所示。

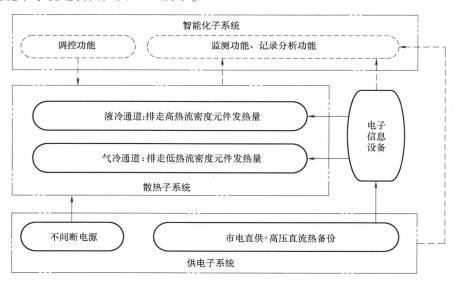

图 8-22　智能化子系统逻辑图

智能化系统控制措施：

监测功能：对大气环境、散热系统、供配电系统和电子信息设备进行全面的深度监测。

调控功能：温度调控偏差不宜超过 1℃、主备设备切换于 15s 内完成。

液冷通道内循环水注入系统 3 个月之内应满足表 8-5 的要求。

表 8-5　液冷通道内循环水注入系统 3 个月之内应满足的要求

序号	项目	单位	要求值
1	pH 值（25℃）	—	6.8~7.0
2	杂质含量	mg/L	≤0.01

液冷通道主备设备切换指标要求：

在服务器满负载正常运行情况下，对液冷通道主备设备进行切换，液冷通道应能正常运行，且切换过程中服务器部件温度变化不超过 3℃。图 8-23 所示为第一代液气双通道散热技术示意。

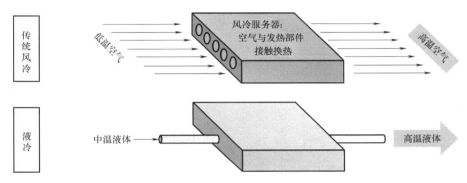

图 8-23　第一代液气双通道散热技术示意

8.3.2　喷淋式液冷技术

喷淋式液冷系统是一种面向电子设备器件精准喷淋、直接接触式的液冷技术，冷却液可通过重力或系统压力直接喷淋至 IT 设备的发热器件或与之连接的固体导热材料上，并与之进行热交换实现对 IT 设备的热管理。在热交换的工作过程中，IT 设备内冷却液的自由液面低于被冷却的发热器件或与之连接的固体导热材料，系统通过 IT 设备外部的换热单元对冷却液换热并循环使用。喷淋式液冷系统工艺流程原理如图 8-24 所示。

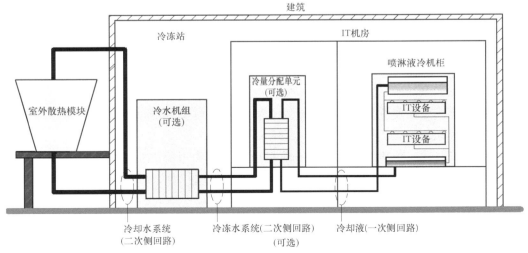

图 8-24　喷淋式液冷系统工艺流程原理图

167

1. 喷淋式液冷技术原理

喷淋式液冷技术原理：

1）被 CDU 冷却之后的冷媒被泵通过管路输送至机柜内部。

2）冷媒进入机柜后直接通过分液支管进入与服务器相对应的布液装置，或者将冷媒输送至储液箱以提供固定大小的重力势能以驱动冷媒通过布液装置进行喷淋。

3）之后，冷媒将通过布液装置对 IT 设备中的发热器件或与之相连的导热材料［如金属散热器、树脂（VC）、热管等］进行喷淋制冷。

4）被加热之后的冷媒将通过集液装置（如回液管、集液箱等）进行收集并通过泵输送至 CDU 进行下一次制冷循环。

图 8-25 所示为典型喷淋式液冷实现方法。

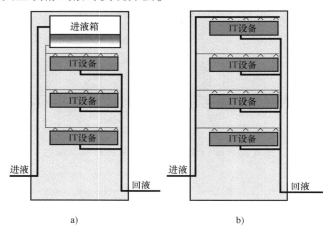

图 8-25　典型喷淋式液冷实现方法

2. 喷淋式液冷技术特点

喷淋式直接液冷技术的冷却液直接与电子设备接触并进行热交换，冷却液的性质直接影响系统的传热效率及运行可靠性。喷淋式直接液冷系统的冷却液一般具有以下特性：

（1）安全性　冷却液应具备安全、无腐蚀、无毒、不易燃的特性。

（2）热力学性能　冷却液作为传热介质应具备良好的热力学性能（如高热导率、大比热容、低黏度等）。

（3）稳定性　冷却液在设定的运行环境下应具有良好的稳定性，正常使用寿命不小于 10 年。

（4）绝缘性　冷却液应具有一定的绝缘性且不易溶解其他导电物质，通常冷却液在实际使用的工况下击穿电压应不低于 15kV/2.5mm。

（5）材料兼容性　冷却液不应对电子信息设备上所使用的主要材料造成不良影响。使用过程中，应尽量避免选择可能因皮肤接触而产生毒理学反应的介质，同时需考虑冷却液的环保特性能够满足当地的法律法规。

3. 冷却液要求

（1）安全性要求　喷淋式直接液冷系统使用的冷却液要求闪点（闭口）≥120℃或无闪点，闪点（开口）≥180℃或无闪点，闪点测试标准分别按《闪点的测定宾斯基-马丁闭口杯法（ISO 2719—2002，MOD）》（GB/T 261—2008）和《石油产品闪点与燃点测定法（开口杯法）》（GB/T 267—1988）执行。冷却液应具备化学品安全技术说明书（MSDS）。按照《化学品分类和标签规范》（GB 30000）系列国家标准分类，冷却液所含物质应属于非危险物质（无物理化学危险，无健康危害，无环境危害）。

冷却液应不含环境保护标准和废气排放及降解管控标准等政策标准限制使用的物质，且应按国家相关规定对废弃物和排放物进行管理。

（2）稳定性要求

1）冷却液应具有良好的化学稳定性且无反应性危害。

2）冷却液在设计的最高工作温度下应有良好的热稳定性，允许有极少量的挥发，但不允许发生分解反应。最高工作温度可以认为是使用过程中，液体被加热后的主流体平均温度。

3）为减少冷却液在使用过程中的蒸发损失，冷却液宜具有较高的常压沸点，或是在工作温度下具有较低的饱和蒸汽压。宜选择沸点≥110℃的物质作为非相变液冷系统的冷却液。

（3）绝缘性要求　电子信息设备为用电设备，与设备直接接触的冷却液必须具备一定的绝缘性，同时不应对设备的信号传输产生不良影响。具体指标及测试标准应符合表 8-6 所示的规定。

表 8-6　冷却液测试指标

项目	指标	测试标准	项目	指标	测试标准
体积电阻率/($\Omega \cdot cm$)	$\geqslant 5 \times 10^9$	GB/T 5654	开口闪点开口/℃	$\geqslant 180$	GB/T 5654
介质损耗因素	$<4\%$		水含量/($\times 10^{-6}$)	$\leqslant 50$	
相对介电常数	<3		酸度/[mg(KOH)/g]	$\leqslant 0.03$	

液体中的水含量对其绝缘性及系统安全性有较大影响，要求冷却液的水含量$\leqslant 50 \times 10^{-6}$，水含量测试标准按《石油产品、润滑油和添加剂中水含量的测定　卡尔费休库仑滴定法》（GB/T 11133—2015）执行。系统中所设置空气滤清器具有吸湿功能，能保证冷却液水含量达到要求。

（4）材料兼容性要求　冷却液不应对电子信息设备上所使用的主要材料造成不良影响。对于电子信息设备上的常见金属、塑胶、橡胶、涂料、绝缘材料等，冷却液需提供相应的材料兼容性测试/评估数据。

4. 冷却液的储藏与使用

1）冷却液的储藏与使用应遵循对应的化学品安全说明书（MSDS）的指导。

2）冷却液储藏与使用应在有足够通风的条件下进行。液冷机房内应定期检测空气质量，除了检测空气中的粒子浓度外，还要检测冷却液蒸气及其可能的分解产物的浓度，其浓度应控制在该类物质的职业接触限值以内。

3）冷却液质量指标应取样定期检测，冷却液首次注入系统，系统完成调试后应在 3 个月内进行首次检测，在使用冷却液过程中至少每年取样检测 1 次。主要检测指标包括外观、运动黏度、闪点、酸值、体积电阻率、含水量、固体颗粒物含量。

5. 冷却液的回收与废弃

冷却液废弃处理应按当地法规进行，且由有资质的化学品处理机构完成。使用过的冷却液包装物应送至许可的废弃物处理场所进行循环利用或处置。

8.3.3　浸没式液冷技术

目前，我国已快速进入"大数据"时代，常规的数据存储和云计算用一般的 IDC 即可满足要求，但涉及复杂气象卫星侦查和预知、地下采煤、高处作业、爆破工作、石油勘探、人类基因组测序等数据处理和分析过程，产生的海量数据处理就需要超级计算机。世界各国的超级计算机主要特点包含极大的数据存储容量和极快速的数据处理速度两个方面，以我国第一台全部采用国产处理器构建的"神威·太湖之光"为例，它的持续性能为 9.3 亿亿次/s，峰值性能可以达到 12.5 亿亿次/s。

由于超级计算机具有快速数据处理能力，其耗电量很大，一般单模块耗电量均大于 100kW，中科曙光 E 级机系列超级计算机功率可到 356kW，考虑到散热能力和服务器的运行安全，其散热形式均为浸没式相变液冷。

1. 浸没式液冷技术的分类

浸没式液冷技术根据冷却工质换热过程中是否相变可分为相变浸没式液冷技术和非相变浸没式液冷技术。

2. 浸没式液冷技术原理

非相变浸没式液冷技术原理：将 IT 设备直接浸没在绝缘冷却液中，冷却液吸收 IT 设备产生的热量后，通过循环将热量传递给换热器中的水，然后通过水循环将热量传递到室外散热装置。该技术由于服务器无风扇设计，噪声更低，噪声值可控制在 45dB 以下，同时省去了风扇功耗，服务器整体耗电降低 10% 以上，如图 8-26 所示。

相变浸没式液冷技术原理：将 IT 设备浸没在沸点低于 IT 设备工作温度的冷却工质中，当 IT 设备的运行温度达到冷却工质沸点时，会引起冷却工质的局部沸腾，冷却工质沸腾的过程中带走 IT 设备运行时产生的热量，如图 8-27 所示。

图 8-26　浸没式液冷原理（非相变）

图 8-27　浸没式液冷原理（相变）

3. 浸没式液冷设备总体设计

如图 8-28 所示，典型的非相变液冷系统由两个循环回路组成，一次冷却回路：在液冷机柜内，冷却液在循环泵的驱动下流过电子信息设备，与电子信息设备直接进行热交换，受热后的高温冷却液进入换热器与二次冷媒进行换热，冷却后的低温冷却液流回液冷机柜，完成一个完整的循环；二次冷却回路：二次冷媒在换热器内与冷却液进行热交换后，高温的二次冷媒在循环泵驱动下进入二次冷却设备，在二次冷却设备内二次冷媒将携带的热量排放到环境中或进行回收利用，冷却后的二次冷媒重新流回换热器内，完成一个完整的循环。

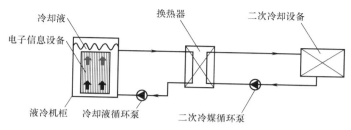

图 8-28　浸没式液冷散热系统原理

上述二次冷媒可以是水、乙二醇水溶液、制冷剂等，二次冷却设备可以是冷却塔、干式冷却器等自然冷却装置。

非相变液冷系统也可以采用一次冷却设计，直接由冷却液携带热量并将热量排放到环境中去。但由于冷却液成本较高，液冷系统中冷却液用量不宜太多，故中、大型系统一般不考虑一次冷却设计。

浸没式液冷系统设计需要解决的两个最主要问题：

1）液冷机柜间及机柜内冷却液如何均匀分配，使得各电子信息设备获得均匀冷量。这方面需要采用同程环路供回液设计，机柜间需要设置平衡管，机柜内需要采用均流板供液。

2）如何降低主要热源 CPU 与冷却液换热热阻，以避免通过增大换热温差来实现散热过程，增大换热温差会降低利用自然冷源的可行性，从而增加系统能耗。这方面，需要选择合适热界面材料及 CPU 散热器。

8.4　液冷技术总体要求及对比分析

8.4.1　液冷系统要求

近年来，我国经济处于快速发展期，能源已成为当今社会发展的重要命脉，数据中心作为社会总能耗的重要组成部分，其能耗增长每年呈倍数增长。液冷技术主要是为了解决大功率设备散热的问题，同时保证服务器的运行安全，在新形势下，由于国家多部委相关节能政策的提出及各省市针对数据中心颁布了要求较高 PUE 值标准，故液冷技术作为解决数据中心的高效散热已成为最有效的解决措施，由于各种液冷技术的发展和提出有一定的适用场景，下面针对不同液冷形式进行简要对比。

8.4.2　液冷技术对比分析

液冷形式从不同的散热技术类型角度分析，各有千秋，从容量规模、安全可靠、成本和运维等角度进行对比，对比结果见表 8-7。

表 8-7　不同散热技术类型的对比

散热技术类型		PUE	热岛效应	单机架装机容量	安全可靠性	建设成本	运维复杂性	选址要求
单通道散热	空调气冷	>1.3	存在	3~5kW	★	★★	★	偏好寒冷区域
	浸没式液冷	<1.1	消除	≥30kW	★★★	★★★	★★★	无要求

（续）

散热技术类型		PUE	热岛效应	单机架装机容量	安全可靠性	建设成本	运维复杂性	选址要求
液/气双通道散热	直接水冷+空调气冷	<1.2	消除	<30kW	★★	★★	★★	无要求
	热管水冷+空调气冷	<1.2	消除	<30kW	★★★	★	★★	无要求

液冷技术在进行方案选择时，主要考虑服务器侧的条件，从服务器侧反推基础设施的配置应采取何种形式，不同液冷系统的对比见表8-8。

表8-8 不同液冷系统的对比

类型	冷板式		喷淋式	浸没式	
	直接接触式	水冷热管式		单相	相变
优点	对机房、机柜、服务器改造较小，服务器的维护与常规风冷一致，运维方便	相对于直接接触式，液体不进服务器	节省液体，避免冷板堵塞静音	散热能力强，功率密度高，静音	散热能力最强，功率密度最高，静音
缺点	水冷板有泄漏导电风险，需要风冷补偿	热管散热能力受限，结构复杂、额外热阻需要风冷补偿	对系统改造大，液体兼容性要求高，不支持机械硬盘，流量控制不精准	对机柜结构改造较大，不方便运行，液体量大、成本高，不支持机械硬盘，液体兼容性要求高	
关键技术	漏液监测及预警，冷板结构设计，冷却水质监测，液冷系统冗余设计	机箱结构设计，液体兼容性固液接触面换热优化	精准喷淋流量设计，液冷机柜结构设计，服务器改造，喷淋冷却液技术	浸没式液体技术，系统可靠性设计，精确制冷及流场优化，IT设备定制化设计	
成熟度/先进性	方案成熟		比较小众	比较先进	
运维影响	快插接头插拔进气问题，冷板及接头堵塞问题		服务器维护频繁，补充液体频繁，液体残留和清洗不方便	液体挥发，液体残留，利用吊臂插拔	
成本	初投资高，运维成本低		结构改造及液体消耗成本大，液冷系统成本低	初投资及运维成本高	

8.5 液冷技术在数据中心的应用案例

8.5.1 水冷板式液冷应用案例

1. 工程概况

该工程位于广州，一期设计装机容量93kW，包括14个液冷服务器机柜（6kW/柜），3个普通机柜（3kW/柜），以及ODF柜（Optical Distribution Frame，光纤配线架）、交流配电柜、高压直流电源柜、电池柜和行间空调等9个机柜。其机房实景如图8-29所示。

图 8-29　案例实景

2. 空调系统方案

相配套的"液/气双通道散热系统"总制冷容量 105kW。其中，液冷通道设计冷量 45kW，其冷却塔、外循环供回水管路、液冷温控单元均采用 1 主 1 备设计，内循环供回水管路采用双环路同程设计，液冷分配单元采用歧管式设计；气冷通道利用数据中心原有中央冷冻水主机系统，通过冷冻水分配单元连接 4 台冷冻水型行级空调，每台行级空调制冷量 20kW（带恒湿功能），采用 3 主 1 备设计，实景和液冷散热通道如图 8-30 所示。

图 8-30　实景和液冷散热通道

IT 负载服务器型号为 NF5280M4，内部配置为：2 片 CPU（型号 E5-2660V3，主频 2.6GHZ，TDP 100W）、8 片内存（16G RDIMM DDR4）、4 块硬盘［600G，热插拔 SAS 硬盘（1 万转）］、1 片 RAID 卡［八通道，SAS，性能 RAID-9361（1G 缓存）］、3 片网卡［1 片双口千兆网卡（光纤接口含多模模块）、2 片主板集成千兆网卡］、1 片 HBA 卡（光纤通道 HBA 卡，FC 8GB，双端口，LC 接口）。服务器满载功耗（发热量）约 400W，高热流密度元件（CPU）和低热流密度元件（其他）各约 200W。

该案例位于广州，属于高温高湿地区，PUE 低于 1.2（满载条件下实测 PUE=1.15）。

8.5.2　第二代冷板式液冷应用案例

1. 工程概况

该工程位于广州，机房 IT 工艺负荷为 25kW，其中包括 2 个液冷服务器机柜（15kW/柜和 10kW/柜）以及 ODF 柜（Optical Distribution Frame，光纤配线架）、交流配电柜、高压直流电源柜、电池柜等电子信息设备。

2. 空调方案

机房总负荷为 25kW，采用液/气双通道热管冷板间接液冷散热系统为机房服务器散热，液冷通道的冷源采用一台间接蒸发冷却一体化冷站（无备用），设计制冷量为 30kW，其供回水温度为 28℃/33℃；液冷通道部分采用水冷型热管散热器为高热流密度元器件散热，其设计冷量 29kW；机房环境部分负荷由 2 台行级空调（带恒湿功能）承担，单台制冷量 5kW，行间空调与液冷通道散热共用一套冷源，其冷源设置实景如图 8-31 所示。

图 8-31　蒸发冷却集成冷站实景

3. 空调系统运行效果

该散热系统运行期间，其 PUE 低于 1.15（满载条件下年均 PUE 可达 1.1），该系统全年可实现去压缩机运行，节能效果显著。

8.5.3　非水冷板式液冷应用案例

1. 工程概况

本案例部署于某研究所，总装机容量 23kW，包括一个路由器机柜（23kW，设计液冷功率 16.5kW），散热设备总散热量 105kW，其中液冷 CDU 散热能力 75kW，房间空调 30kW。采用干冷器作为非水液冷系统的冷源，借用房间空调作为通风散热系统的冷源。

2. 空调系统方案

本案例在关键器件和管路上实现了备份冗余和在线维护。其中 CDU1+1 备份，干冷器风机 1+1 备份、冷却水泵 1+1 备份。

一次冷却环路的管路采用环状管网设计，支持 CDU 和单机柜的维护。同时，支持机柜工质分配单元的在线维护。

本案例实测，在二次冷却环路冷却水供水 32℃，一次冷却环路供液温度 40℃，外部环境温度约 22℃，液冷系统 PUE 约为 1.24。室内散热通风系统与液冷设备布局、非水液冷散热系统一次冷却管网布置以及室外干冷器和冷却水泵设置如图 8-32、图 8-33 和图 8-34 所示。

图 8-32 非水液冷系统室内通风散热系统
和液冷设备部分

图 8-33 非水液冷散热系统一次冷却管网

图 8-34 非水液冷系统室外干冷器和冷却水泵

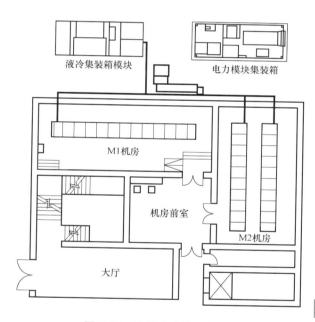

图 8-35 数据中心平面规划

8.5.4 喷淋式液冷应用案例

1. 工程概况

该工程是 2017 年 7 月完成建设并投入运营的绿色数据中心,位于厂区行政办公楼一层,总层高约 3.7m,机房主面积约 150m²。其平面规划如图 8-35 所示。

2. 空调系统方案

由于单机柜功耗较大,因此,空调系统采用喷淋式液冷系统。喷淋式液冷系统主要由室内(机房前室、M1 机房、M2 机房)及室外(液冷模块集装箱、电力模块集装箱)两大部分组成。它集成器件及机房热管理、供电、IT 机柜、消防、综合布线、监控、防雷接地等全部子系统，采用高效节能的喷淋冷却方式替代传统的机房空调冷却，大幅度降低计算、存储、通信设备的散热能耗。喷淋式液冷系统示意如图 8-36 所示。

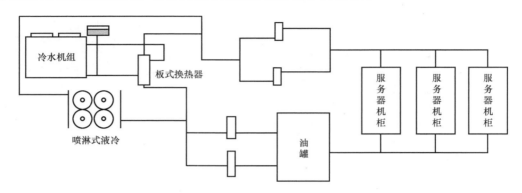

图 8-36　喷淋式液冷系统示意图

3. 空调系统运行效果

该工程实现高密度服务器运行在机房环境达 40℃，而无须空调制冷设备，同时通过上述设计可以使 IDC 数据中心结构紧凑，节省大量空间，"静音"状态大大提升。同时，将 PUE 值降至 1.03~1.1，大大节省运营成本和提升器件性能。

8.5.5　单相浸没式液冷应用案例

1. 工程概况

该工程位于厦门某软件园内，设计 IT 总装机容量是 240kW。其中机房内主要设备包括 16 个液冷机柜（15kW/柜）、3 台液冷主机、舒适性空调、交流配电柜等。实景如图 8-37 所示。

图 8-37　案例实景

2. 空调系统方案

由于单机柜功耗较大，因此该工程采用单相浸没式液冷技术散热。单相浸没式液冷系统关键设备均为 N+1 冗余设计，确保系统可用性。冷却液系统为集中式供液，液冷主机二用一备。

液冷散热系统的冷源由冷却塔提供，为保证散热系统的可靠性，冷却塔、冷却水泵一用一备；冷却液管路、冷却水管道采用同程序环路设计。另外，为了便于维护，还配置了集中供液/排液系统。冷却塔补水，平时由市政自来水直供，市政供水故障时由备用水箱通过加压水泵供水。供配电系统为市电+不间断电源双路供电模式，并配备了后备柴油发电机，在市电停电时自动切换至柴油发电机供电。图 8-38 所示为液冷散热系统关键设备。

图 8-38　液冷散热系统关键设备

3. 空调系统运行效果

该工程在厦门于 2018 年 9 月进行实测，IT 负荷满载条件下，其运行 PUE 低于 1.15，平时运行 PUE 均低于 1.2。

8.5.6　相变浸没式液冷技术应用案例

1. 工程概况

某超算中心作为重大科技基础设施和公共服务平台，一方面着眼于支撑某市建设西部科技中心的科学研究和创新应用，另一方面在此基础上，聚焦新一代信息技术、高端装备、新材料和生物、新能源及新能源汽车、节能环保、数字创意、中高端制造业、知识密集型服务业等领域，支撑区域战略性新兴产业的发展，从而达到促进科学发现、技术创新、人才聚集和产业经济发展，最大化实现平台的科学、经济和社会价值。图 8-39 所示为某国家超算中心效果图。

图 8-39　某国家超算中心效果图

某超算中心一期项目规划总计算能力为170PFLOPS，其建设立足于现在着眼于未来，采用了多种创新技术相结合的新型建设模式。

首先，某超算中心的建设采用了立体式机房建设模式，整体机房楼采用立体式扩展多层机房方式建设，机房尺寸为：20.3m×20.3m×20.3m（长×宽×高），整个超算系统分布设置在五层立体空间中。立体式多层扩展机房的布局如图8-40所示。

这种立体式的机房建设模式，可以大幅减少机房内高速网络布线长度，降低配套系统管线布置难度，同时通过对其内部分区分块配置机电系统，又可以减少配套系统管线交叉对空间的占用，缩减横

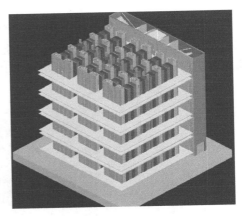

图8-40 机房布局效果图

向管道的分层排布，从而避免管线层层重叠无法维护的隐患和管网泄漏危害设备的风险。并且，立体式扩展多层机房为立体式钢结构框架，相较于传统的机房建筑，其建设成本更低，建设周期更短，单位面积的使用效率更高，并且造型美观整洁。

2. 空调系统形式

在解决超算中心IT设备散热问题方面，超算中心的制冷系统设计采取了根据各类不同IT设备的散热需求，采用不同的散热方式的建设，合理规划利用资源，在保障各系统运行要求的前提下，也充分考虑了系统的节能性与先进性。其中浸没式液冷计算单元和高速网络机柜采用液冷方式散热，采用35℃以下的高温水实现冷却，为高温冷源制冷系统；而其余存储机柜、风冷交换机、管理机柜、监控机柜则采用低温冷源制冷系统。在液冷换热系统中，不同的设备又采取了不同类型的冷却方式，其中计算单元采用了相变浸没式液冷散热方式，由浸没式液冷服务器、末端浸没式液冷换热设备、高效板式换热器等组成相变浸没式液冷系统。

浸没式液冷服务器是相变浸没式液冷系统核心设备，该项目采用了曙光浸没式液冷服务器（图8-41），其主板采用高效的相变液冷散热技术，把主板浸泡在低沸点、高潜热的冷媒中，通过相变带走热量，其高效的换热能力使得服务器可以支持高功率密度设计，达到单刀片式服务器功率4kW；而与服务器配套的电源模块、网络模块、管理模块、交换机等则采用"单相冷板液冷"进行散热，通过冷媒的温升带走热量，尽管散热方式不同，两套散热系统却可以共用一套末端液冷模块换热设备，大大简化系统复杂度。此外，在结构上浸没式

图8-41 浸没式液冷服务器

液冷服务器使用以单刀片式服务器为单位的密封形式，可使得每个刀片式服务器形成一个独立末端，便于维护。

为减少液冷系统复杂度，提高系统可靠性，浸没式液冷系统的末端液冷换热设备采用与计算节点就近部署的形式，并采用模块化设计与末端管路预制，形成一个末端液冷换热设备支持两个计算机柜冷量的"一拖二"模组形式，使得数据中心可实现以模组为单位的灵活部署，并且大大减少末端的管路施工量，同时高度的预制化，也可使设备的稳定性与可靠性大幅提升。图 8-42 所示为浸没式液冷服务器机柜。

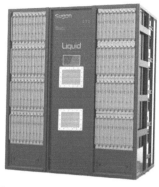

图 8-42　浸没式液冷服务器机柜

当"一拖二"模组两侧的计算机柜内的服务器正常工作时，各类芯片和电子元器件产生大量的热，由于浸没式液冷服务器内部充注的冷媒沸点较低，冷媒受热后，将在服务器内部发生汽化，由液态转化为气态，这些气态的冷媒经收集汇总后，通过管路流向中间的液冷换热设备，在液冷换热设备内部与外部水循环系统的供水进行换热后冷凝，重新变为液态，再经各分支管路将冷却后的液态冷媒重新输送到服务器刀片内部，从而完成服务器内冷媒的循环换热过程，如图 8-43 所示。

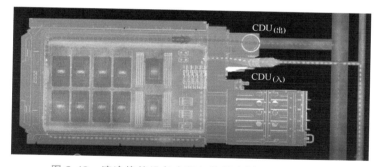

图 8-43　液冷换热设备内部与外部水循环系统效果图

该项目中，外部水循环系统中增加了一级高效板式换热器，因此又可分为外侧水循环系统和内侧水循环系统两套循环，整体相变浸没式液冷系统运行原理如图 8-44 所示：由室外冷却塔提供供回水温度 32℃/40℃的一次侧冷却水供给高效板式换热器，经换热后高效板式换热器提供供回水温度 33℃/41℃的二次侧冷却水给浸没式液冷换热设备，再经浸没式液冷换热设备与服务器内产生的高温气态冷媒换热，从而达到为 IT 设备换热冷却的目的。

3. 空调系统运行效果

通过采用先进的高效浸没式液冷换热技术，可以使相变浸没式液冷系统的整体 PUE 降低至 1.05 以下，大大降低数据中心能耗，相比传统风冷数据中心可节约 30%以上的能耗；并且浸没式液冷技术的应用，也使数据中心的散热问题不再是芯片性能提升的阻碍，解放了 IT 设备功耗瓶颈，使数据中心更高密，从而节约土地资源与建筑成本；浸没冷却方式还可以从根本上解决服务器灰尘的问题，真正做到一尘不染，并且使服务器内部的温度场分布更加均匀，CPU 等核心部件可长期处于一个较低的温度下运行，有效地延长核心部件的寿命，

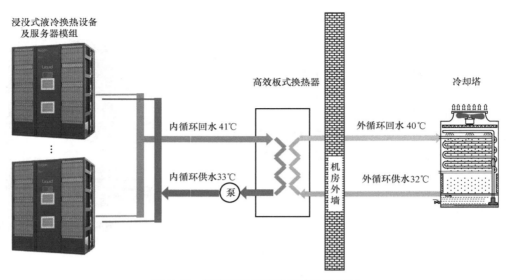

内循环回水 41℃
内循环供水 33℃
泵
高效板式换热器
机房外墙
外循环回水 40℃
外循环供水 32℃
冷却塔
浸没式液冷换热设备及服务器模组

图 8-44　相变浸没式液冷系统运行原理

降低设备故障率；此外，IT 设备的所有元器件均可通过液冷方式散热，因而无须风扇，可以做到无风扇设计，有效地控制服务器系统噪声在 45dB 以下，从而解决了数据中心机房噪声过大的问题。

<h1 align="center">参 考 文 献</h1>

［1］　E BERGLES. Evolution of Cooling Technology for Electrical, Electronic, and Microelectronic Equipment ［J］. IEEE Transactions On Components and Packaging Technologies，2003. 26 (1)：6-15.

［2］　雷俊禧，朱冬生，王长宏，等. 电子芯片液体冷却技术研究进展 ［J］. 科学技术与工程. 2008，8 (15)：4259-4263.

［3］　中国制冷学会数据中心冷却工作组，中国数据中心冷却技术年度发展研究报告 2016 ［M］. 北京：中国建筑工业出版社，2017.

［4］　中国制冷学会数据中心冷却工作组，中国数据中心冷却技术年度发展研究报告 2019 ［M］. 北京：中国建筑工业出版社，2020.

［5］　工业和信息化部. 数据中心设计规范：GB 50174—2017 ［S］. 北京：中国计划出版社，2017.

第9章
其他制冷新技术

随着时代的发展，制冷技术已经广泛应用于各个领域，如家用冰箱、空调以及大型食品冷冻系统等，极大地方便了人们的生活；同时，制冷在科研、医疗、国防、军事等诸多领域都具有极其特殊的作用。然而，制冷引发的环境和能源问题也不容忽视。现今的制冷技术仍以传统的压缩制冷为主，其广泛使用的制冷工质如氟利昂，会释放温室气体，破坏大气臭氧层。此外，制冷系统的能耗也很大。据相关研究，空调能耗的需求将从 2000 年的 300TW·h 增加到 2050 年的 4000TW·h 左右，而预计在 2100 年将增长到约 10000TW·h[1]。

我国是能源消耗大国，建筑能耗占社会总能耗的 20% 左右，而暖通空调在建筑能耗中所占的比例约 50%。有限的能源存储和过快的能源消耗是人类不得不面对的重大而紧迫的现实问题。在这样的国际环境下，新型制冷技术的研发势在必行。本章将简单介绍近年来有发展潜力的制冷空调新技术。

9.1 CO$_2$制冷技术

在制冷工质的研究中，有一批学者主张选用自然工质作为制冷剂。原国际制冷学会主席 Lorentzen[2] 认为自然工质是解决环境问题的最终方案。在目前几种常用的自然工质中，CO$_2$ 最具竞争力，尤其在可燃性和毒性有严格限制的场合，CO$_2$ 是最理想的工质，其物性参数与常见制冷工质的对比见表 9-1，CO$_2$ 作为制冷工质的主要优势体现在：

1）CO$_2$ 是一种对环境无害的自然工质；如果所用 CO$_2$ 为化工副产品，用它做制冷剂正好回收了本来要排向环境的 CO$_2$，其温室效应就是零。

2）具有良好的安全性、化学稳定性以及经济性。

3）具有与制冷循环和设备相适应的热物理性质，CO$_2$ 的蒸发热较大，单位容积制冷量相当高，运动黏度低。

4）CO$_2$ 优良的流动和传热特性，可以显著减小压缩机与系统的尺寸，使整个系统非常紧凑。

表 9-1　CO$_2$ 与其他制冷剂的对比

制冷剂名称	R12	R22	R134a	R717	R744
分子式	CCl_2F_2	$CHClF_2$	CH_2FCF_1	NH_3	CO_2
摩尔质量/（kg/mol）	120.93	86.48	102.0	17.03	44.01
臭氧层消耗指数（ODP）	1.0	0.055	0	0	0
全球变暖潜能值 GWP（20 年/100 年）	7100/7100	1600/4200	1200/3100	0/0	1/1

（续）

制冷剂名称	R12	R22	R134a	R717	R744
临界温度/℃	112.0	96.2	101.7	133.0	31.1
临界压力/MPa	4.113	4.974	4.055	11.42	7.372
凝固点/℃	-158	160	—	-77.7	-56.55
标准大气压下的沸点/℃	-29.8	-40.8	-26.2	-33.3	-78.4
可燃性	否	否	否	是	否
是否属天然物质	否	否	否	是	是
最大允许含量/(×10^{-6})	1000	1000	1000	25	5000
毒性/刺激腐烂产品	是	是	是	否	否
大致比价	1	1	3-5	0.2	0.1
0℃的压力/MPa	3.09	4.98	2.93	4.29	34.85
0℃的蒸发比焓/(kJ/kg)	152.5	204.9	198.4	1261.7	231.6
理论循环 COP(0,40℃)	5.62	5.55	5.49	5.73	2.78

CO_2 的临界温度为 31.1℃，与环境温度相接近。CO_2 制冷系统原理如图 9-1 所示，与传统机械压缩式制冷系统类似，主要由蒸发器、冷凝器、压缩机以及膨胀阀组成。根据循环的外部条件，可以实现亚临界、跨临界以及超临界三种制冷循环。若不考虑压缩机、换热器等部件的不可逆损失以及蒸发器中的气体过热，其循环过程如图 9-2 所示。

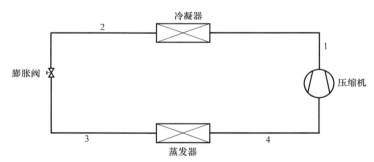

图 9-1　CO_2 工质制冷系统原理示意图

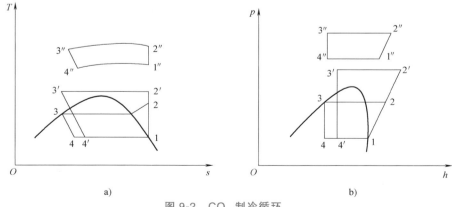

a)　　　　　　　　　　　　　　b)

图 9-2　CO_2 制冷循环

a) T-s 图　b) p-h 图

1. 亚临界制冷循环

CO_2 亚临界制冷循环的流程基本与普通的蒸气压缩式制冷循环一致，其循环过程为图 9-2 中的 1-2-3-4-1。此时压缩机的吸排气压力都低于临界压力，蒸发温度、冷凝温度也均低于临界温度，换热过程主要依靠潜热来进行。近年来，亚临界制冷循环主要应用于复叠式制冷循环中。

2. 跨临界制冷循环

CO_2 跨临界制冷循环的流程，与普通的蒸气压缩式制冷循环略有不同，其循环过程如图 9-2 中的 1-2'-3'-4'-1。压缩机的吸气压力低于临界压力，蒸发温度也低于临界温度，循环的吸热过程仍然在亚临界条件下进行，换热过程主要是依靠潜热来完成，但是压缩机的排气压力高于临界压力，工质冷凝过程的换热依靠显热完成，而此时冷凝器也常常被称为气体冷凝器，这一部分也是当前研究的热点。

3. 超临界制冷循环

超临界制冷循环与普通的蒸气压缩式制冷循环完全不同，其所有循环都在临界点以上，工质的循环过程没有相变，整个过程均是气体循环，如图 9-2 中的 1″-2″-3″-4″-1″。完全超临界的循环，只有在原子能发电时采用，制冷空调应用中则不采用，故本书不再进行详细讨论。

自从 Lorenzen 提出将 CO_2 作为制冷剂以来，世界各国都对跨临界 CO_2 制冷装置投入了大量的精力进行研究。研究表明，跨临界 CO_2 制冷循环在热泵、空调、商用制冷装置、食品冷藏冷冻、洗衣机干燥器等方面的应用前景都很好，冷却效果良好，目前，CO_2 载冷制冷技术已在数据中心得到实际应用。图 9-3 所示为 CO_2 制冷技术在汽车空调和热泵系统的应用。跨临界 CO_2 汽车空调研究最为广泛，但是该系统的研究相比于传统制冷循环起步较晚，目前各国主要对该系统的各个部件进行改进，以提高整体性能。No. Y[3] 等在 CO_2 汽车空调系统引入压缩机和膨胀机的组合设计，使得在典型汽车空调运行条件下系统的 COP（Coefficient of Performance）提高了 7.11%。国内 CO_2 汽车空调系统的研究开始较晚，与国际水平有一定差距，但也取得了一些成果，如何冰强等[4] 设计开发了一种带回热器的 CO_2 跨临界循环汽车空调系统。

a)　　　　　　　　　　　　　　　　b)

图 9-3　CO_2 制冷技术的应用

a）汽车空调　b）热泵系统

湖北宜昌某数据中心机房第二层和第三层，共两个服务器主机房，面积分别约为 $162m^2$ 和 $93.6m^2$，总制冷面积为 $315m^2$。改造前制冷系统采用风冷分体式柜机，总装机容量约

140kW，目前已使用近 20 年。2018 年 10 月改造竣工，该制冷系统采用冷媒为 134a/R744（CO_2），制冷侧采用蒸发式冷凝器、满液式蒸发器及泵桶供液的方式，通过优化两器的设计，系统压缩比相比常规制冷系统大幅度降低。采用自悬浮无油变频离心式压缩机。系统可在过渡季节及冬季切换至自然冷却模式，自然冷却时间长。整套设备采用模块化设计理念，布局紧凑，接管方便。制冷量为 400kW（11.36RT）（1+1 备份），额定送液工况：13℃、4.85MPa，额定功率 67.9kW。末端系统采用冷媒为 R744（CO_2），制冷量：30kW×4/20kW×3，风量：9000m³/h/6000m³/h，额定功率 3.7kW/2.2kW。

9.2　太阳能制冷技术

太阳能是永不枯竭的清洁可再生能源，是 21 世纪以来人类可期待的、最有希望的能源之一。我国是太阳能资源十分丰富的国家之一，国内 2/3 地区的年太阳辐射总量大于 5020 MJ/m² 且年日照时数在 2200h 以上。当前，世界各国都在加紧进行太阳能制冷空调技术的研究。据调查，已经或正在建立太阳能空调系统的有意大利、西班牙、德国、美国、日本、韩国、新加坡等发达国家，这是由于发达国家的空调能耗在全年民用能耗中占比与发展中国家相比更大[5]。总的来说，利用太阳能进行制冷，对节约常规能源、保护自然环境都具有十分重要的意义。

太阳能制冷的工作原理主要是依靠光伏效应或珀尔帖效应，实现太阳能制冷主要有"光-热-冷""光-电-冷""热-电-冷"等途径。太阳能驱动制冷根据能量转换方式的不同可以分为光热转换制冷和光电转换制冷两种方式。

1. 光热转换制冷

光热转换制冷是进行光热转换，再利用热能制冷，主要包括太阳能吸附式制冷、太阳能吸收式制冷和太阳能喷射式制冷，本节将对这三种制冷技术进行简单介绍。

（1）太阳能吸附式制冷技术　在太阳能吸附式制冷系统中，太阳能作为热源促使吸附质（即制冷剂）从吸附床中解吸出来，进而创造制冷的基本条件。太阳能吸附式制冷系统主要由吸附床、蒸发器、冷凝器及储液器四部分组成，如图 9-4 所示。

太阳能吸附式制冷系统的吸附床中安置有固体吸附剂，通过固体吸附剂对制冷剂进行周期性的吸附与解吸，再通过制冷

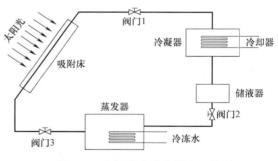

图 9-4　太阳能吸附式制冷系统

剂的冷凝、节流和蒸发达到循环制冷效果。工作原理如下：吸附床吸收太阳光，将太阳能转变为热能，热能会将吸附床中的工质对加热，使得吸附剂与吸附质共同组成的混合物在受热过程中由于温度升高而发生解吸。解吸的结果是释放出具有相当温度的高压气态制冷剂，该气态的制冷剂经过冷凝器时，冷凝器中的冷却装置会吸收气态制冷剂的热能，使气态制冷剂温度降低，并且凝结液化，变成液态的制冷剂。液态的制冷剂经过膨胀节流，经过减压及降温等过程之后，进入蒸发器吸收外界热量蒸发，完成制冷过程。同时，蒸发出来的气态制冷剂又会循环进入吸附床中，与吸附剂重新组合成新的工质对（混合物），进行下一次制冷

循环。

　　太阳能吸附式制冷技术的过程间歇不连续，存在着循环周期，并且限于传热传质能力，与吸收式制冷相比，其制冷系统的组成和制冷能力相差较大，要达到相同的制冷量，制冷装置的尺寸就要造得很大，进而导致吸附式制冷装置的制冷量很难大型化。但是吸附式制冷技术可以有效利用低品位热源，而且具有噪声低、寿命长等优点，使得太阳能吸附式制冷的应用有着独特的适用场合。在太阳能不是特别强烈的时候，其利用太阳能的效率较吸收式制冷技术有所提高。同时，其结构较吸收式制冷技术简单，安全性更好。如图 9-5 所示，太阳能吸附式制冷在特殊用途的场合以及小型、独立建筑上已经有了应用案例，但难以适用于写字楼、办公楼、图书馆及宾馆等制冷量要求高的场合。

图 9-5　太阳能吸附式空调应用于小型住宅

　　（2）太阳能吸收式制冷技术　太阳能吸收式制冷系统以太阳能为驱动热源，如图 9-6 所示，制冷系统主要包括太阳能集热装置和吸收式制冷机组。通常太阳能集热装置包括太阳能集热器和蓄能装置等，制冷机组包括发生器、冷凝器、蒸发器、吸收器、回热换热器、节流阀、溶液泵等。

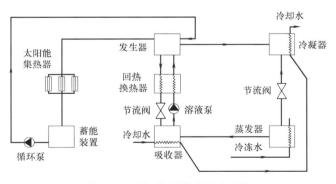

图 9-6　太阳能吸收式制冷系统

　　太阳能吸收式制冷依靠太阳能集热器产生一定温度的热媒水或导热油，并储存在蓄热水（油）箱中，热媒水或导热油作为热源驱动吸收式制冷机组实现制冷过程。通常情况下，热媒水（油）温度越高，太阳能吸收式制冷系统的性能系数越高，制冷效果也就越好。太阳能吸收式制冷的关键是工质对溶液自身所具有的集吸收及蒸发功能于一身的特性，通常情况下，根据工质对溶液的不同，又将吸收式制冷分为以氨-水为工质对的吸收式制冷和以溴化锂-水为工质对的吸收式制冷。吸收式制冷之所以可以循环进行，主要是依靠工质对中两种物质相互作用来维持。工质对中两种物质的沸点存在一定差别，高沸点工质称之为吸收剂，低沸点工质称之为制冷剂。对于以水为集热器热媒介质的系统，太阳能吸收式制冷工艺的具体工作流程如下：集热器吸收太阳能并将太阳能转化为热能，给热媒水加热，使水温升高；温度升高的热媒水进入发生器对发生器中的工质对溶液加热，工质对中的制冷剂由于温度不断升高，达到其饱和点后蒸发成气态；气态制冷剂经过冷凝器由冷却装置冷却成常温的液态制冷剂；液态制冷剂经过节流阀，减压及降温后进入蒸发器，吸收外界的热量，实现制冷过程；吸收外界热量的制冷剂进入吸收器中，与发生器中回流的吸收剂浓溶液混合，再由溶液泵再次输送至发生器进行下一个制冷循环。

为了提高太阳能吸收式制冷系统的性能，各国学者主要针对太阳能集热器和吸收式制冷机进行了一系列改进。Choudhury 等[6]通过为太阳能集热器配置复合抛物面反射器，进一步增强集热器孔径面积上有用的太阳辐射，对单效溴化锂-水制冷机经过技术改进，可使 COP 提高到 0.8[7]。在应用方面，许多国家开始推广太阳能吸收式制冷示范性项目，也取得了突出效果，该技术能够很好地应用于住宅、酒店、办公楼等中小型建筑。图 9-7 所示为太阳能吸收式制冷系统应用于某酒店制冷。

图 9-7　太阳能吸收式制冷技术应用于某酒店

（3）太阳能喷射式制冷　太阳能喷射式制冷系统的原理是利用太阳能集热器将工作流体直接或间接加热，将液体变成高温高压蒸汽。蒸汽经过喷射器由喷嘴加速，变成高速蒸汽射流而造成低压将蒸发器中的冷工质蒸汽吸入，在喷射器的混合管中和工作流体混合。混合后的工作流体和冷介质进入增压器增压，接着冷工质进入冷凝器、膨胀阀、蒸发器进行制冷循环，而工作流体则由冷凝器流出后被泵入发生器循环加热。图 9-8 所示为太阳能喷射式制冷系统。太阳能喷射式制冷系统的特点是结构简单、运行稳定、可靠性好，缺点是 COP 较低，因此有的系统用电能辅助提高喷射器的引射压力以提高系统性能。

太阳能喷射式制冷系统由于良好的节能和环保效果得到了国内外学者的关注，该系统可以与机械压缩制冷系统和其他清洁能源驱动的热泵相结合，实现从传统的单一系统发展成太阳能复合制冷系统。太原理工大学郭瑞[8]将太阳能喷射系统与复叠式空气源热泵相结合，发现其制冷量可以满足 250 m² 办公建筑在一天中大部分时间的供冷/热需求。Aligolzadeh[9]通过试验研究了多喷射器制冷系统性能，发现与传统喷射式制冷系统相比，多喷射式制冷系统可使系统的季节性 COP 提高 85%。图 9-9 所示为太阳能喷射式制冷系统在某别墅中的应用。

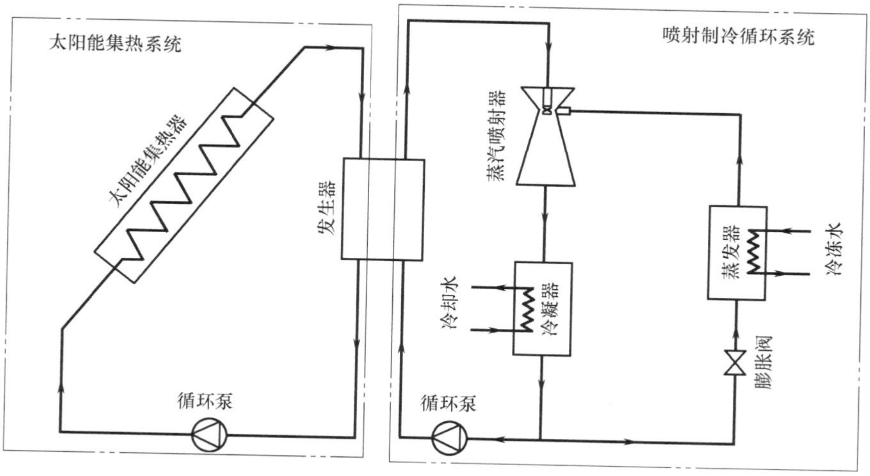

图 9-8　太阳能喷射式制冷系统

图 9-9　太阳能喷射式制冷系统应用于某别墅

除此之外，还有其他利用太阳能作为驱动热能来实现制冷的新技术，表 9-2 对比了七类太阳能热驱动的空调新技术。

表 9-2　太阳能热驱动的空调新技术[10]

太阳能热驱动的空调新技术	太阳能转轮式除湿空调	硅胶-水吸附式空调机组	溶液除湿空调	太阳能氨-水吸收式空调	两级溴化锂-水吸收式太阳能空调	单效溴化锂-水吸收式太阳能空调	聚焦集热/燃气互补性空调
工作热源温度/℃	50～100	55～85	55～85	80～160	>65	≥88	150
COP	0.6～1.0	0.4	0.6～1.0	0.5～0.6	0.4	0.6	1.1
系统规模/kW	≥5	≥5	≥30	≥5	≥100	≥5	≥20

2. 光电转换制冷

太阳能光伏发电是太阳能光伏制冷的基础，基于光伏发电，与蒸气压缩式制冷系统、半导体制冷、磁制冷等制冷技术相结合，从而达到制冷的目的。太阳能光伏发电利用太阳光照射在半导体界面的光生伏特效应，将光能直接转变为电能，该技术具有结构简单、清洁、维护管理方便等优点。图 9-10 所示为一种光伏直接驱动的蒸气压缩式制冷系统，该系统由太阳能光伏方阵、DC/DC 变换器、无刷直流电动机、压缩机、风冷冷凝器、电子膨胀阀、蒸发器、水泵等组成。通过光伏发电为压缩机提供电力，压缩机压缩制冷剂工质，工质经压缩机后进入冷凝器冷凝为液态，经电子膨胀阀进入蒸发器进行蒸发吸热，实现制冷。

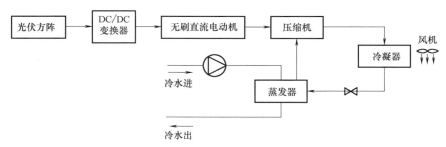

图 9-10　光伏直接驱动的蒸气压缩式制冷系统示意图

近年来，太阳能光伏冷却系统成为太阳能热驱动系统的有力竞争对手。限制太阳能光伏发电发展的主要因素是光伏系统的成本问题。从 2000 年到 2010 年，光伏系统价格已经下降了一半，从 2010—2015 年，由于经济刺激和市场需求增长，价格又下降了一半。Otanicar 等[11] 预测，虽然目前太阳能热驱动的冷却系统比光伏驱动系统便宜，但到 2030 年太阳能光伏冷却系统的成本将降低到太阳能热驱动冷却的水平甚至更低。

国内某公司利用光伏直流电直接驱动变频离心机，将光伏发电与变频离心机结合，从开源和节流两方面实现建筑节能。该技术直接对光伏直流母线进行 MPPT（Maximum Power Point Tracking，最大功率点跟踪），自动寻找光伏电池的最大功率点，最大限度利用光伏电池；除此之外，另一核心技术是三元换流技术，该技术建立了光伏发电系统、变频离心机负载和市电网三者之间的三元换流模型，全直驱并网，实现公用电网、光伏系统与空调机组的无缝对接，实现能量在公用电网、光伏系统和空调机组三者之间自由流动；也实现了光伏与空调一体化监控和自动化管理技术，达到无人值守和集中监控的目标[12]。国外某些公司开发了一种可用于卡车的太阳能驱动空调系统，采用了一系列光伏电池，安装在卡车的集装箱上，用以驱动集装箱内的空调，卡车静止时也可使用。这一新系统，是把光伏电池装在"i-Cool"系统中，这种 i-Cool 空调，在卡车行驶时，会向蓄电池充电；而在卡车的发动机熄火时，就使用电池供电，因增加了太阳电池，就可保证蓄电池总是被充满。

9.3　蒸发冷却热管技术

1. 蒸发冷却热管多联技术

该技术是基于蒸发冷却原理、热管换热原理与多联机形式、模块化理念相结合的高效制冷系统，系统简单、维护方便，无水进机房，自然冷却利用时间长，模块化组合形式多样，可适应各种气候条件及不同运行工况需求。

（1）系统原理　热管系统、压缩制冷蒸发冷却相叠加；自然冷源利用优先，压缩制冷进行冷量补充或冷量备份。图 9-11 所示为蒸发冷却热管多联系统原理，图 9-12 所示为该系统的组成。

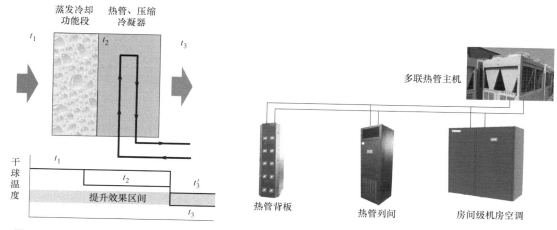

图 9-11　蒸发冷却热管多联系统原理　　　　　图 9-12　蒸发冷却热管多联系统组成

（2）系统特点　全氟系统无水进机房，无须防冻；自然冷源利用时间长，能效比高；模块化、定制化建设方案，不同末端组合。

（3）系统能效　按国标北京地区，以 2 万 m² 机房楼，共 2500 架 7kW 机柜为案例，采用蒸发冷却多联热管空调系统后 PUE 值可低于 1.25。

2. 蒸发式热管二级预冷系统

（1）基本原理　蒸发式热管二级预冷系统利用的基本原理是重力热管换热，是利用室内外温差将室内热量交换到室外，从而降低室内温度的系统设备。热管换热系统利用循环工质的气液相变来传递热量，通过特殊的管路连接，将蒸发段和冷凝段分离开。即室内机为该系统的吸热端，冷凝器为其放热端。室内机中的工质在机房内吸热蒸发变为气态，经过气管流入冷凝器，并在冷凝器内放热冷凝为液态，然后通过液管回到室内机继续吸热蒸发（图9-13）。

压缩机系统在超长管路时，会有极大的管路流阻和压降损失。但热管系统的所有压降，最终体现在重力高度差是否能克服系统全部动压损失的前提下，实现制冷剂循环，高差越大，对系统运行越有利。

室内蒸发器有多种形式，如墙式蒸发器、吊顶式蒸发器、柜式蒸发器等；室外机同样具有多种形式，包括蒸发冷式冷凝器、风冷式冷凝器、水冷式冷凝器等。以室内蒸发器采用墙式蒸发器，也就是热管冷墙，室外机采用蒸发式冷凝器方案为例。

蒸发冷式热管二级预冷系统采用蒸发冷式室外机+热管冷墙的预冷方案。相比较水冷预冷系统，热管节能系统的冷凝器采用蒸发冷式，中间少一道壳管换热。气液冷媒在蒸发冷式室外机中与室外空气间接换热，使用此种方案的优势在于冷媒的冷凝温度与室外湿球温度的温差更低，从而延长了自然冷源的使用时间，且蒸发冷式室外机的水泵功耗扬程小，累计总功耗与水冷式的循环水泵功耗相比大大降低，风机功耗相比冷却塔的风机功耗也大大降低。热管冷墙安装于回风墙，不占空间，水不进机房，安全性高，不耗能。

因此，采用蒸发冷式热管二级预冷系统与原有机械制冷系统相结合，且两套系统相互独立，可大大降低空调系统的耗电量，将数据中心 PUE 降低至 1.25 以下。图 9-14 所示为蒸发冷式热管二级预冷系统图。

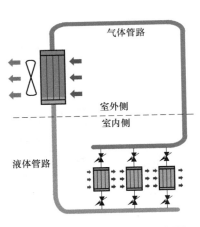

图 9-13　重力热管原理示意图

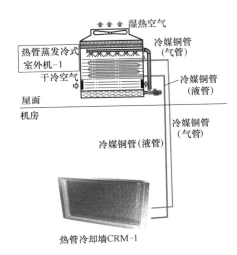

图 9-14　蒸发冷式热管二级预冷系统图

（2）系统配置　图 9-15 所示为蒸发冷式热管，二级预冷系统末端风系统示意图，该项目机房采用地板下送风方式，精密空调设置于空调区内。热管冷墙布置于空调区的回风墙上，如图 9-16 所示。蒸发冷式室外机实物如图 9-17 所示。

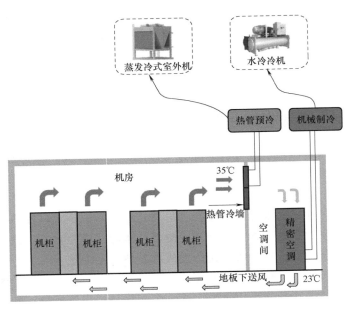

图 9-15　蒸发冷式热管二级预冷系统末端风系统示意图

热管冷墙选型采用全铝微通道换热器，与传统的铜管铝翅片换热器不同，微通道内的流通扁管均为微孔状，可加大制冷剂与管壁的接触换热面积，故微通道的换热效率远远高于同体积的铜管铝翅片。热管冷墙实物如图 9-18 所示。

（3）系统运行模式　采用蒸发冷式室外机（冷凝器）+热管冷墙（蒸发器）的热管二级预冷系统，运行条件见表 9-3。

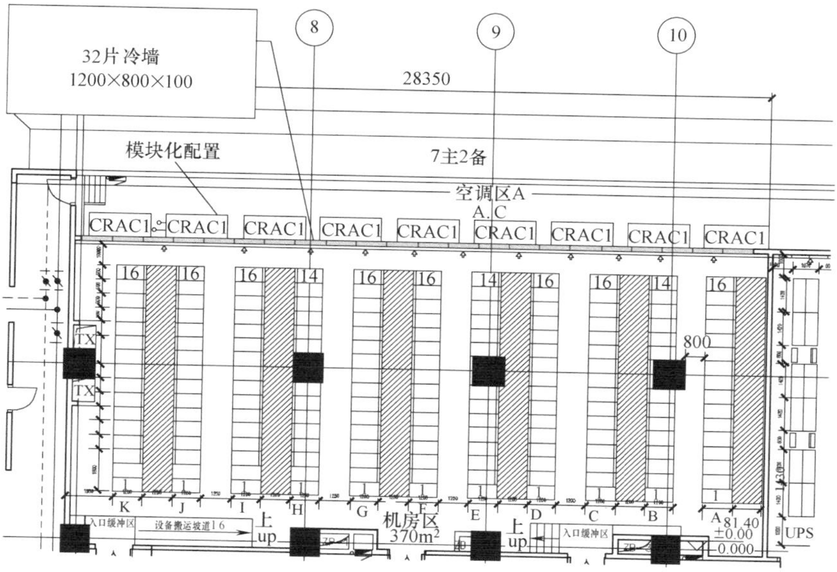

图 9-16　某机房的冷墙平面布置

图 9-17　蒸发冷式室外机实物图

图 9-18　热管冷墙实物图

表 9-3　系统运行模式的条件

序号	运行模式	运行条件	运行时长/(h/年)	机房回风条件
1	完全自然冷模式	湿球温度≤18℃（可调）	3310	
2	部分自然冷模式	18℃（可调）<湿球温度≤31℃（可调）	5450	35℃
3	完全机械冷模式	31℃（可调）<湿球温度	0	

　　蒸发冷式热管二级预冷系统具有上述三种运行模式，依据室外湿球温度的变化进行模式的切换。模式切换所依据的临界温度（如表 9-3 中的 18℃）是根据当前机房的热管客观安装条件，结合深圳地区全年湿球温度的分布情况所确定。该项目以 18℃ 为临界值进行方案设计，即当湿球温度≤18℃时，机房内的冷负荷完全由热管冷墙（蒸发器）所提供，精密空调仅相应开启风机，冷冻水阀可相应关闭。此时冷媒蒸发温度为 21℃，机房送风温度为 23℃。当 18℃（可调）<湿球温度≤31℃时热管节能系统与原机械制冷系统联合运行。机柜

回风经过冷墙后，先被预冷，再经过水冷精密空调继续降温，达到相应的送风温湿度要求。当31℃（可调）<湿球温度时，热管节能系统停止工作，机房内冷负荷完全由原机械制冷提供。

9.4 辐射制冷

辐射制冷是指热物体通过大气的红外透明窗口，利用黑体（全辐射体）辐射的方式，将热量辐射到外空间的冷阱中，从而达到制冷的一种方式。众所周知，只要物体的温度高于绝对零度，该物体会对外辐射。由于辐射物体表面状况、分子结构和温度等条件的不同，造成辐射波长也各不相同，地表上的物体温度大多在20~50℃，此温度段的物体所辐射的波长基本在8~13μm，地表上物体的热能就是通过辐射换热，将自身热量以13μm电磁波的形式通过"大气窗口"排放到温度接近绝对零度的外部太空，达到自身冷却的目的。

图9-19所示为辐射制冷系统的原理图，系统四周保温材料的作用是防止周围高温空气通过对流与热传导的方式向内部空间的物体进行传热。因此，必须在制冷空间周围加保温材料，特别是需在其顶部加"透明"盖板以阻止空气对流带入热量。"透明"盖板和保温材料可给辐射体"保冷"，"透明"盖板必须在8~13μm波段有很高的透过率，且对8~13μm波段外的辐射有着很高的反射率。太阳辐射光谱主要集中在0.4~4μm波段，因而该盖板可以阻挡大部分太阳辐射，而系统内的辐射主要集中在8~13μm波段，这样，系统内的热量可以透过盖板辐射到外太空，以达到冷却的效果。常用的盖板材料为PE薄膜。"透明"盖板、保温层与辐射体组成一个基本的辐射制冷系统，在内部产生低温。

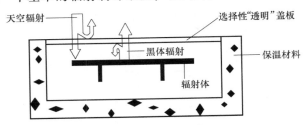

图9-19 辐射制冷系统原理

虽然辐射制冷的原理早在20世纪五六十年代已被人熟知，但将其应用于空调的研究工作，却只有大约50年左右的历史，而其在国内的研究仅有20年左右历史。辐射制冷作为一种无能耗的建筑物空调手段，符合我国"节能减排"的政策，且在近些年得到了蓬勃的发展，有很强的实际意义。曾有人预言，辐射制冷能够给能源领域带来翻天覆地的变化，使人类在保护环境的同时，也能够更好更高效地利用能源。

辐射制冷的工作时间段通常在夜间，是一种完全被动的制冷方式，与传统的蒸气压缩式制冷和吸收式制冷方式相比，辐射制冷无须消耗电能或热能，整套制冷系统也无须运动部件，结构非常简单，维护成本较低。辐射制冷对环境更为友好，因而具有很大的节能环保意义和应用前景。由于辐射制冷的研究起步较晚，其技术应用案例大多应用在卫星和红外探测器等领域；在沙漠、戈壁及旱季的草原等一些干旱地区及缺乏淡水的岛屿，辐射制冷涂料的出现能够帮助人们大规模地收集露水，缓解缺水问题。国内某高校提出[13]了一种太阳能集热和辐射制冷综合应用装置，该装置能白天制取热水和热空气，夜间能制取冷空气，有效解决了传统的平板太阳能集热器和辐射制冷装置功能单一的局限性，提高了装置和建筑物屋顶单位面积的利用效率。预计在不久的将来，该技术能够广泛应用于酒店、图书馆、办公楼等大中型建筑，图9-20所示为某辐射制冷系统的应用[14]。

天空辐射制冷是利用部分可以穿透大气层的特定波长电磁波，将物体的多余热量以红外辐射的形式永久地"扔"进宇宙的制冷方式。由于其不耗能、不费电的特点，尤其是近几年由于纳米光学和超材料的研究，实现了在白天太阳直射下仍能将物体降温，天空辐射制冷吸引了世界各国科研人员和社会有识人士的广泛关注。

白天辐射制冷超材料的诞生为该项技术的应用奠定了坚实的基础。然而，在辐射制冷材料的应用中，还有一系列需要考虑和解决的实际问题。例如，在建筑应用领域，简单的被动式应用虽然可以将此类材料直接贴附或涂刷于建筑物外表面进行降温，但是昼夜交替和冬夏的季节变化也给这种应用方式带来了挑战。

有鉴于此，国外某些高校开发了一种以水为工作介质的辐射制冷集冷模块，实现了第一个可全天连续运行的千瓦级辐射制冷系统，并提出了辐射制冷与建筑结合的24h全天连续运行具体方案。图9-21所示为可24h全天连续运行的千瓦级辐射制冷系统实物。

图9-20 辐射制冷系统

图9-21 可24h全天连续运行的千瓦级辐射制冷系统实物图

在开发的一种可大规模生产的辐射制冷超材料薄膜的基础上，此项工作进一步对辐射制冷超材料薄膜的系统集成进行了研究，提出了一种以水为工作介质的辐射制冷集冷模块，该模块可以在白天太阳直射条件下将水冷却至比环境温度低10.6℃。图9-22展示了以水为工作介质的辐射制冷集冷模块的截面图，其由辐射制冷超材料、水板、薄膜以及保温材料等组成。

通过试验表明辐射制冷模块在白天（12：30～3：00）可将水温降至比环境温度平均低10.6℃，在夜间可将水温降至比环境温度低约11℃。同时，通过一系列的试验，得出净辐射制冷量与辐射表面温度之间的关系，此关系对于辐射制冷的实际应用有着重要的意义。

24h全天候千瓦级辐射制冷系统，通过对一系列环境因素，例如风速、降水量以及云层对辐射制冷效果的影响，该团队公开发表了第一个能在白天太阳直射下给水降温的千瓦级辐射制冷系统，如图9-23所示，此系统使用连接了10个模块，总辐射表面积为13.5m²。随后在天气情况大部分晴好的条件下，对系统进行了3天连续测试。在3天的连续测试中，系统

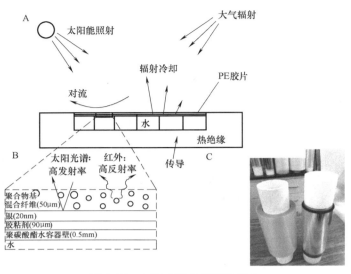

图 9-22　辐射制冷超材料及模块

获得的夜间最大净制冷量为 1296W，正午（12点至 2 点）平均净制冷量为 607W。系统单位面积净制冷量在 40～100W/m² 。

辐射制冷与建筑结合的全天 24h 连续运行技术路线，以此使辐射制冷系统的效能最大化，该系统如图 9-24 所示，对一个 5000 m² 的商业建筑进行了制冷能耗模拟计算，结果显示针对纬度较低地区的 3 个不同城市（Phoenix，Houston，Miami），该系统在冬季（11 月～2 月）可以降低 64%～82% 的制冷能耗，在夏季（5 月～8 月）可以降低 32%～45% 的制冷能耗。

图 9-23　千瓦级辐射制冷系统的 3 天连续测试

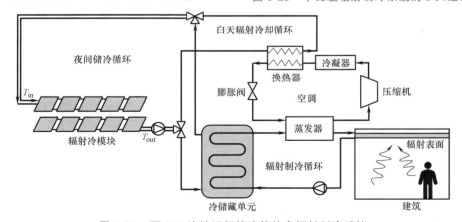

图 9-24　可 24h 连续运行的建筑结合辐射制冷系统

这项工作为辐射制冷的应用领域开辟了新道路，特别是为大型建筑节能方向和大型电厂能效提高方向提供了切实可行的方案，极大地促进了辐射制冷的实际应用和产业化进程。

9.5　膜蒸发冷却冷水技术

国外某公司公布了一款专为恶劣气候而设计的新型数据中心冷却系统，称其可将用水量降低 90%。大多数数据中心运营商通常都是把大部分设施建在较冷的地区，因为这种地区的环境条件能确保其服务器和系统以最低成本保持在最佳温度。为了避免距离而延迟带宽速度，如今越来越多的数据中心建设在离城市较近的地方，然而这些地方可能存在环境质量较差，如灰尘、含盐度高等问题，这对于传统的直接蒸发冷却系统来说是巨大的挑战，因此，国外某公司开发设计出了膜蒸发冷却冷水系统，此系统是基于蒸发冷却技术，利用"干空气能"产出的冷却介质是冷水，通过该冷水对数据中心的服务器冷却降温，实现数据中心低碳、高效运行。

膜蒸发冷却冷水技术可在炎热和潮湿的气候条件下将用水量减少 20%，在较冷的气候条件下，用水量可减少高达 90%。

该系统不仅可以保护服务器和建筑物免受环境因素的影响，还可以在更广泛的气候条件下消除对机械冷却的需求，并为数据中心设计提供更多的灵活性，在更小的空间进行高效冷却。

膜蒸发冷却冷水技术系统采用一种将液体转为气体的能源交换器，该交换器将水通过膜分离层蒸发来冷却水，产生的冷水用于冷却数据中心的空气，以保持服务器处于最佳温度。该系统的主要优点之一，是膜层可防止水和空气流之间的交叉污染，从而保持水质清洁并减少维护。膜蒸发冷却水冷技术原理如图 9-25 所示。

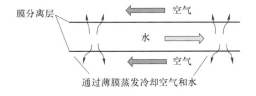

图 9-25　膜蒸发冷却水冷技术原理

为了最大限度地提高能源效率，该系统可根据气候情况以三种不同的模式运行，并可连接到各种冷却输送系统，包括风机墙、盘管墙、间接蒸发冷却冷水机组，其系统组成如图 9-26 所示。

未来将会继续在大部分设施中使用传统的直接冷却技术，但膜蒸发冷却冷水系统是在更加极端的气候下构建数据中心的一个选择。

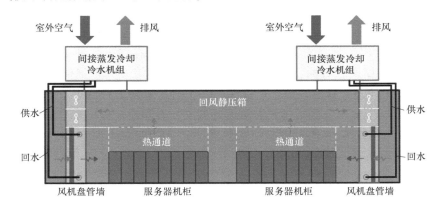

图 9-26　膜蒸发冷却冷水技术系统图

9.6 低品位能源驱动的吸收式制冷技术

吸收式制冷诞生至今已有 200 多年，在民用和工业中的实际应用有 60 多年。近 20 年来，吸收式制冷在理论与应用等方面都得到快速发展，并在制冷机市场上占有相当的份额，得到了国内外厂商和学者的广泛关注。随着人类能源消耗量的不断增加，需要进一步深入研究新能源、分布式能源及能源的高效利用，而对于余热、太阳能、地热能等低品位能源的利用使得吸收式制冷技术得到越来越多的关注。

图 9-27 所示为基于低品位能的溴化锂吸收式制冷循环，其工质对为溴化锂和水，机组主要包括：发生器、冷凝器、蒸发器、吸收器、溶液换热器、节流阀和溶液泵等。在发生器中，溴化锂溶液被低品位能源加热后产生制冷剂蒸气，制冷剂蒸气进入冷凝器中冷凝放热成饱和水，饱和水进节流阀节流减压后进蒸发器，在低压下蒸发，蒸发后的蒸气进入吸收器与来自溶液换热器的浓溶液混合，放出的热量被冷却水带走。吸收器内蒸汽与浓溶液混合后变为稀溶液，由溶液泵加压后依次经过溶液换热器与发生器出来的浓溶液进行换热后进入发生器，继续被低品位能源加热。如此循环，通过制冷剂与吸收剂之间的反复吸收释放来完成整个循环过程，制取冷量。

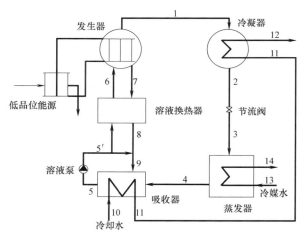

图 9-27　低品位能源驱动的吸收式制冷系统

低品位能源吸收式制冷的原理与一般吸收式制冷系统相差不多，只是用低品位能源驱动。图 9-28 所示为常用于吸收式制冷的低品位能源。余热存在于各种工业过程中，获取途径丰富，被认为是继煤炭、石油、天然气以及水能之后的第五大常规能源。据相关资料显示，我国每年有高达 8 亿 t 标准煤的余热资源，占我国总能耗比的 30%。由此可见，余热资源有效回收和利用对于实现节能减排具有重大的意义。有学者研究发现，37.1MW 的烟气余热可作为三台双效溴化锂吸收式制冷机组的热源生产 45MW 的冷量，相当于节省了制取同样冷量的压缩式制冷所需的 9MW 电能。

地热能是一种新的洁净能源，在当今人们的环保意识日渐增强和能源日趋紧缺的情况下，对地热资源的合理开发利用已越来越受到人们的青睐。在地热利用规模上，我国近些年来一直位居世界首位，并以每年近 10% 的速度稳步增长。地热制冷是以地热蒸汽或地热水

a)　　　　　　　　　　　　b)　　　　　　　　　　　　c)

图 9-28　常用于吸收式制冷的低品位能源

a）余热　b）地热能　c）太阳能

为热源提供的热能为动力，驱动吸收式制冷设备制冷的过程。地热蒸汽或地热水在发生器内加热一定浓度的溶液，使较低沸点的制冷剂蒸发为蒸气。同时溶液浓度发生变化，进入冷凝器后，在冷凝器中被冷却水冷凝为制冷剂液体，再经节流阀减压送到蒸发器，而后吸取冷媒的热量而汽化达到制冷的目的。地热制冷具有性能可靠、运行费用低、结构简单、环保和节能等多种优点，故在多个领域有广泛的应用价值。

数据中心机房的 IT 用电的绝大部分都是以服务器元件发热的形式耗散，长期以来，服务器耗电散发的热量均被排放到自然环境中，没有得到有效利用。而且为了排放掉服务器发热，还需消耗相当大的电力。服务器散热所用电力基本相当于 IT 用电的 20% ~ 60%，一些老旧机房更高。应该说，数据中心机房的热回收在数据中心运营中是与自然资源、提高制冷散热效率等节能技术同等重要的能源循环利用技术。

CO_2 制冷技术、太阳能制冷技术、蒸发冷却热管技术、辐射制冷技术、膜蒸发冷却冷水技术、低品位能源驱动的吸收式制冷技术，以及蒸发冷却技术作为制冷新技术，在很多方面显示出了其独特的优越性及广阔的应用前景，表 9-4 对比了这些新技术的优缺点以及适用场合。在节能环保的大背景之下，空调行业必须率先做出表率，为节能减排做出贡献。如果这些技术涉及的一些关键问题得到突破，有望实现大规模实用化，将有利于减轻人类对环境的污染以及实现节能减排。

表 9-4　新型制冷技术的对比

制冷技术	优　点	缺　点	适用场合
CO_2 制冷技术	对环境无污染，具有良好的经济性以及安全性	初投资以及维护费用较高，且运行效率低，与常规制冷剂相比制冷系数低	汽车空调、热泵系统、数据中心
太阳能制冷技术	驱动能源可持续且对环境无污染，开发潜力较大	经济性较差，制冷效率较低	住宅、酒店、别墅、办公楼、数据中心等
蒸发冷却热管技术	可靠性高，节约电能	技术尚未成熟，成本较高	高密度、高功率服务器数据中心
辐射制冷技术	无能耗，噪声低	辐射材料成本较高，易结露	在卫星和红外探测器等已得到应用，民用建筑空调、数据中心等行业正处于研究阶段
膜蒸发冷却冷水技术	节水，节能，无交叉污染	工艺技术要求高，造价高	干燥、缺水地区的数据中心等

（续）

制冷技术	优　点	缺　点	适用场合
低品位能源驱动的吸收式制冷技术	能源利用率高,安全系数高,结构简单	热效率低,设备投资大,折旧费用高,冷却负荷高	住宅、办公楼、商场、数据中心等
蒸发冷却技术	节约电能,运行费用低,无污染	降温范围有限,受地区环境影响	温室、住宅、公共建筑工厂、数据中心等

参 考 文 献

［1］ CONSTANTINOPLE PAPAKOSTAS, IOANNIS TIGANITIS, AGIS PAPADOPOULOS. Energy and economic analysis of an auditorium′s air conditioning system with heat recovery in various climatic zones ［J］. Thermal Science, 2018, 22：26-26.

［2］ 何钦波. 制冷空调新技术及发展 ［M］. 北京：高等教育出版社, 2010.

［3］ N Y, KIM H. Anference On Material Science and Civil Engineering ［J］. Msce 2016, 2016：675-684.

［4］ 何冰强, 梁荣光, 巫江虹. 二氧化碳汽车空调系统试验装置研制 ［J］. 机床与液压, 2010（24）：82-85.

［5］ MERINO J C A, HATAKEYAMA K. Technology surveillance of the solar refrigeration by absorption/adsorption ［C］. 2016 Portland International Conference on Management of Engineering and Technology (PICMET). IEEE, 2016.

［6］ CHOUDHURY B, SAHA B B, CHATTERJEE P K, et al. An overview of developments in adsorption refrigeration systems towards a sustainable way of cooling ［J］. Applied Energy, 2013, 104：554-567.

［7］ LAZZARIN R M, NORO M. Past, present, future of solar cooling：Technical and economical considerations ［J］. Solar Energy, 2018：S0038092X17311374.

［8］ 郭瑞. 太阳能喷射增效的中高温空气源热泵/制冷循环系统性能研究 ［D］. 太原：太原理工大学, 2019.

［9］ ALIGOLZADEH F, HAKKAKI-FARD A. A novel methodology for designing a multi-ejector refrigeration system ［J］. Applied Thermal Engineering, 2019, 151：26-37.

［10］ 雷达. 太阳能空调制冷技术的应用研究 ［J］. 科技风, 2017（21）：98-98.

［11］ OTANICAR T, TAYLOR R A, PHELAN P E. Prospects for solar cooling-An economic and environmental assessment ［J］. Solar Energy, 2012, 86（5）：1287-1299.

［12］ 苏菲. 格力推出光伏直驱变频离心机新品 ［J］. 制冷与空调, 2013（1）：61-61.

［13］ 胡名科. 太阳能集热和辐射制冷综合利用的理论和实验研究 ［D］. 合肥：中国科学技术大学, 2017.

［14］ ZHAO D, AILI A, ZHAI Y, et al. Radiative sky cooling：Fundamental principles, materials, and applications ［J］. Applied Physics Reviews, 2019, 6（2）.

［15］ DONGLIANG ZHAO, GANG TAN, XIAOBO YIN, et al. Subambient Cooling of Water：Toward Real-World Applications of Daytime Radiative Cooling ［J］. Joule 2018.

第 10 章
数据中心冷却技术标准

10.1 标准概况

随着网络科技、互联网技术、5G 技术、人工智能、云计算等新兴高科技领域的蓬勃发展，数据中心的建设规模与需求也越来越大，与此同时，数据中心制冷空调系统的能耗也越来越高，但是能源和环境形势日益严峻，科学合理的制冷空调技术在数据中心建设中降低数据中心 PUE 值、节能减排中发挥着越来越重要的作用。国外早在 20 世纪中期就已经开始进行数据中心领域的制冷空调相关研究与应用，并且也在近 30 年内制定了数据中心领域制冷空调系统的相关技术以及产品和技术标准。

近年来，我国数据中心制冷空调系统的建设也取得了长足发展，国内数据中心合理的制冷空调技术得到广泛的推广使用，并形成了一个完整的体系。然而技术推广的同时也出现了产品质量低劣、性能评价指标不达标、术语乱用、错误使用的现象。更有设计不合理，导致温度、湿度达不到设计要求，也有安装不当，达不到预期效果等问题，给用户造成了一定的损失，严重影响了数据中心制冷空调技术的可持续健康发展。

目前，国内主要从事数据中心建设与发展的科研单位、设计院所、高校以及设备生产商的研究学者在大力推广绿色、高效、节能环保的适用于数据中心的制冷空调技术的同时，致力于数据中心制冷空调技术标准化工作，实现了我国数据中心制冷空调技术以及设计标准的从无到有，从单一的设计规范标准到标准化体系的形成。随着标准化工作的深入，我国数据中心制冷空调技术得到了合理的推广与应用，相关数据中心用制冷空调设备产品性能特点得到统一规范，同时数据中心制冷空调系统的设计、安装、施工更趋于合理。

标准是一个行业发展的基础，标准背后则是强大的核心竞争力和自觉为社会和人民利益严格要求的决心和毅力。国内数据中心制冷空调技术标准化工作能有效地保证和促进数据中心制冷空调技术良性、科学的发展与进步，有利于总结、巩固和推广环保、高效数据中心制冷空调技术更好地发挥节能降耗作用。

国外从 21 世纪初期就为合理地解决数据中心的散热问题开始制定数据中心的制冷空调系统的相关标准，美国 ASHRAE9.9 技术委员会从 1999 年开始专注 IT 设备的功率趋势、常见机柜气流方向、IT 设备的通用环境指南、常见服务器的环境条件资料等方面，并在 2004 年就得出研究成果，发表了《数据处理环境热指南》的技术框架，定义了数据通信行业数据处理（数据中心）的环境指标与要求，提升了冷却技术应用发展。随后，为了提高数据中心的能源效率，在 2008 年、2011 年以及 2015 年进行了修正，现如今已经更新至第 4 版，并且《数据中心储存设备：热指南、问题和最佳实践》（ASHRAE TC9.9）（2008）也已翻译成中文。随后欧盟、日本等地区和国家也先后制定了这方面的相关标准。

我国也在 2008 年正式颁布实施了数据机房《电子信息系统机房设计规范》（GB 50174—2008）和《电子信息系统机房施工及验收规范》（GB 50462—2008），这两个标准件明确提出了数据机房领域制冷空调技术的要求，之后又修订颁布了《数据中心基础设施施工及验收规范》（GB 50462—2015），于 2016 年 8 月 1 日开始实施；《数据中心设计规范》（GB 50174—2017）于 2015 年 5 月 5 日通过专家审查，2017 年 5 月 4 日正式颁布，2018 年 1 月 1 日正式实施。《数据中心设计规范》的发布标志着我国数据中心领域告别了无明确标准可依的时代。该标准也对数据中心设计建设中的制冷空调系统以及数据中心内的热湿环境给出了明确的、科学的规定，为数据中心制冷空调系统的科学发展奠定了良好的基础，有利于数据中心制冷空调技术更好、更快地发展。

随后又相继颁布了《互联网数据中心工程技术规范》（GB 51195—2016）、《数据中心基础设施运行维护标准》（GB/T 51314—2018）和《集装箱式数据中心机房通用规范》（GB/T 36448—2018）等国家标准。与此同时，也有众多行业标准、地方标准、团体标准陆续出台，除了已经颁布的国家标准外，正在新编的数据中心相关标准包括《电子信息系统机房环境检测标准》《数据中心建设标准》以及《数据中心项目规范》等。

10.1.1 国外标准概况

目前国际标准化组织（ISO）、国际电信联盟（ITU）都在数据中心制冷空调领域有相应的标准出台作为规范化要求来促进行业更好地发展。与此同时，美国、欧盟、日本、新加坡等国家和地区也都有数据中心领域制冷空调标准或包含数据中心制冷空调技术的数据中心相关标准颁布实施。

1. 国际标准化组织（ISO）

ISO 是一个全球性的非政府组织，是国际标准化领域中一个十分重要的组织。数据中心建设过程中用到的 ISO 标准见表 10-1。

表 10-1　ISO/IEC 数据中心相关标准

标准编号	标准名称	颁布年份	标准编号	标准名称	颁布年份
ISO 9001	质量管理体系	2015	ISO 27001	信息安全管理体系	2015
ISO 14001	环境管理体系	2015	ISO 50001	能源管理体系	2015

2009 年 10 月，ISO 成立了数据中心能效研究组 JTC 1（Study Group on Energy Efficiency of Data Centers，SG—EEDC），其主要工作是提供与能源效率相关的分类和术语；信息技术的国际标准化，包括系统和工具的规范、设计和开发，涉及信息的采集、表示、处理、安全、传送、交换、显示、管理、组织、存储和检索等内容。2015 年以后，JTC 1 连续颁布了 12 个数据中心 ISO 标准，见表 10-2。

表 10-2　ISO/IEC（JTC 1/SC 39）数据中心标准

标准编号	标准名称
ISO/IEC 19395:2015	信息技术—可持续性与信息技术—智能化数据中心资源的监测和控制
ISO/IEC PDTR 20913:2016	信息技术—数据中心—主要性能指标—数据中心关键性能指标全面调查方法指南

（续）

标准编号	标准名称
ISO/IEC AWI TR 30131	信息技术—数据中心—分类和成熟度模型
ISO/IEC PDTR 30132—1:2016	信息技术—信息技术的可持续发展—高效节能的计算模式—第 1 部分:能效测评指南
ISO/IEC WDTR 30132—3	信息技术—信息技术的可持续发展—高效节能的计算模式—第 1 部分:高效节能评价方法应用
ISO/IEC NP TR 30132—3	信息技术—信息技术的可持续发展—高效节能的计算模式—第 1 部分:能效评价发展指南
ISO/IEC PDTR 30133	信息技术—数据中心—资源高效的数据中心指南
ISO/IEC 30134—1:2016	信息技术—数据中心—主要性能指标—第 1 部分:概述和总体要求
ISO/IEC 30134—2:2016	信息技术—数据中心—主要性能指标—第 2 部分:能源使用效率(PUE)
ISO/IEC 30134—3:2016	信息技术—数据中心—主要性能指标—第 3 部分:可再生能源系数(PUE)
ISO/IEC DIS 30134—4:2016	信息技术—数据中心—主要性能指标—第 4 部分:IT 设备服务器效率
ISO/IEC DIS 30134—5:2016	信息技术—数据中心—主要性能指标—第 5 部分:IT 设备服务器利用率

　　国内应高度关注和研究 2016 年颁布的 ISO 30134—2 标准，因为该标准是国内目前评价数据中心最主要的性能指标 PUE 的最权威标准之一，该标准对 PUE 进行了定义，给出了数据中心各个部分能耗的测量方法、采用不同能源的 PUE 计算方法以及 PUE 的衍生指标等。2016 年 9 月 20 日国家标准《数据中心　资源利用　第 3 部分：电能能效要求和测量方法》（GB/T 32910.3—2016）颁布，2017 年 3 月 1 日实施。由于 GB/T 32910.3 把 PUE 改成了 EEUE，虽然定义不变，但是计算方法和测量方法与 ISO 标准不尽相同。

　　2. 国际电信联盟（ITU）

　　国际电信联盟（International Telecommunication Union，ITU）是世界各国政府的电信主管部门之间协调电信事务方面的一个国际组织，成立于 1865 年 5 月 17 日。ITU 现有 191 个成员国和 700 多个部门成员及部门准成员，总部设在瑞士日内瓦。我国由工业和信息化部派常驻代表。

　　ITU—TSG5 第 3 工作组 WG3，以课题 17 "ICT 设备的能效及气候变化标准的协调" 的研究成果为基础，撰写了《数据中心最佳实践》建议书 ITU—TL.1300。ITU—TL.1300 最新版本为 2014 年版。2014 年版 ITU—TL.1300 包括可再生能源、节能、自然冷却、温度测量、自动控制、空调管道安装等方面的内容。

　　3. 美国供暖、制冷与空调工程师学会（ASHRAE）

　　无论是在美国还是在全球，ASHRAE 都是数据中心最重要的技术资料来源，ASHRAE 相关标准也是各国制定数据中心标准的主要参考依据。ASHRAE 9.9 技术委员会作为 ASHRAE 的数据中心技术小组，颁布了数据中心有关规范（表 10-3）。

表 10-3　ASHRAE 数据中心规范

标准编号	规范、标准名称	颁布年份
ASHRAE TC9.9	数据中心存储设备:热指南、问题和最佳实践	2015
ANSI/ASHRAE/IES	标准 90.1 适用于数据通信	2010

（续）

标准编号	规范、标准名称	颁布年份
ANSI/ASHRAE/IES	标准 90.4 数据中心能源标准	2016
ANSI/ASHRAE/IES	标准 127—2012 评价计算机和通信机房单元式空调的试验方法	2012

表 10-3 中的《数据中心储存设备：热指南、问题和最佳实践》（ASHRAE TC 9.9）也被译为中文成为我国数据中心标准、手册、设计最主要参考文献之一，其中 90.1 标准和 90.4 标准已经被美国国家标准学会 ANSI 认可，同时成为美国国家标准。

2016 年 ASHRAE 发布公告，认为 PUE 只适合对运行中数据中心的效率进行评价，而不适合于数据中心的设计，因为在设计过程中无法准确地确定系统的 PUE。为此，ASHRAE 对 ASHRAE 90.1 标准进行了修改，颁布了 ASHRAE 90.4 标准《数据中心能源标准》，提出了数据中心的能源效率设计标准，将计算分为两部分：机械负载部分和电器损失部分，将系统中需要计算的不同元件的效率与损失合并为单一数值，结果必须等于或小于每个气候区公布的最大参考值，假设每个系统最不利情况下的最低效率或最高损失已经确定，则整个设施的能源效率是合理的。

4. 美国国际建筑业咨询服务协会（BICSI）

美国国际建筑业咨询服务协会（Building Industry Consulting Services, International, BICSI）是一个关于建筑行业的咨询服务国际公司，这家公司的业务覆盖了布线设计、安装等一系列环节，它也是一个全球性质的协会组织。《数据中心设计与实施的最佳实践》（ANSI/BICSI 002—2019）是现今最新的数据中心美国国家标准，由美国 BICSI 起草编制。在《数据中心设计与实施的最佳实践》中，对表征数据中心基础设施可靠性与可用性特征的方式，采用了 5 种运维等级与 5 类风险程度构成两维的基础设施可用性类别 F0 ~ F4。这一分类方式具有科学性和包容性，适用于各种规模类型与技术需求的数据中心，是目前国际上最完整、最详细的数据中心标准之一。除了分级外，还涉及术语定义、选址、机房设计、建筑、结构、机械（空调）、防火、安全、布线、信息技术、试运转、维护、管理、能源效率等方面，是数据中心设计、建设和运维人员的重要参考文献，值得国内从业人员认真研究和借鉴。

5. 美国通信工业协会（TIA）

美国通信工业协会（Telecommunications Industry Association, TIA）是一个全方位的服务性国家贸易组织。TIA 也是经过 ANSI 认可的标准制定组织。《数据中心电信基础设施标准》（ANSI/TIA—942—A）是美国国家标准会 ANSI2005 年批准颁布的，每 5 年更新一次，现行版本为 2014 年版。该标准可为设计和安装数据中心或机房提供要求和指导方针。标准附录部分规定了数据中心机房场地、供电、冷却、安防、地面承载、接地、电气保护以及其他工程和建筑需要满足的条件，因此附录部分更加受到关注。TIA—942—2005 年版已翻译成中文，是国内数据中心标准、手册、设计主要参考文献之一，《数据中心设计规范》（GB 50174—2017）附录主要参考这一标准。

6. 绿色网格

绿色网格是一个全球性非营利机构，致力于开发影响深远而又不受任何平台约束的技术标准、测量方法、处理流程及新技术，力求提升数据管理方面的能源效益。2007 年 2 月，绿色网格在《绿色网格标准：描述数据中心电力效率》的论文中首次提出了能源使用效率 PUE 标准，PUE 现在已经成为国际上通行的数据中心电力使用效率的衡量指标。除了 PUE 以外，还推出了已被国际上广泛认可的数据中心架构效率 DCiE、碳利用效率 CUE 和水利用效率 WUE 等与数据中心效率相关的指标。2016 年 6 月 TGG 在 PUE 的基础上，提出了新的性能指标 PI，即"PUE 比"（PUE ratio）"热的一致性"（thermal conformance）和"热的容错性"（thermal resilience），与 PUE 一起形成了数据中心性能的 4 个相关评价指标。2015 年 6 月 30 日，中国通信标准化协会与绿色网格等联合发起在北京组建绿色网格（中国），绿色网格（中国）已开始对国内企业数据中心的 PUE、绿色等级进行评估认证工作。

7. 欧洲联盟（EU）

欧盟有关数据中心的出版物和规范是 TIA 数据中心标准主要参考文献之一，其中主要是：

1）《欧盟数据中心行为准则的最佳实践》（2016 年版）。

2）《欧盟数据中心能源效率的行为准则》（2015 年 2.0 版）。

8. 欧洲标准委员会（CEN）

欧洲电工标准化委员会（CENELEC）欧洲标准委员会（Comité Européen de Normalisation，CEN）成立于 1961 年，总部设在比利时的布鲁塞尔，是欧洲三大标准化机构之一。

CENELEC 和 CEN 以及它们的联合机构 CEN/CENELEC 是欧洲最主要的标准制定机构。2016 年 CEN 颁布了由 CENELEC 制定的欧洲标准系列《信息技术数据中心设备和基础设施》（EN 50600—X），见表 10-4。8 个标准采用的是整体研究法，涵盖了数据中心设备和基础设施的各个方面：提供了设计原则，为可用性和安全性定义了明确的分类系统，提供了数据中心整体设计所需要的参数选择指南、数据中心设计标准、提高能源效率的方法，为所有能源效率 KPI 的概念提供了基础，定义了非营利性认证标准。

表 10-4　EN 50600—X 标准

标准编号	标准名称	颁布年份
BS EN 50600—1—2019	信息技术　数据中心设备和基础设施概论	2019
BS EN 50600—2—1—2014	信息技术　数据中心设备和基础设施建筑构造	2014
BS EN 50600—2—2—2019	信息技术　数据中心设备和基础设施功率分配	2019
BS EN 50600—2—3—2019	信息技术　数据中心设备和基础设施环境控制	2019
BS EN 50600—2—4—2015	信息技术　数据中心设备和基础设施电信布线基础设施	2015
BS EN 50600—2—5—2016	信息技术　数据中心设备和基础设施安全系统	2016
BS EN 50600—2—6—2014	信息技术　数据中心设备和基础设施培训和审核要求	2014
BS EN 50600—3—1—2016	信息技术　数据中心设备和基础设施管理和运行信息	2016

虽然国内对《信息技术数据中心设备和基础设施》（EN 50600—X）并不熟悉，但是对照各国数据中心的标准，包括国际标准，该标准无论从设计角度，还是从实施、运维的角度来看，都是最全面的标准系列之一，值得深入研究和借鉴。

9. 日本电子和信息技术工业协会（JEITA）

日本电子和信息技术工业协会（JEITA）制定了一系列与数据中心相关的标准，见表 10-5。另外，日本金融情报系统中心（FISC）也制定了金融机构计算机系统的安全测量标准。日本数据中心协会（JDCC）在 JEITA 和 FISC 的标准基础上，并参考相关的国外标准，制定了《数据中心设施标准》。

表 10-5　日本 JEITA 数据中心标准

标准编号	标准名称	颁布年份
IT—1002A	信息系统的安装环境标准	2011
IT—1003	数据交换的记录格式	2004
ITR—1001D	信息系统设施和设备指南	2014
IT—1004A	工业计算机控制系统的标准运行工况	2011
ITR—1005A	信息系统的主要技术指标	2011
ITR—1006A—2016	信息系统机房消防设施指南	2016

10. 新加坡数据中心标准

新加坡 2013 年更新了数据中心标准《绿色数据中心—能量和环境管理系统》（SS 564）。SS 564—1 主要由三部分组成：认证管理系统、数据中心能效测试和追踪方法，并包括一套最佳实践汇编。该标准通过基础设施能效、环境情况、空气参数、冷却参数等基础参数来对数据中心进行评估和管理。SS 564—2 提供了指导方针，以便帮助用户采用，并满足 SS 564—1 标准中的要求。

11. 德国数据中心标准

德国数字化协会（Bitkom）2010 年颁布了《可靠数据中心指南》第 2 版（Reliable data centerguide V2）。

12. 可供参考的主要国外标准

上述国外标准涵盖了数据中心的各方面，表 10-6 给出了与数据中心设计、建设和运维密切相关的主要国外标准的名称和特点，可供国内制定数据中心标准、设计和建设数据中心时参考。

表 10-6　可供参考的主要国外标准

阶段	组织类别	标准编号	标准及相关文献名称	特　　点	适用范围
设计、建设、运维	TLA	942—A—2014	数据中心电信基础设计标准	设计概述，布线系统的基础设施，电信空间及拓扑结构，可用性等级（电信、建筑与结构、电气、空调概要和冗余）	应用与参考
	ANSI/BICSI	002—2014	数据中心设计和实施最佳实践	全面阐述 IT 基础、系统设计、模块化、节能能源效率、DCIM、检测验证、风险分析、运维、管理	应用与参考
	CENELEC	50600—2—2016	信息技术数据中心设备和基础设施	通用概念、基本要求、建筑标准、配电标准、环境控制标准布线、基础设施、安全系统、管理、运行	应用与参考
	ITU—T	L 1300—2014	绿色数据中心最佳实践	介绍了减少数据中心对气候有害影响的最佳方法，包括可再生能源、节能、自然冷却、温度测量、控制、空调管道安装	应用与参考
分级	UI		采用分类等级的方式定义场地基础设施性能的工业标准	按可用性和安全性分为四级，第一个提出了数据中心等级概念，是国内数据中心分级的主要参照标准	参考

（续）

阶段	组织类别	标准编号	标准及相关文献名称	特　点	适用范围
分级	ANSI/TLA	942—A—2014	数据中心的通信基础设施标准	按可用性和安全性分为四级,分级方法源于 U1,但是在 U1 定义的基础上加以充实和补充	参考
	ANSI/BICSI	002—2014	数据中心设计和实施最佳实践	按可用性和安全性分为五级,主要根据运维时间和停机的影响对数据中心进行分级	参考
	BS EN	50600—1	数据中心设备和基础设施	按可用性和安全性分为四级,按能效性分为五级	参考
	ASHRAE		数据处理环境热指南—2015	按数据通信环境分为 A、B、C 三级,A 级再分成四级	参考
	Tdordia	SR 3580 NEBS	标准等级	按设备的可操作性不同要求分为三级	参考
环境	ASHRAE		数据处理环境热指南—2015	给出了不同等级数据中心的温度和湿度范围	应用与参考
	ASHRAE		数据通信环境颗粒物和气态污染—2013	给出了污染来源、工业规范和标准,以及控制方法	应用与参考
	CENELEC	50600—2—2016	信息技术　数据中心设备和基础设施	信息技术、数据中心设备和基础设施、环境控制	参考
	ETSI	300—019—1X	环境条件分类（2003—2005）	对数据中心环境条件进行了分类	参考
	ETSI	300—019—2X	环境试验分类（2003—2005）	给出了数据中心环境试验规范	参考
效率	ISO	30134—2016	信息技术数据中心主要性能指标	给出了电力、可再生能源、服务器的性能指标	应用与参考
	ANSI/BICSI	002—2014	数据中心设计和实施最佳实践	能源效率、节能设计	应用与参考
	ASHRAE	90.4—2016	数据中心和典型建筑的能源标准	必须遵循的能耗要求和如何证明其能耗符合监督的方法	应用与参考
	EU		能源效率行为准则的最佳实践—2016	能源效率最佳实践的术语、行为准则	应用与参考
	TGG		描述数据中心效率—2016	能源使用效率（PUE）,热的一致性（thermnal conformance）,热的容错性（thermal resilience）	应用与参考
布线	TLA	942—A—2014	数据中心电信基础设施标准	布线及配套系统	应用与参考
	TLA	569—C—2012	电信通道和空间	综合布线标准、平衡双绞线电信布线和连接硬件标准、光纤布线和连接硬件标准	应用与参考
	CENELEC	50600—2—4—2015	电信布线基础设施	布线设计原则、可用性分类、通道、管理和操作等	参考

（续）

阶段	组织类别	标准编号	标准及相关文献名称	特　点	适用范围
制冷空调设备	ASHRAE	127—2012	评价计算机和通信机房单元式空调的试验方法	单元空调机试验	参考
	AHRI	1361—2016	计算机和数据处理机房空调机性能评价	各种机房空调定义、分类、试验要求、额定条件、使用要求等	应用与参考

10.1.2　我国标准概况

1. 国家标准

目前，我国在数据中心领域陆续制定了一系列国家标准，包括《数据中心设计规范》（GB/T 50174—2017）、《数据中心基础设施施工及验收规范》（GB 50462—2015）、《计算站场地安全要求》（GB/T 9361—2011）和《计算机场地通用规范》（GB/T 2887—2011）。以及《数据中心　资源利用　第 1 部分：术语》（GB/T 32910.1—2017）、《数据中心　资源利用　第 2 部分：关键性能指标设置要求》（GB/T 32910.2—2017）、《数据中心　资源利用　第 3 部分：电能能效要求和测量方法》（GB/T 32910.3—2016）系列标准，其中 GB/T 32910.3—2016 最先颁布，于 2016 年 8 月 29 号正式发布，2017 年 3 月 1 日开始实施。GB/T 32910.2—2017 于 2017 年 7 月 31 日正式发布，2018 年 2 月 1 日开始实施。GB/T 32910.1—2017 是 2017 年 11 月 1 日正式发布，2018 年 5 月 1 日开始实施。

2018~2019 年还发布了两项标准，《数据中心基础设施运行维护标准》（GB/T 51314—2018）和《集装箱式数据中心机房通用规范》（GB/T 36448—2018）。GB/T 51314—2018 是 2018 年 9 月 11 日发布，2019 年 3 月 1 日实施。GB/T 36448—2018 是 2018 年 6 月 7 日发布，2019 年 1 月 1 日正式实施。

1）《数据中心设计规范》（GB 50174—2017）是对原国家标准《电子信息系统机房设计规范》（GB 50174—2008）进行修订的基础上编制完成的。该规范最早在 1989 年开始编制，1993 年发布实施，当时名称为《计算机机房设计规范》（GB 50174—1993）。2005 年再次修编，2008 年 11 月 12 日正式颁布，定名为《电子信息系统机房设计规范》（GB 50174—2008）。

该规范是数据中心建设的一个重要标准，用于指导设计单位如何设计符合规范的数据中心，同时对使用、规划、施工、验收和运营单位也有重要的参考意义。它是建设安全可靠的合格数据中心的基础。该规范共分 13 章和 1 个附录，主要技术内容有：总则、术语和符号、分级与性能要求、选址及设备布置、环境要求、建筑与结构、空气调节、电气、电磁屏蔽、网络与布线系统、智能化系统、给水排水、消防与安全等。

2）《数据中心基础设施施工及验收规范》（GB 50462—2015）是在原《电子信息系统机房施工及验收规范》（GB 50462—2008）的基础上修订完成的。该规范共分 13 章和 9 个附录，主要技术内容包括总则、术语、基本规定、室内装饰装修、配电系统、防雷与接地系统、空气调节系统、给水排水系统、综合布线与网络系统、监控与安全防范系统、电磁屏蔽系统、综合测试、竣工验收等。

3）《计算机场地安全要求》（GB/T 9361—2011）主要对计算机机房的安全进行了规定，将计算机机房分为 A、B、C 三类，并就各类机房的场地选取、结构防火、机房内部装修、机房专用设备、火灾报警及消防设施等进行了相关的规定。

4)《计算机场地通用规范》（GB/T 2887—2011）规定了计算机场地的分类和测试方法与验收规则。该标准主要包括范围、规范性引用文件、术语和定义、技术要求、安全防护、测试方法和验收规则七部分，其中技术要求主要涵盖了计算机机房的高度、面积、活动地板、建筑结构、机房内的环境条件、供配电系统、接地和综合布线等方面；测试方法主要对温度、湿度、照度、噪声、电磁场干扰环境场强、电压及频率等进行了规定；验收规则主要强调了验收项目的要求和结果处理等。

2. 行业标准

根据中国工程建设标准化协会《关于印发〈2015 年第一批工程建设协会标准制订、修订计划〉的通知》（建标协字〔2015〕044 号）的要求，由中国工程建设标准化协会信息通信专业委员会数据中心工作组会同有关单位广泛调查研究，认真总结实践经验，参考有关国际标准，并在公开征求意见的基础上，编制完成《数据中心制冷与空调设计标准》（T/CECS 487—2017）。该标准共分 9 章，主要技术内容包括总则、术语、基本规定、室内外设计计算参数、空气调节与气流组织、冷源、监测与控制、配套设施、供暖与通风等。

根据中国工程建设标准化协会《关于印发〈2014 年第二批工程建设协会标准制订、修订计划〉的通知》（建标协字〔2014〕070 号）的要求，标准编制组制定了《数据中心等级评定标准》（T/CECS 488—2017）。该标准共分 5 章和 9 个附录，主要技术内容包括总则、术语、基本规定、评定内容、评定方法等。

中国通信标准化协会也作为牵头单位，携手由华为技术有限公司、工业和信息化部电信研究院、中国移动通信集团公司、中国联合网络通信集团有限公司、中兴通信股份有限公司等单位编制完成了《集装箱式数据中心总体技术要求》（YD/T 2728—2014）。该标准规定了集装箱式数据中心的选址和场地建设、箱体、机房布局及制冷、供电、车载设备机械性能、接地和防雷和监控与消防系统等方面的技术要求。并且中国通信标准化协会目前也已发布了《电信互联网数据中心（IDC）总体技术要求》（YD/T 2542—2013）《互联网数据中心资源占用、能效排放技术要求和评测方法》（YD/T 2442—2013）《互联网数据中心技术及分级分类标准》（YD/T 2441—2013）和《电信互联网数据中心（IDC）的能耗测评方法》（YD/T 2543—2013）等行业标准。

与此同时，作为数据中心制冷空调方面的节能降耗的关键技术即蒸发冷却技术，在近年来随着数据中心行业的快速发展，对绿色、高效的蒸发冷却技术的制冷空调技术的应用与研究也越来越被重视。与此同时，为了蒸发冷却技术能够更好地服务于数据中心，在中国电子节能技术协会、全国冷冻空调设备标准化技术委员会（SAC/TC238）、西安工程大学以及澳蓝（福建）实业有限公司等单位共同努力下《数据中心蒸发冷却空调技术规范》（T/DZJN 10—2020）、《计算机和数据处理机房用蒸发式冷气机》《计算机和数据处理机房用间接蒸发冷却空调机组》《计算机和数据处理机房用复合式间接蒸发冷却冷水机组》《露点蒸发式高温冷水机组》《露点间接蒸发冷却空调机组》等数据中心蒸发冷却空调领域的相关行业标准与团体标准也正在紧锣密鼓地颁布与编制。

3. 地方标准

在数据中心建设和发展的热潮下，各地地方政府纷纷开始颁布地方标准，为数据中心绿色发展提供因地制宜的政策基础。2009 年山东省发布了《数据中心服务器虚拟化节能技术规程》；2014年，北京市经济和信息化委员会组织起草了北京市地方标准《数据中心能效分级》；2014年，上海市发展与改革委员会、上海市经济和信息化委员会及上海市质量技术监督局颁布了《数据中心机房单位能源消耗限额》。《数据中心服务器虚拟化节能技术规程》主要规定了数据中心服务器虚拟化节能原则、虚拟化节能的实施以及节能效果评价。

《数据中心能效分级》主要规定了数据中心的能效指标、能效分级要求和能效指标计算方法。数据中心能效指标包括PUE指标、IT设备节能应用指标和可再生资源使用率指标，并将数据中心能效分为三级，其中Ⅰ级PUE范围在1~1.5，Ⅱ级在1.5~1.8，Ⅲ级在1.8~2.0；能效分级要求中对不同级别的能效要求进行了具体的规定；能效指标计算方法中分别对PUE、节能技术及应用措施和可再生资源利用率进行了阐述和具体算法规定。《数据中心机房单位能源消耗限额》主要规定了数据中心机房单位能耗的技术要求、统计范围、计算方法、节能管理与措施。

10.2 国家标准

10.2.1 《数据中心设计规范》（GB 50174—2017）

该标准第5章：环境要求，其中5.1节就明确提出与数据中心制冷空调技术息息相关的"温度、露点温度及空气粒子浓度"；在第7章整体对数据中心制冷空调技术做出了明确的相关要求，而且在第11章的11.2节中也对数据中心环境和设备监控系统做出了明确的规定，并且对数据中心环境要求以及制冷空调系统的相关参数要求也在标准附录中有明确表示，相关条文与条文说明如下。

[条文] 5.1.1 主机房和辅助区内的温度、露点温度和相对湿度应满足电子信息设备的使用要求；当电子信息设备尚未确定时，应按照附录A的要求执行。

[条文说明] 5.1.1 主机房和辅助区内的温度、露点温度和相对湿度对电子信息设备的正常运行和数据中心节能非常重要。有关环境对印刷线路板及电子元器件的影响研究表明，影响静电积累效应和空气中各种盐类粉尘潮解度的是空气含湿量，在气压不变的情况下，由于露点温度可以直接体现空气中的含湿量，因此采用露点温度更具有可操作性。18~27℃是目前世界各国生产企业对电子信息设备进风温度的最高要求，有利于各行各业根据自身情况选择数据中心的温度值，达到节能的目的。

（1）当机柜或机架采用冷热通道分离方式布置时，主机房的环境温度和露点温度应以冷通道的温度为准；当电子信息设备未采用冷热通道分离方式布置时，主机房的环境温度和露点温度应以机柜进风区域的温度为准。

（2）电子信息设备对温度、露点温度和相对湿度等参数的要求由电子信息设备生产企业按照生产标准确定，设计数据中心时如明确知晓这些参数，则空调系统按照这些参数进行设计。当电子信息设备尚未确定时，应根据项目的具体情况，按照本规范附录A的要求确定各项参数。

（3）对于建设在海拔高度超过1000m的数据中心，最高环境温度应按海拔高度每增加300m降低1℃进行设计。

（4）电子信息设备停机时，主机房也应该保持一定的环境温度和相对湿度。"停机"是指设备已经拆除包装并安装，但未投入运行或停机维护阶段。

（5）环境温度是影响电池容量及寿命的主要因素，按照现行行业标准《通信用阀控式密封铅酸蓄电池》（YD/T 799）的要求，蓄电池宜在环境温度 20~30℃ 的条件下使用。当采用其他类型的蓄电池时，环境温度可根据产品要求确定。

［条文］5.1.2　主机房的空气粒子浓度，在静态或动态条件下测试，每立方米空气中粒径大于或等于 0.5μm 的悬浮粒子数应少于 17600000 粒。

［条文说明］5.1.2　由于空气中的悬浮粒子有可能导致电子信息设备内部发生短路等故障，为了保障重要的电子信息系统运行安全，本规范对数据中心主机房在静态或动态条件下的空气含尘浓度做出了规定。根据国家标准《洁净厂房设计规范》（GB 50073）的规定进行计算，每立方米空气中粒径大于或等于 0.5μm 的悬浮粒子数 17600000 粒的空气洁净度等级为 8.7 级。

［条文］7.1.1　数据中心的空气调节系统设计应根据数据中心的等级，按本规范附录 A 执行。空气调节系统设计应符合现行国家标准《民用建筑供暖通风与空气调节设计规范》（GB 50736）的有关规定。

［条文说明］7.1.1　电子信息设备在运行过程中产生大量热，这些热量如果不能及时排除，将导致机柜或主机房内温度升高，过高的温度将使电子元器件性能劣化、出现故障，或者降低使用寿命。此外，制冷系统投资较大、能耗较高，运行维护复杂。因此，空气调节系统设计应根据数据中心的等级，采用合理可行的制冷系统，对数据中心的可靠性和节能具有重要意义。

［条文］7.1.2　与其他功能用房共建于同一建筑内的数据中心，宜设置独立的空调系统。

［条文说明］7.1.2　数据中心与其他功能用房共建于同一建筑内时，设置独立空调系统的原因如下：

（1）数据中心与其他功能用房对空调系统的可靠性要求不同。

（2）数据中心环境要求与其他功能用房的环境要求不同。

（3）空调运行时间不同。

（4）避免建筑物内其他部分发生事故（如火灾）时影响数据中心安全。

［条文］7.1.3　主机房与其他房间宜分别设置空调系统。

［条文说明］7.1.3　主机房的空调参数与支持区和辅助区的空调参数不同，宜分别设置不同的空调系统。

［条文］7.3.1　主机房空调系统的气流组织形式应根据电子信息设备本身的冷却方式、设备布置方式、设备散热量、室内风速、防尘和建筑条件综合确定，并宜采用计算流体动力学对主机房气流组织进行模拟和验证。当电子信息设备对气流组织形式未提出特殊要求时，主机房气流组织形式、风口及送回风温差可按表 10-7 选用。

表 10-7　主机房气流组织形式、风口及送回风温差

气流组织形式	下送上回	上送上回（或侧回）	侧送侧回
送风口	1. 活动地板风口（可带调节阀） 2. 带可调多叶阀的格栅风口 3. 其他风口	1. 散流器 2. 带扩散板风口 3. 百叶风口 4. 格栅风口 5. 其他风口	1. 百叶风口 2. 格栅风口 3. 其他风口

（续）

气流组织形式	下送上回	上送上回（或侧回）	侧送侧回
回风口	格栅风口、百叶风口、网板风口、其他风口		
送回风温差	8~15℃，送风温度应高于室内空气露点温度		

[条文说明] 7.3.1 气流组织形式选用的原则是：有利于电子信息设备的散热、建筑条件能够满足设备安装要求。电子信息设备的冷却方式有风冷、水冷等，风冷有上部进风、下部进风、前进风后排风等。影响气流组织形式的因素还有建筑条件，包括层高、面积等。

因此，气流组织形式应根据设备对空调系统的要求，结合建筑条件综合考虑。采用CFD气流模拟方法对主机房气流组织进行验证，可以事先发现问题，减少局部热点的发生，保证设计质量。本条推荐了主机房常用的气流组织形式、送回风口的形式以及相应的送回风温差。

[条文] 7.3.2 对单台机柜发热量大于4kW的主机房，宜采用活动地板下送风（上回风）、行间制冷空调前送风（后回风）等方式，并宜采取冷热通道隔离措施。

[条文说明] 7.3.2 从节能的角度出发，机柜间采用封闭通道的气流组织方式，可以提高空调利用率。采用水平送风的行间制冷空调进行冷却，可以降低风阻。随着电子信息技术的发展，机柜的容量不断提高，设备的发热量将随容量的增加而加大，为了保证电子信息系统的正常运行，对设备的降温也将出现多种方式，各种方式之间可以相互补充。

[条文] 7.4.1 采用冷冻水空调系统的A级数据中心宜设置蓄冷设施，蓄冷时间应满足电子信息设备的运行要求；控制系统、末端冷冻水泵、空调末端风机应由不间断电源系统供电；冷冻水供回水管路宜采用环形管网或双供双回方式。当水源不能可靠保证数据中心运行需要时，A级数据中心也可采用两种冷源供应方式。

[条文说明] 7.4.1 蓄冷设施有两个作用：

1）在两路电源切换时，冷水机组需重新启动，此时空调冷源由蓄冷装置提供；在市电中断的情况下，保证柴油发电机正常启动且稳定持续供电的时间内，实现机房内的不间断制冷。

2）供电中断时，电子信息设备由不间断电源系统设备供电，此时空调冷源也由蓄冷装置提供。因此，蓄冷装置供应冷量的时间宜与不间断电源设备的供电时间一致。蓄冷装置提供的冷量包括蓄冷罐和相关管道内的蓄冷量及主机房内的蓄冷量。

两种冷源供应方式包括水冷机组与风冷机组的组合、水冷机组与直膨式机组的组合等。

为保证供水连续性，避免单点故障，冷冻水供回水管路宜采用环形管网（图10-1）；当冷冻水系统采用双冷源时，冷冻水供回水管路可采用双供双回方式（图10-2）。

[条文] 7.4.4 主机房应维持正压。主机房与其他房间、走廊的压差不宜小于5Pa，与室外静压差不宜小于10Pa。

[条文说明] 7.4.4 主机房维持正压的目的是为了防止外部灰尘进入主机房。

[条文] 7.4.6 主机房内空调系统用循环机组宜设置初效过滤器或中效过滤器。新风系统或全空气系统应设置初效和中效空气过滤器，也可设置亚高效空气过滤器和化学过滤装置。末级过滤装置宜设置在正压端。

[条文说明] 7.4.6 本条将空调系统的空气过滤要求分成两部分，主机房内空调系统

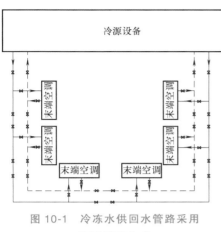

图 10-1　冷冻水供回水管路采用
环形管网方式

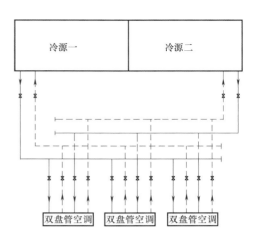

图 10-2　双冷源冷冻水供回水管路采用
双供双回方式

的循环机组（或专用空调的室内机）宜设初效过滤器，有条件时可以增加中效过滤器，而新风系统应设初、中效过滤器，环境条件不好时，可以增加亚高效过滤器和化学过滤装置。

［条文］7.4.10　空调系统设计应采用节能措施，并应符合下列规定：

1）空调系统应根据当地气候条件，充分利用自然冷源。

2）大型数据中心宜采用水冷冷水机组空调系统，也可采用风冷冷水机组空调系统；采用水冷冷水机组的空调系统，冬季可利用室外冷却塔作为冷源；采用风冷冷水机组的空调系统，设计时应采用自然冷却技术。

3）空调系统可采用电制冷与自然冷却相结合的方式。

4）数据中心空调系统设计时，应分别计算自然冷却和余热回收的经济效益，应采用经济效益最大的节能设计方案。

5）空气质量优良地区，可采用全新风空调系统。

6）根据负荷变化情况，空调系统宜采用变频、自动控制等技术进行负荷调节。

［条文说明］7.4.10　空调系统对数据中心节能影响很大，设计时应根据具体情况确定设计方案。

1）中国地域辽阔，各地自然条件各不相同，在执行本条规范时，应根据当地的气候条件、数据中心的规模、空调系统综合能效等因素考虑，选择合理的空调冷源方案，达到节约能源，降低运行费用的目的。

2）大型数据中心通常是指建筑面积数千至数万平方米的数据中心。在这类数据中心中，安装的设备多、发热量大、空调负荷大，设计空调系统时应根据空调系统的综合能效进行选择。水冷冷水机组的能效比较高，可节约能源。当数据中心建设地点水源不足或水冷冷水机组空调系统利用自然冷源时间不足时，也可采用风冷冷水机组的空调系统。

3）在不能完全采用自然冷却技术的地区或季节，空调系统可采用电制冷与自然冷却相结合的方式达到部分节能。

4）数据中心空调系统的节能应根据地区和气候环境决定采用何种方式，是采用自然冷却技术，还是采用余热回收技术，应分别计算其经济效益和节能效果，采用经济效益大、节能效果好的设计方案。

5）空气质量对电子信息设备的安全运行至关重要，在自然环境清洁、空气质量优良、温湿度适宜的地区，数据中心采用全新风系统可以节约能源。当新风的温度、相对湿度及空气含尘浓度达不到本规范附录 A 的要求时，应对空气质量进行控制。

［条文］7.4.11 采用全新风空调系统时，应对新风的温度、相对湿度、空气含尘浓度等参数进行检测和控制。寒冷地区采用水冷冷水机组空调系统时，冬季应对冷却水系统采取防冻措施。

［条文说明］7.4.11 当室外空气质量不能满足数据中心空气质量要求时，应采取过滤、降温、加湿或除湿等措施，使数据中心内的空气质量达到本规范附录 A 的要求。

［条文］7.5.1 空调和制冷设备的选用应符合运行可靠、经济适用、节能和环保的要求。

［条文说明］7.5.1 空调对于电子信息设备的安全运行至关重要，因此机房空调设备的选用原则首先是高可靠性，其次是运行费用低、高效节能、低噪声和低振动。

［条文］7.5.2 空调系统和设备应根据数据中心的等级、气候条件、建筑条件、设备的发热量等进行选择，并应按本规范附录 A 执行。

［条文说明］7.5.2 不同等级的数据中心，对空调系统和设备的可靠性要求也不同，应根据机房的热湿负荷、气流组织形式、空调制冷方式、风量、系统阻力等参数及本规范附录 A 的相关技术要求执行。气候条件是指数据中心建设地点极端气候条件。建筑条件是指空调机房的位置、层高、楼板荷载等。如果选用风冷机组，应考虑室外机的安装位置；如果选用水冷冷水机组，应考虑冷却塔的安装位置。

［条文］7.5.3 空调系统无备份设备时，单台空调制冷设备的制冷能力应留有 15%～20% 的余量。

［条文说明］7.5.3 空调系统无备份设备时，为了提高空调制冷设备的运行可靠性及满足将来电子信息设备的少量扩充，要求单台空调制冷设备的制冷能力预留 15%～20% 的余量。

［条文］11.2.1 环境和设备监控系统应符合下列规定：

1）监测和控制主机房和辅助区的温度、露点温度或相对湿度等环境参数，当环境参数超出设定值时，应报警并记录。核心设备区及高密设备区宜设置机柜微环境监控系统。

2）主机房内有可能发生水患的部位应设置漏水检测和报警装置，强制排水设备的运行状态应纳入监控系统。

3）环境检测设备的安装数量及安装位置应根据运行和控制要求确定，主机房的环境温度、露点温度或相对湿度应以冷通道或以送风区域的测量参数为准。

表 10-8 所示为数据中心环境和设备监控系统的要求。

表 10-8 数据中心环境和设备监控系统要求

环境要求		
冷通道或机柜进风区域的温度	18～27℃	不得结露
冷通道或机柜进风区域的相对湿度	露点温度 5.5～15℃，同时相对湿度不大于 60%	

（续）

环境要求		
主机房环境温度和相对湿度（停机时）	5～45℃，8%～80%，同时露点温度不大于27℃	
主机房和辅助区温度变化率	使用磁带驱动时<5℃/h 使用磁盘驱动时<20℃/h	不得结露
辅助区温度、相对湿度（开机时）	18～28℃，35%～75%	
辅助区温度、相对湿度（停机时）	5～35℃，20%～80%	
不间断电源系统电池室温度	20～30℃	
主机房空气离子浓度	应少于17600000粒	每立方米空气中大于或等于0.5μm的悬浮粒子数

10.2.2　《数据中心基础设施施工及验收规范》（GB 50462—2015）

该标准在第 7 章中有关条款对数据中心制冷空调系统施工及验收要求做出了明确的要求，而且在第 12 章的 12.2 和 12.3 节中也对数据中心内环境的综合测试给出了明确的规定，并且对数据中心制冷空调系统测试记录也在标准附录 C 中有明确表示，相关条文与条文说明如下。

［条文］7.2.1　空调设备安装前，应根据设计要求，完成空调设备基座的制作与安装。

［条文说明］7.2.1　基座主要特指除混凝土基础以外的金属或非金属的基础，如槽钢基础、成品型钢支座、支吊架基础等。

［条文］7.2.2　空调设备安装时，在机组与基座之间应采取隔振措施，且应固定牢靠。

［条文说明］7.2.2　吊装与落地安装有两种方式，都需要在设备与基座之间垫一层隔振材料，其目的是为了衰减机组的振动。隔振材料可以选用橡胶板、弹簧垫等，其厚度与弹性应根据室内机组的重量与振动特性选定。

［条文］7.2.3　空调设备的安装位置应符合设计要求，还应满足冷却风循环空间要求。

［条文说明］7.2.3　空调机组应满足有一定的空气循环空间及室外机维修空间，安装空调机组应避开正对机房内设备或者通风管道等较大物体。

［条文］7.2.4　分体式空调机，连接室内机组与室外机组的气管和液管，应按设备技术要求进行安装。气管与液管为硬紫铜管时，应按设计位置安装存油弯和防振管。

［条文说明］7.2.4　室外机安装高度高于室内机组时（室内机内置压缩机），为了防止压缩机停机时机油经排气管道返回压缩机，避免压缩机再次发动时发生油液冲缸事故，要求设置存油弯。同样，液体管道设反向存油弯以防止停机时制冷剂倒流。存油弯安装的数量与距离在产品说明书中都有规定。若设计及产品说明书无规定时，应在室外机出口处的液体管道上设一个反向存油弯，在竖向气体管道上每隔 8m 设一个存油弯。8m 距离的规定引自《制冷工程设计手册》。

［条文］7.3.2　镀锌钢板制作风管应符合下列规定：

1）表面应平整，不应有氧化、腐蚀等现象。加工风管时，镀锌层损坏处应涂两遍防锈漆。

2）风管接缝宜采用咬口方式。板材拼接咬口缝应错开，不得有十字拼接缝。

3) 风管内表面应平整光滑,在风管安装前应对内表面进行清洁处理。

4) 对于用角钢法兰连接的风管,风管与法兰的连接应严密,法兰密封垫应选用不透气、不起尘、具有一定弹性的材料,紧固法兰时不得损坏密封垫。

5) 风管法兰制作应符合设计要求,并应按现行国家标准《通风与空调工程施工质量验收规范》(GB 50243) 的有关规定执行。

[条文说明] 7.3.2 由于目前数据中心机房都是选用的镀锌钢板制作空调风管,因此针对镀锌风管制作过程中需要注意的问题进行规定。

1) 镀锌风管加工过程中镀锌层有可能遭到损坏、产生锈蚀,因此,应在损坏处涂两遍防锈漆,目前用得较多的有锌黄环氧底漆和红丹调和漆。

2)~5) 镀锌风管及风管法兰的制作按现行国家标准《通风与空调工程施工质量验收规范》(GB 50243) 执行。

[条文] 7.3.3 矩形风管符合下列情况之一的应采取加固措施:

1) 无保温层的长边边长大于630mm。

2) 有保温层的长边边长大于800mm。

3) 风管的单面面积大于 $1.2m^2$。

[条文说明] 7.3.3 对大口径风管进行加固,可以减小送、回风引起风管的振动和产生噪声,其他应按现行国家标准《通风与空调工程施工质量验收规范》(GB 50243) 的相关规定执行。

[条文] 7.3.4 金属法兰的焊缝应严密、熔合良好、无虚焊。法兰平面度的允许偏差应为±2mm,孔距应一致,并应具有互换性。

[条文] 7.3.5 风管与法兰的铆接应牢固,不得脱铆和漏铆。风管管口处翻边应平整、紧贴法兰,宽度不应小于6mm。法兰四角处的咬缝不得开裂和有孔洞。

[条文说明] 7.3.4、7.3.5 这两条规定了法兰焊接制作的要求及风管与法兰铆接时的技术要求,以保证风管连接处的牢固和密封。

[条文] 7.3.11 防火阀安装应牢固可靠、启闭灵活、关闭严密。阀门驱动装置动作应正确、可靠。

[条文] 7.3.12 手动调节阀的安装应牢固可靠、启闭灵活、调节方便。

[条文] 7.3.13 电动调节阀应能在全程范围内自由调节,且安装牢固。电动阀执行器动作应准确、可靠、调节灵活。

[条文说明] 7.3.11~7.3.13 这三条规定是各类阀门安装牢固,动作可靠、灵活的保证。

[条文] 7.4.1 风管安装完成后,应根据风管的设计压力进行漏风量测试,并做相应记录,并应符合现行国家标准《通风与空调工程施工质量验收规范》(GB 50243) 的有关规定。

[条文说明] 7.4.1 空调系统调试前应先对系统进行渗漏检查。常规的做法是对系统进行保压,其试验标准参考现行国家标准《通风与空调工程施工质量验收规范》(GB 50243) 的规定要求。

[条文] 7.4.2 空调系统调试应在空调设备、新风设备安装调试合格后进行。先进行空调系统设备单机调试,单机调试完毕后应根据设计指标进行系统调试。

［条文说明］7.4.2　经过系统检查无渗漏时，对空调设备、新风设备分别开机试运行。

空调设备运行的调试，应检查压缩机的液体参数、气体参数，压缩机运转时的电流参数等应符合空调设备的要求。空调风机应运行正常，其运行参数符合设计要求。当空调设备的参数调试完成后进行空调设备系统试运行。

新风系统的调试，主要包括新风机的试运行、风管及连接部件的密封性、空气过滤器四周的密封性检查及各种阀门的动作检查。

上述工作完成后，对空调系统进行系统试运行。

［条文］7.4.3　空调系统验收前，应按本规范附录 C 的内容逐项测试和记录，并应在交接验收时提交。

［条文说明］7.4.3　调试内容包括：温度、相对湿度、风量、风压、各类阀门、冗余备份功能的调试，以满足设计要求。

［条文］12.2.2　温度、相对湿度测试方法应符合下列要求：

1）选取冷通道内两排机柜的中间面为检测面，沿机柜排列方向选取不应少于 3 个检测点，沿机柜垂直方向宜选取 3 个检测点。

2）沿机柜排列方向选取的第一个检测点距第一个机柜外边线宜为 300mm，检测点间距可根据机柜排列数量，选取 0.6m、1.2m、1.8m 三种间距之一进行测量。

3）垂直方向检测点可分别选取距地板面 0.2m、1.1m、2.0m 三个高度进行检测。

［条文说明］12.2.2　本条适用于机柜或机架采用冷热通道分离方式布置或未采用冷热通道分离方式布置时。

3）本条主要根据 42U 标准机柜确定的检测点高度，对于其他类型的机柜，检测点高度可做调整。一般检测点选取可按最低点高于机柜或机架底面 0.2m，最高点低于机柜或机架顶面 0.2m，选取最高点和最低点的中间点作为中间检测点。

当机房采用底部送风、前面板封闭的内通道送风的机柜时，检测点需在机柜内送风区域选取，检测方法可按照 12.2.2 条第 3 款执行。

［条文］12.3.1　测试仪器宜使用光散射粒子计数器，采样速率宜大于 1L/min。

［条文］12.3.2　空气含尘浓度测试方法应符合下列规定：

1）检测点应均匀分布于冷通道内。

2）检测点净高应控制在 0.8~1.1m 的范围内。

3）检测区域内，检测点的数量不应少于 10 个。当检测区域面积大于 100m² 时，应按下式计算最少检测点：

$$N_L = \sqrt{A}$$

式中　N_L——最少检测点，四舍五入取整数；

　　　A——冷通道的面积（m²）。

［条文说明］12.3.2　本条对空气含尘浓度测试方法做出了规定。

2）对于有活动地板的机房，检测点应距地板面高 0.8~1.1m，对于无活动地板的机房，检测点应距地面 0.8~1.1m。

各测试项目测试仪器仪表的精度是根据多年来的实践经验和机房性能指标的要求，并参考国家电子计算机质量监督检验中心机房测试的实际情况提出来的。

［条文］12.3.3　每个检测点应采样 3 次，每次采样时间不应少于 1min，每次采样量

不应少于 2L。

　　[条文] **12.3.4** 计数器采样管口应位于气流中，并应对着气流方向。

　　[条文] **12.3.5** 采样管应清洁干净，连接处不得有渗漏。采样管的长度不宜大于 1.5m。

　　[条文] **12.3.6** 检测人员在检测时不应站在采样口的上风侧，并应减少活动。

附录 C　空调系统测试记录表

工程名称						编号			
施工单位						项目经理			
空调型号									
新风量/(m³/h)	设计值					实测值			
总风量/(m³/h)	设计值					实测值			

空调参数检测	房间号	送风口温度 /℃		回风口温度 /℃		送风口相对湿度 (%)		回风口相对湿度 (%)		室内外压力差 /Pa		测试结论
		设计	实测	设计	实测	设计	实测	设计	实测	设计	实测	
	系统测试结论											
	参加测试人员 (签字)											

注：电参数检测资料与压缩机检测数据应与产品技术手册中要求的资料对照，确定其运行情况是否正常。

10.2.3 《数据中心　资源利用　第 1 部分：术语》（GB/T 32910.1—2017）

　　本标准第一部分是对数据中心领域所涉及的专业术语做出了合理可靠的规范，其中涉及数据中心能源利用与能源管理以及自然冷却等方面相关术语也都有所体现，相关条文与条文说明如下。

　　[条文] **2.1** 数据中心　data center

　　由计算机场地（机房）其他基础设施、信息系统软硬件、信息资源（数据）和人员以及相应的规章制度组成的实体。

　　[条文] **2.2** 数据中心资源　data center resource

是为支持数据中心正常运行所利用和拥有的物力、财力、人力等各种物质要素的总称。在 GB/T 32910 中简称资源（注：资源包括例如能源、人力资源、信息资源和计算资源等）。

［条文］2.3　资源利用　resource utilization

数据中心对支持其正常运行的能源、人力资源、信息资源、计算资源和水等资源的利用。

［条文］2.4　资源效率　resource efficiency

数据中心内系统或设备输出量与相应资源消耗量的比值（注：计算资源效率时，可能关注不同的特定系统或设备的不同输出和不同资源消耗，因此，输出量与消耗量的比值可能有不同的单位）。

［条文］2.5　能源　energy

支持设备、系统和基础设施运行的各种能量来源的统称。

［条文］2.6　一次能源　primary energy

在自然界是以天然形式存在的、未经加工或转换的能源。

按在自然界能否循环再生分为再生能源和非再生能源。

［条文］2.7　可再生能源　renewable energy

一次能源的一类，在一定程度上地球上此类能源可在自然过程中再生（注：此类能源包括例如太阳能、水能、风能、生物质能、海洋能和地热能等）。

［条文］2.8　非再生能源　non-renewable energy

一次能源的一类，地球上此类能源在自然界短期内无法复生（注：此类能源包括例如煤、石油、天然气和核燃料）。

［条文］2.9　二次能源　secondary energy

由一次能源加工转换而成的能源。

［条文］2.10　集中式能源系统　centralized energy system

由中央能源供应系统为数据中心提供能源的供配系统。

［条文］2.11　分布式能源系统　distributed energy system

以分布形式为数据中心内用能设施提供能源的能源供配系统。

［条文］2.12　用能设施　energy consuming facilities

数据中心内为实现特定功能或完成服务必须接消耗能源的设施。

［条文］2.13　能源利用　energy utilization

数据中心对支持其正常运行的能源的利用。

［条文］2.14　能源服务　energy services

数据中心运行过程中与能源供应、能源利用有关的活动，包括促使降低能耗的活动。

［条文］2.15　能源方针　energy policy

数据中心最高管理者制定的有关能源服务的宗旨和方向。

［条文］2.16　能源目标　energy objective

表明数据中心的能源方针得以遵循的、有明确预期结果的具体体现。

［条文］2.17　能源管理体系　energy management system

基于数据中心的能源方针和能源目标的一系列相互关联或相互作用的能源管理要素的集合。

[条文] **2.18** 能源管理团队 energy management team

数据中心内负责有效推进实施能源管理体系和能源绩效持续改进的人员或群体。

[条文] **2.19** 能源评审 energy review

基于数据和其他信息，确定组织的能源绩效水平识别改进机会的活动（注：在一些国际或国家标准中，如对能源因素或能源概况的识别和评审的表述都属于能源评审的内容）。

[条文] **2.20** 供能系统 energy supply system

是为数据中心提供其所消耗的电能等各种能源的系统。

[条文] **2.21** 辅助系统 auxiliary system

数据中心内用以保证信息系统正常运行的基础设施的统称。

[条文] **2.22** 电源分配单元 power distribution unit；PDU

电压转换成适合机架内设备使用的配电装置。

[条文] **2.23** 不间断电源 uninterruptible power supply

由变换器、开关和储能装置（如蓄电池）组合构成的，在输入电源故障时，用以维持负载电力连续性的电源设备。

[条文] **2.24** 能量存储装置 energy storage set

贮存能量的装置，如蓄电池。

[条文] **2.25** 自然冷却 free cooling

是利用密度随自然温度变化而产生的流体循环过程来带走热量的冷却方式。

[条文] **2.26** 列头柜 array cabinet

为成行排列或按功能区划分的机柜提供网络布线传输服务或配电管理的设备，一般位于一列机柜的端头。

[条文] **2.27** 机柜 cabinet

用于放信息系统硬件和相关控制设备的装置。

10.2.4 《数据中心 资源利用 第2部分：关键性能指标设置要求》 (GB/T 32910.2—2017)

本部分适用于规范数据中心全生命周期（包括设计、建设、运维等各阶段）。本标准第二部分明确界定了数据中心边界，规定了关键性能指标（KPI 的设置要求、描述方法、用途，并给出了 KP1 示例）。在本部分的 5.4.3 中也明确地界定了数据中心制冷空调系统基础设施所涉及的范围，相关条文如下，并且在 6.5 关键性能指标示例中也明确提出能源利用以及数据中心制冷空调技术方面所涉及的关键性能指标。

[条文] **5.4.3** 制冷系统基础设施

制冷系统基础设施包括但不限于：

1）水处理系统：给水系统、排水系统、废水污水处理系统。

2）液体调节和控制器：冷水机、冷却塔、水泵、缓冲罐。

3）空调：加湿器、过滤系统、通风系统、自动化与控制系统。

4）传感器：温度传感器、湿度传感器、风速传感器等。

5）新风系统：新风控制系统、排烟器、百叶窗等。

[条文] **6.5** 关键性能指标示例

——电能使用效率。

——可再生能源利用率。

——制冷负载因子。

——供电负载因子。

——数据中心基础设施效率。

——局部电能使用效率。

——水资源使用效率。

——碳使用效率。

——能源再利用效率。

——IT 设备能源使用效率。

——IT 设备利用率。

10.3　行业标准

10.3.1　《数据中心制冷与空调设计标准》（T/CECS 487—2017）

[条文]　2.0.1　数据中心　data center

为集中放置的电子信息设备提供运行环境的建筑场所，可以是一栋或几栋建筑物，也可以是一栋建筑物的一部分，包括主机房、辅助区、支持区和行政管理区等。

[条文]　2.0.2　主机房　computer room

主要用于数据处理设备安装和运行的建筑空间，包括服务器机房、网络机房、存储机房等功能区域。

[条文]　2.0.3　支持区　support area

为主机房、辅助区提供动力支持和安全保障的区域，包括供配电室、柴油发电机房、不间断电源系统室、电池室、空调机房、动力站房、消防设施用房等。

[条文]　2.0.4　辅助区　auxiliary area

用于电子信息设备和软件的安装、调试、维护、运行监控和管理的场所，包括进线间、总控中心、消防和安防控制室、拆包区、备件库、打印室、维修室等区域。

[条文]　2.0.5　电能利用效率（PUE）　power usage effectiveness

表征数据中心电能利用效率的参数，其数值为数据中心内所有用电设备消耗的总电能与所有电子信息设备消耗的总电能之比。

[条文]　2.0.6　冗余　redundancy

重复配置系统的部分或全部部件，当系统发生故障时，冗余配置的部件介入并承担故障部件的工作，由此延长系统的平均故障间隔时间。

[条文]　2.0.7　N—基本需求　base requirement

系统满足基本需求，没有冗余。

[条文]　2.0.8　$N+X$ 冗余　$N+X$ redundancy

系统满足基本需求外，增加了 X 个组件、X 个单元、X 个模块 或 X 个路径。任何 X 个组件、单元、模块或路径的故障或维护不会导致系统运行中断（$X=1\sim N$）。

[条文] 2.0.9　连续供冷　continuous cooling

为了保证发热量较高的主机房及不间断电源间等房间能维持稳定的温度，需为制冷与空调系统设置必要的措施，保证供冷连续，系统不因市电中断、冷机重启等事件发生冷却中断。

[条文] 2.0.10　蓄冷罐　thermal energy tank

一种水蓄冷设施，利用水在不同温度时密度不同的特性，通过布水系统使不同温度的水保持分层，从而避免冷水和温水混合造成冷量损失，达到蓄冷目的，通常包含水罐本体、布水器、液位计、测温元件、保冷层、爬梯、栏杆和防雷装置等。

[条文] 2.0.11　热/冷通道　cold/hot aisle

将机架面对面、背对背成列摆放，机架面与面之间的通道称为冷通道，机架背与背之间的通道称为热通道。机架内的电子信息设备自带风扇从冷通道取风，吸热后将热风排入热通道。

[条文] 2.0.12　机械制冷　mechanical refrigeration

根据热力学第一、第二定理，利用专用的技术设备，在机械能、热能或其他外界能源驱动下，迫使热量从低温物体向高温物体转移的热力学过程称为机械制冷。

[条文] 2.0.13　自然冷却　free cooling

在气象条件允许的情况下，利用室外空气的冷量，而不需机械制冷的冷却过程称为自然冷却。

[条文] 2.0.14　部分自然冷却　partial free cooling

在气象条件允许的情况下，利用室外空气的冷量进行部分冷却，冷量不足部分由机械制冷补充的冷却过程称为部分自然冷却。

[条文] 2.0.15　水侧自然冷却　water-side free cooling

在气象条件允许的情况下，利用室外空气对载冷流体（冷冻水或添加了乙二醇的冷冻水）进行冷却，而不需机械制冷的冷却过程称为水侧自然冷却。水侧自然冷却属于间接自然冷却，与室外低温空气仅进行热交换，不进行质交换，室外空气不会直接进入电子信息设备所在的区域。

[条文] 2.0.16　空气侧（风侧）自然冷却　air-side free cooling

在气象条件允许的情况下，利用室外空气对载冷空气进行冷却而不需要机械制冷的冷却过程称为风侧自然冷却。空气侧（风侧）自然冷却分为直接风侧自然冷却和间接风侧自然冷却：①直接风侧自然冷却过程中，室外空气携带冷量直接进入电子信息设备所在的区域，吸取设备散热量后再次排风至室外，热交换和质交换会同时发生；②间接风侧自然冷却过程中，循环风与室外空气仅进行热交换，不进行质交换，室外空气不会直接进入电子信息设备所在的区域。

[条文] 2.0.17　机房空调　computer room air conditioner

专为电子信息机房服务的空调机组称为机房空调，功能上可以支持主机房全年散热的要求，能够维持电子信息设备机房温度、湿度、空气洁净度以及维持空气循环等。机房空调包括风冷直膨机房空调、水冷直膨机房空调和冷冻水机房空调等。

[条文] 2.0.18　风冷直膨机房空调　air-cooled direct expansion air conditioner

空调机组本身自带压缩机，其制冷系统中液态制冷剂在蒸发器盘管内直接蒸发（膨胀）

实现对盘管外的空气（即空调室内侧空气）吸热而制冷，其制冷系统中气态制冷剂通过室外空气冷却为液态。

[条文] 2.0.19　水冷直膨机房空调　water-cooled direct expansion air conditioner

空调机组本身自带压缩机，其制冷系统中液态制冷剂在其蒸发器盘管内直接蒸发（膨胀）实现对盘管外的空气（即空调室内侧空气）吸热而制冷，其制冷系统中气态制冷剂在其冷凝器盘管内通过管外的水（或水与乙二醇混合溶液）冷却为液态。

[条文] 2.0.20　冷冻水机房空调　computer room air handler（chilledwater）

机房空调机组本身不带压缩机，冷却盘管内载冷剂为冷冻水（也可为冷冻水与乙二醇混合溶液或其他介质）。

[条文] 2.0.21　风冷式冷冻水系统　air-cooled chilled water system

风冷式冷冻水系统是冷冻水制备的一种方式，主要由风冷冷水机组及配套设施组成。风冷冷水机组制冷系统中的液态制冷剂在其蒸发器盘管内直接蒸发（膨胀）实现对盘管外的冷冻水吸热而制冷，其制冷系统中气态制冷剂通过风冷的方式冷却为液态。

[条文] 2.0.22　水冷式冷冻水系统　water-cooled chilled water system

水冷式冷冻水系统是冷冻水制备的一种方式，主要由水冷冷水机组及配套设施组成。水冷冷水机组制冷系统中液态制冷剂在其蒸发器盘管内直接蒸发（膨胀）实现对盘管外的冷冻水吸热而制冷，其制冷系统中气态制冷剂通过水冷的方式冷却为液态。

[条文] 2.0.23　蒸发冷却　evaporative cooling

液体在蒸发成气体过程中会吸热，从而降低周围温度起到冷却作用，这一热力过程就是蒸发冷却。条件适宜时，数据中心可采用水蒸发冷却的制冷方式，让水流接触干热空气，发生汽化，吸收热量，降低温度。

[条文] 3.0.2　数据中心制冷与空调系统应根据电子信息设备的通风和环境要求特性、所在地区的气象条件、能源状况和价格等条件、节能环保和安全要求等因素并结合国家节能减排和环保政策的相关规定，对可行方案进行技术经济比较，综合论证确定。

[条文] 3.0.4　数据中心制冷与空调系统应满足数据中心的等级要求，符合现行国家标准《数据中心设计规范》（GB 50174）的相关规定。

[条文] 3.0.5　灾备数据中心制冷与空调系统不宜低于主数据中心的性能等级要求。

[条文] 3.0.6　数据中心的不同区域可以采用不同的性能等级，各自承担不同的信息系统业务。对应的制冷与空调系统，不应低于该区域的性能等级的要求。

[条文] 3.0.7　C 级机房的制冷与空调系统应符合下列规定：

1）数据中心制冷与空调系统应满足最大散热需求。

2）制冷与空调系统及其供配电、输配管路等设施发生故障或需要维护时，可以中断电子信息设备的运行。

[条文] 3.0.8　B 级机房的制冷与空调系统不得低于 C 级机房的配置，且应符合下列规定：

1）数据中心制冷与空调设施应设置冗余，在设备冗余能力范围内，设备故障不会影响电子信息设备的正常运行。

2）制冷与空调设施的供配电、输配管路等装置故障或需要维护时，可以中断电子信息设备的运行。

[条文] 3.0.9　A级机房的制冷与空调系统不得低于B级机房的配置，且应符合下列规定：

1）数据中心制冷与空调设施应设置冗余，任一组件故障或维护时，不应影响电子信息设备的正常运行。

2）数据中心制冷与空调设施的供配电系统、输配管路应设置冗余，任一组件故障或维护时，不应影响电子信息设备的正常运行。

3）A级机房空调系统宜设置连续供冷设施。

4）数据中心需要分期部署时，应有技术措施避免新增设备和管路影响已有电子信息设备的正常运行。

[条文] 4.0.1　主机房的运行环境应满足电子信息设备的使用要求，设备不确定时，应满足表10-9的要求。

表 10-9　主机房电子信息设备环境要求

序号	要　　求
1	冷通道或机柜进风区域的推荐环境参数为：温度18~27℃、露点温度5.5~15℃、相对湿度不大于60%，机房不得结露
2	冷通道或机柜进风区域的允许环境参数为：温度15~32℃，相对湿度20%~80%，机房不得结露
3	主机对于建设在海拔超过1000m的数据中心，最高环境温度应按海拔每增加300m降低1℃进行设计
4	使用磁带驱动时，温度变化率应小于5℃/h，使用磁盘驱动时，温度变化率应小于20℃/h
5	停机时，主机房的环境温度应为5~45℃，相对湿度应为8%~80%，露点温度不应大于27℃
6	主机房每立方米空气中大于或等于0.5μm的悬浮粒子数浓度应少于1.76×10⁷粒
7	主机房宜维持房间正压，防止外部灰尘进入主机房，主机房与相邻的其他房间或走廊的静压差不宜小于5Pa，与室外静压差不宜小于10Pa

[条文] 4.0.7　数据中心用来支持电子信息设备稳定运行的空调及其配套设施，需要依照室外空气参数选型时，宜符合下列规定：

1）湿球温度宜采用有气象记录以来的极端湿球温度。

2）夏季干球温度宜采用极端最高干球温度，统计年份宜为30年，不足30年者，也可按实有年份采用，但不宜少于10年。

3）冬季干球温度宜采用极端最低干球温度，统计年份宜为30年，不足30年者，也可按实有年份采用，但不宜少于10年。

[条文] 5.1.1　数据中心需要排热的房间，采用通风达不到室内设备温度、湿度、洁净度要求或条件不允许、不经济时，应设置空调系统。

[条文] 5.1.2　数据中心空调房间宜集中布置，使用功能、温湿度参数等相近的空调房间宜相邻布置。

[条文] 5.1.3　对环境有不同要求的电子信息设备宜布置在不同的空调房间内。

[条文] 5.1.4　下列情况宜对空调系统进行全年能耗模拟计算：

1）需要对空调系统设计方案进行对比分析和优化时。

2）需要对空调系统节能措施进行评估时。

3）需要对空调系统全年能耗做出预判并计算电能利用效率（PUE）时。

[条文] 5.2.2　数据中心的夏季计算得热量, 应根据下列各项确定:

1) 电子信息设备的散热。

2) 通过围护结构传入的热量。

3) 通过围护结构透明部分进入的太阳辐射热量。

4) 人体散热量。

5) 照明散热量。

6) 渗透空气带入的热量。

7) 其他设备、器具、管道及其他内部热源的散热量。

8) 伴随各种散湿过程产生的潜热。

[条文] 5.2.3　空调系统的夏季冷负荷应按下列规定确定:

1) 应根据各项得热量的种类、性质以及机房的蓄热特性, 分别进行计算。

2) 应按服务范围内的各空调区逐时冷负荷的综合最大值确定。

3) 应计入需要空调系统承担的新风负荷。

4) 应计入再热负荷及各项有关的附加冷负荷。

5) 可根据电子信息设备的使用要求, 采用同时使用系数修正。

[条文] 5.2.5　数据中心电子信息设备的发热宜根据设备的实际用电量进行计算。数据中心内的电力设备可按效率损失转换成热能计算。

[条文] 5.3.1　主机房的空调系统形式和气流组织应满足房间内所有设备的散热要求, 可通过气流组织模拟进行方案比选。

[条文] 5.3.2　主机房需要的操作层高度, 除应满足机柜高度、管线安装、建筑条件等因素外, 还应满足气流组织的需要。

[条文] 5.3.3　主机房机架内、相邻机架内的电子信息设备气流方向宜保持一致, 机架宜按冷热通道分离的方式布置, 冷热通道宜采用封闭措施。

[条文] 5.3.4　机架采用前进后出的气流方向时, 机架门宜为可拆卸型, 电子信息设备未安装时, 机柜门宜采用实体门; 电子信息设备开通运行后, 应采用通风门。

[条文] 5.3.5　机房设置冷热通道隔离时, 机架排列宜保持连续不间断, 无法连续时可采用插满盲板的空机架或在机架间安装固定隔板等方式进行补位。

[条文] 5.3.6　机房设置冷热通道隔离时, 冷热通道之间应避免孔洞缝隙, 确实需要管线穿越处应设置毛刷或其他封堵方式。

[条文] 5.3.8　主机房间采用下送时, 应符合下列规定:

1) 为电子信息设备提供空调送风的开孔地板应布置在冷通道, 没有安装机架或暂时没有运行的机架前, 地板应为无孔型, 也可采用具有开启/关闭功能的开孔地板。

2) 开孔地板和回风口宜采用有效通风面积大、风量可调节的地板或风口。

3) 地板下的通风空间不宜存在气流障碍物。确实需要安装管线或其他障碍物时, 宜通过气流模拟, 确保不会影响机架的散热。

[条文] 5.4.1　数据中心空调系统应满足电子信息设备对运行环境的要求, 同时兼顾运维管理的需要。

[条文] 5.4.2　数据中心空调系统可采用多种空调形式相结合的方案。同一类空调宜采用规格型号相同的机型。

[条文] 5.4.3 满足电子信息设备对运行环境的要求且技术经济合理时，数据中心空调系统宜采用自然冷却技术。

[条文] 5.4.4 采用风侧自然冷却系统的主机房和供配电房间，应符合下列规定：

1) 采用风侧自然冷却的空调系统，宜对送风的温度、湿度、含尘量进行自动控制。室外空气质量不满足电子信息设备要求时，宜采用间接风侧自然冷却的空调形式。

2) 极端气象或某些特定条件下，采用风侧自然冷却设施不经济、不合理或无法满足使用要求时，应设置机械制冷设施进行补充。

3) 风侧自然冷却装置宜根据当地气象条件、水资源情况、数据中心建筑条件等，与蒸发冷却技术结合使用。

4) 冬季需要运行的设备及有冻结风险的水管和阀门应有防冻设施。

5) 应避免空调送风、排风之间发生气流短路。

[条文] 5.4.5 数据中心采用冷冻水型机房空调时，宜采用送风温度控制，机房空调应运行在露点温度之上。

[条文] 5.4.6 数据中心采用风冷直膨机房空调时，在满足电子信息设备的散热要求的前提下，宜提高蒸发温度，宜采用变容量机组。

[条文] 5.4.8 数据中心采用风冷直膨机房空调时，空调室外机设置应符合下列规定：

1) 应确保进风、排风通畅，在排出空气与吸入空气之间不发生明显的气流短路，避免发生热岛效应。

2) 应避免污浊气流的影响。

3) 噪声和排热应满足周围环境需求。

4) 室外机的维护和更换应便利。

[条文] 5.4.12 主机房内空调系统用循环机组宜设置初效过滤器或中效过滤器。新风系统或全空气系统应设置初效过滤器或中效过滤器，也可设置亚高效空气过滤器和化学过滤装置。

[条文] 5.4.14 主机房新风系统应符合下列规定：

1) 集中新风系统应根据建筑形式、分期计划、负荷变化等条件进行划分。

2) 新风系统宜承担空调区的全部除湿负荷，其处理方式应根据室外计算温度和送风状态点要求，技术经济比较后确定；新风机组选型条件可按极端气象参数。

3) 承担除湿功能的新风系统，每个新风区宜设置不少于两套新风机组，单台机组维护时，其余机组承担70%以上的负荷。

4) 室外空气质量不满足电子信息设备要求时，新风系统应增加相应的处理措施。

5) 新风系统的风机宜采用变风量的调节方式。

6) 集中处理的新风应采取有效措施，确保房间送风口表面不会结露，送风口宜位于机房空调回风区。

[条文] 6.1.1 数据中心冷冻水系统设置应符合下列规定：

1) 建设地周边存在连续稳定、可以利用的废热和工业余热的区域，且技术经济合理时，可采用吸收式冷水机组。

2) 数据中心的建设地点存在能够利用可再生冷源，且技术经济合理时，应优先采用可再生冷源。当采用可再生冷源受到气候等原因的限制无法保证时，应设置辅助冷源。

3）气象条件允许时，可利用室外低温空气，通过自然冷却方式作为空调系统冷源。

4）城市或区域的供电充足有保证时，空调系统的冷源宜采用电动压缩式机组。

5）天然气供应充足的地区，数据中心冷电联合的能源综合利用率较高，技术经济合理时可采用分布式燃气冷电联供系统。如果周边还存在其他用热用户，也可采用分布式燃气冷热电三联供系统。

6）公共建筑群具备区域供冷条件，满足数据中心的性能要求，且技术经济合理时，数据中心的冷源也可由区域供冷站提供。

7）实施峰谷电价的地区，技术经济合理时，数据中心的冷源可采用水蓄冷或其他蓄冷方式。

[条文] 6.1.2　利用江河湖水作为自然冷源的系统，在不影响生态环境的条件下，还应符合下列规定：

1）利用江河湖水作为冷源，应对地表水体资源和水体环境进行评价，并取得相关部门的批准同意。当江河湖为航运通道时，取水口和排水口的设置位置还应取得航运主管部门的批准。

2）利用江河湖水作为冷源，应考虑丰水、枯水季节的水位差，并应有措施防止洪水对数据中心造成影响。

3）利用江河湖水作冷源的空调水系统，宜采用中间换热器将地表水和空调循环水进行隔离，地表水不宜直接进入主机房。换热器应具备拆卸、清洗的条件。

4）地表水进入换热器前，并应设置过滤、清洗、灭藻等水处理措施，并不得造成环境污染。

5）开式地表水换热系统的取水口，应设在水位较深、水质较好的位置，并应位于排水口的上游，且远离排水口。

6）冬季有冻结可能的地区，制冷系统应有防范措施。

[条文] 6.1.3　利用海水作为自然冷源的系统，应符合下列规定：

1）海水换热系统应根据海水水文状况、温度变化规律等进行设计，并应有措施避免涨潮、海啸等事件对数据中心造成危害。

2）海水设计温度宜根据近 30 年取水点区域的海水温度确定。

3）开式系统的取水口深度应根据海水水深温度特性进行优化后确定，距离海底高度宜大于 2.5m。取水口应能抵抗大风和海水的潮汐引起的水流应力。取水口处应设置过滤器、杀菌除藻和防微生物附着的装置，排水口与取水口应保持一定距离。

4）与海水接触的设备及管道，应具有耐海水腐蚀性能，并应采取防止微生物附着的措施。

5）冬季有冻结可能的地区，制冷系统应有防范措施。

6）海水冷却的系统应设置中间换热器，海水不应直接进入主机房。换热器应具备拆卸、清洗的条件。

[条文] 6.1.4　利用污水作为自然冷源的系统应符合下列规定：

1）应考虑污水水温、水质及流量的变化规律和对后续污水处理工艺的影响等因素。

2）采用开式原生污水源系统时，原生污水取水口处设置的过滤装置应具有连续反冲洗的功能，取水口处污水量应稳定，排水口应位于取水口下游并与取水口保持一定的距离。

3）采用开式污水源作为自然冷源的冷却系统，应设置中间换热器，污水不应直接进入主机房。换热器应具备拆卸、清洗的条件。

4）采用再生污水源作为自然冷源的冷却系统，宜设置中间换热器，污水不宜直接进入主机房。换热器应具备拆卸、清洗的条件。

[条文] 6.1.5 数据中心采用电动压缩式冷水机组，且气象条件许可时，冷源宜采用与水侧自然冷却相结合的方式。

[条文] 6.1.6 数据中心冷冻水系统采用多种制冷模式结合时，应根据季节、时段调整供冷模式，各模式之间的切换应有技术措施确保其平稳、安全。

[条文] 6.3.1 冷水机组宜采用高效节能型产品。

[条文] 6.3.2 置于室外或与室外环境直接接触的冷源设施需要冬季运行时，应配备有效的防冻措施。设防温度应参照当地极端最低温度。

[条文] 6.3.4 数据中心的制冷系统宜采用开式冷却塔，需要对水质进行防污染保护的场合，也可采用闭式冷却塔。冷却塔设备材料的燃烧性能等级不得低于B1级。

[条文] 6.3.5 冷却塔循环水系统应配置水处理措施，宜采用物理、化学相结合的处理方式。

[条文] 6.3.8 数据中心采用开式冷却塔加板式换热器的方式实现水侧自然冷却时，板式换热器阻力不宜超过6kPa，板片应留有不低于20%的扩充空间。

[条文] 6.3.9 数据中心有连续供冷需求，且采用蓄冷罐的冷冻水系统，满负荷放冷的能力应满足连续供冷需要支持的时间。

[条文] 6.3.10 蓄冷罐应设置有效的保温措施，寒冷或严寒地区布置在室外的蓄冷罐，还应有防冻结措施。

[条文] 6.3.12 水泵和风扇采用变频设备时，应满足长期低负荷的运行工况。

[条文] 7.0.1 数据中心制冷与空调设施的监控应满足电子信息设备稳定运行的环境要求，并应兼顾节能与运维要求。

[条文] 7.0.2 数据中心制冷与空调设施的监控系统与其他设施的监控系统宜分别设置；当不能分别设置时，应有措施保证数据中心制冷与空调设施的性能要求。

[条文] 7.0.3 A级机房制冷与空调设施的监控系统宜符合下列规定：

1）监控系统宜设有冗余组件，任一组件发生故障或需要维护时，不会造成供冷的中断或供冷量不足。

2）监控系统组件之间的通信路径宜设置冗余，任一通信路径发生故障或需要维护时，不应造成供冷系统的中断或供冷量不足。

3）数据中心需要分期部署时，新增供冷设施的监控系统不应造成已运行的电子信息设备供冷中断或供冷量不足。

[条文] 7.0.4 数据中心制冷与空调设施的监控系统，其功能设置应符合下列规定：

1）监控系统宜接入制冷与空调设施的运行参数，当参数异常时，监控系统告警。

2）冷通道温、湿度宜纳入监控系统。

3）宜为主机房敷设在地板下的空调水管设置漏水监测装置。

4）制冷与空调宜设置群控功能，同一组群的空调设备，还应有措施避免机组之间出现运行状态相反的情况。

5）监控系统应能完成制冷与空调系统加减载的顺序操作。

　　6）制冷与空调系统设有冗余时，监控系统应能自动投入备用设施，替换故障组件或故障子系统。

　　7）制冷与空调系统设有多种运行模式时，监控系统应能根据室外气象条件选择并平滑切换运行模式。

　　8）设有应急冷源的制冷与空调系统，其监控系统应能实现应急冷源的自动充冷、放冷和再次充冷，并应避免不满足温度要求的冷却介质进入末端空调。

　　9）制冷与空调的监控系统应满足设备的启、停间隔要求。

　　10）冬季运行的新风机组、空调机组、冷却塔、干冷器等，设置了防冻设施时，应对防冻效果进行监控。

　　11）制冷与空调的监控系统宜具备存储历史数据的功能，并可利用软件进行数据分析，以优化系统运行。

　　12）监控系统宜具备区分访问等级与操控权限的功能。

　　［条文］7.0.5　制冷与空调监控系统应明确制冷与空调系统的运行逻辑、监控点位、自控仪表的技术要求、控制阀门的类型等内容。

　　［条文］7.0.6　数据中心应对制冷与空调的监控系统进行现场调试，并宜进行工厂测试与验证。

10.3.2　《数据中心等级评定标准》（T/CECS 488—2017）

　　［条文］2.0.2　设计阶段等级评定应包括数据中心选址、设备布置、建筑与结构、电气、空气调节、智能化系统、网络与布线系统、给水排水、消防与安全、电磁屏蔽。

　　［条文］2.0.3　施工与竣工阶段等级评定应包括室内装饰装修、供配电、空气调节、给水排水、网络与布线、智能化系统、竣工验收。

　　［条文］4.0.4　运维管理阶段等级评定应包括数据中心运维管理组织架构与人力资源、服务流程管理、基础设施运维管理、能效和能源管理、应急管理、安全管理、成本与容量管理、资产与档案管理、文件与质量管理、外包管理。

　　其附录包含以下九个等级评价表，且每个表中也都包含将制冷空调系统等级评价的相关要求。

　　A级数据中心设计阶段等级评定表

　　B级数据中心设计阶段等级评定表

　　C级数据中心设计阶段等级评定表

　　A级数据中心施工与竣工阶段等级评定表

　　B级数据中心施工与竣工阶段等级评定表

　　C级数据中心施工与竣工阶段等级评定表

　　A级数据中心运维管理阶段等级评定表

　　B级数据中心运维管理阶段等级评定表

　　C级数据中心运维管理阶段等级评定表

10.3.3　《集装箱式数据中心总体技术要求》（YD/T 2728—2014）

　　该标准规定了集装箱式数据中心的选址和场地建设、箱体、机房布局及制冷、供电、车载设备机械性能、接地和防雷和监控与消防系统等方面的技术要求。部分条文如下。

[条文] 5.1 选址要求

选址应远离有腐蚀性、易燃易爆易起火、强振源、强噪声源、强电磁场、容易积水或洪灾等区域，见 GB 50174。

中小型集装箱数据中心布放位置灵活，在建筑附近的草坪、空地、停车场等只要有足够的空间和供水供电即可，但应避免选取在对噪声很敏感的区域。

大型数据中心通常采用水冷方式，当数据中心设备功耗大于 500kW/h，推荐采用冷冻水机组系统。冷冻水机组系统水冷塔会消耗水资源，所以大型集装箱数据中心应当靠近工业用水供电充足廉价的场所。

[条文] 5.2.1 露天场地

中小型集装箱数据中心建议部署在厂区、园区的小空地上，可以靠近现有建筑并能直接从现有建筑中进入机房内部，也可以专门为此数据中心修建简易建筑容纳保安和值守人员。

可以在集装箱安装位置处修建混凝土平台，也可以是钢架平台，建议高度至少 25cm 以完全避免可能的积水积雪的影响。安装平台承重要求：建议能制作成可承载三层集装箱的堆叠重量。

安装平台提供固定接口，集装箱到现场后能可靠固定，能满足此地可能的地震和强风对稳定性的影响。

当集装箱堆叠使用时，需要楼梯和操作台来协助进入两层或以上的箱体内，对于露天场地应用，建议是封闭的楼梯，避免维护人员受到外界雨雪和人为安全因素的影响。

[条文] 5.2.2 遮阳遮雨棚

可以给整个或局部场地顶部安装遮阳及遮雨棚，以避免集装箱被暴晒和减小雨雪对在区域内人员维护活动带来的困难。

遮阳及遮雨棚要能承受可能的暴雪积累、地震等。

空调排热口等设施尽量靠近遮阳及遮雨棚的边缘，避免棚内废热的积累而降低整个数据中心的散热能力。

[条文] 5.2.3 永久建筑内

可以新建或改建多层永久性建筑以作为集装箱数据中心的存放地，最佳的当然是建筑的底层，这种应用方式可以使都市区的昂贵土地得到充分应用。

如果空调室外机或水冷塔都能设置在机房建筑的外面，则此层建筑可以设置正常的混凝土外墙。

如果多数集装箱数据中心都自带空调室外机，则此层机房建筑不做外墙以方便空调通风散热，但空调排热口等应尽量靠近建筑边缘，以避免楼层内废热的积累。此时可以采用通透式钢笼隔断来实现防盗。

应有供 40ft 集装箱平板车进出和卸载箱体的通道，以及供至少 32t 吊车（起重机）工作的空间。

由于层高的限制，建议在永久建筑内只设置单层集装箱。

要求建筑抗震设防等级为甲级或乙级。

[条文] 6 集装箱箱体要求

集装箱及内部设备的储存和运输条件：温度 $-40 \sim +70℃$；湿度 $5\% \sim 100\%$。

运输需求：能满足三级公路、铁路、海运运输的要求。

集装箱种类尺寸和额定质量应满足 GB/T 1413 的要求。建议选取 1AAA 加高型集装箱，或者 ICC 型集装箱，内部所有设备质量不超过标准中规定的额定质量。具体要求见表 10-10。

表 10-10　种类尺寸和额定质量标准

集装箱型号	长度 L				宽度 W				高度 H				额定质量 R 总质量	
	mm	公差 mm	ft in	公差 in	mm	公差 mm	ft	公差 in	mm	公差 mm	ft in	公差 in	kg	1b
IAAA	12192	0 -10	40	0 -3/8	2438	0 -5	8	0 -3/16	2896	0 -5	9 6	0 -3/16	30480	67200
ICC	6058	0 -6	19 10%	0 -1/4	2438	0 -5	8	0 -3/16	2591	0 -5	8 6	0 -3/16	24000	52900

最小内部尺寸和门框开口尺寸见表 10-11。

表 10-11　尺寸

集装箱型号	最小内部尺寸			最小门框开口尺寸	
	高度/mm	宽度/mm	长度/mm	高度/mm	宽度/mm
IAAA	2655	2330	11998	2556	
ICC	2350	2330	5867	2261	

整体寿命：建议集装箱体具有不少于 10 年的使用寿命；金属及其表面处理工艺满足至少 1000h 交变盐雾试验要求；密封材料条要通过相应高温老化、紫外老化和低温实验。

集装箱体的机械强度：进行开孔、增加设备舱门、增加百叶窗、增加加强骨架改装后的集装箱仍应符合 GB/T 5338 要求。

抗风性能：集装箱体在正常安装使用情况下，要能够承受 60m/s 的强风破坏；门应当有开门缓关装置，能承受速度 22m/s 的风产生的开关力，且没有机械损坏或功能失效。

集装箱内隔热层：侧墙、端墙、隔墙可采用 50mm 聚氨酯夹层隔热板；顶部因直接受到太阳的辐射时间较长，隔热层厚度可采用 75mm；底部可采用聚苯乙烯泡沫填装结构加聚氨酯现场灌缝发泡的工艺，厚度为 120mm。各壁面总传热系数≤0.7W/($m^2 \cdot$ K)。

防静电地板：如果地板下铺设有管道，需采用拼装式架空地板，架空地板抗压强度要求 >1500kg/m^2。

材料要求：所有材料要求环保，防静电，不得挥发任何有毒气体。机房装修材料的燃烧性能应符合 GB 50222。

防盗性能：门锁实现分级管理，门锁防盗级别达到 GAT/73 中的 B 级要求。建议集装箱外门有开门后自动关门的措施。

防水性能：满足 GB 4208 的 IPX5 等级要求；通风孔处可以有进水，但有可靠排水措施，水不会进入设备区和维护区域。

箱体地板、侧壁、顶壁上要求有安装连接结构，以便安装固定通信设备，保证设备安装方便、牢固，运输安全。

承重要求：集装箱内单机架最大设备安装质量不小于 1000kg，连同箱体满配质量不小于 30t。

10.4 团体标准

10.4.1 《液/气双通道散热数据中心机房设计规范》（T/CIE 051—2018）

[条文] 6.1.1 气冷通道环境依据 GB 50174 的要求，并结合电子信息设备高热流密度元件热岛消除、低热流密度元件耐温能力以及数据中心整系统节能等要求做出规定，具体见表 10-12。

表 10-12 气冷通道环境要求

环境要求	参数值	备注
气冷通道或机柜进风区域的温度	18~30℃	不得结露
冷通通或机柜进风区域的相对湿度和露点温度	露点温度宜为 5~15℃，同时相对湿度不宜大于 60%	
主机房环境温度和相对湿度（停机时）	5~45℃，8%~80%，同时露点温度不宜大于 27℃	
主机房和辅助区温度变化率	使用磁带驱动时，应小于 5℃/h 使用磁盘驱动时，应小于 20℃/h	
开机时： 辅助区温度 相对湿度	18~28℃ 35%~75%	
停机时： 辅助区温度 相对湿度	5~35℃ 20%~80%	
电力电池室环境温度	20~30℃	

[条文] 6.2.1 液冷通道负荷计算

液冷通道设计阶段应明确所承载电子信息设备的类型、典型配置、关键元器件能耗情况，并以其中拟采用液冷散热的高热流密度元件的最高发热量作为液冷通道散热负荷。

[条文] 6.2.2 液冷通道配置要求

液冷通道的配置设计应满足下列要求：

1）应满足主设备高热流密度元件发热的冷负荷，并设计为 24h 不间断运行。

2）自然冷却单元、液泵、液冷温控单元、换热设备等应按照 N+X（X=1~N）冗余配置。

3）内循环管路应于架空地板以下走管，应采用环路供回水设计等具备单点故障隔离功能的管路配置方案，以提高机架之间供液平衡度和故障保护能力。

4）应设置不间断电源保障，其保障时间不宜小于 15min。

5）若采用开式冷却塔，补水箱（池）的容量宜按照不低于 12h 配置。

6）同一数据中心内液体管路设计原则应相同。

7）液泵、阀门等的设置应满足系统运行安全性及可维护性要求。

[条文] 6.3.1 气冷通道负荷计算

气冷通道冷负荷主要包括：不采用液冷散热的电子信息设备发热、供电等其他设备发热、建筑围护结构的传热、通过外窗进入的太阳辐射热、人体散热、照明装置散热、新风冷负荷。

气冷通道湿负荷主要包括人体散湿、新风湿负荷。

［条文］6.3.2　气冷通道配置要求

气冷通道的配置设计应满足下列要求：

1）气冷通道宜采用行间空调进行散热，模块内的两列设备采用面对面布置，通过冷通道封闭技术，使机柜气流组织形成前进风、后出风的气流组织形式。

2）气冷通道的冷源，应通过经济比较，合理采用相应的空调系统。

3）风冷型、冷冻（却）水型行间空调均按 $N+X$（$X=1\sim N$）冗余配置，行间空调以封闭通道为单元进行配置。

4）当采用集中式冷冻水空调系统时，须考虑避免单点故障。冷水机组、水泵、冷却塔、自然冷却用板式换热器（如有）均须按 $N+X$（$X=1\sim N$）冗余配置。

5）空调水管道系统的供回水主管宜采用双回路设计，互为备份。

6）若采用开式冷却塔，补水箱（池）的容量宜按照不低于 12h 配置。

7）对于 A 级机房，气冷系统的控制系统、末端冷冻水泵、空调末端风机应由不间断电源系统供电，其保障时间应大于气冷系统蓄冷装置的供应时间。

8）机房内水管应采用地板下走管方式，并做好相关防水、漏水告警和排水措施，避免水管或软管漏水后进入机架，应具备及时发现漏水并告警功能。

9）机房加湿宜采用湿膜加湿方式，以降低加湿能耗。

10）主机房应维持正压，新风量应按照人员、正压所需风量的最大值选取。

10.4.2　《非水冷板式间接液冷数据中心设计规范》

［条文］6.1.1　非水液冷散热系统负荷计算

主要包括采用非水液冷散热的电子信息设备发热，在设计阶段应明确场所承载电子信息设备的类型、典型配置、关键元器件能耗情况，并以其中采用非水液冷散热的高热流密度元件的最高发热量作为非水液冷散热系统的负荷。

数据中心内的各类电子信息设备应优先选择非水液冷技术进行散热，以尽量提高散热效率，降低 PUE。

［条文］6.1.2　非水液冷散热系统环境要求

非水液冷散热系统相关参数要求见表 10-13。

表 10-13　非水液冷散热系统相关参数要求

参数要求		参数值	备注
流体工作温度要求	流体工作温度范围(流体工作温度需高于数据中心内环境露点温度)	一次冷却环路供液:10~45℃,工作介质:非水绝缘工质	一次冷却环路非水冷却工质要求可见附录 D 的参考建议
		二次冷却环路供液:5~40℃,工作介质:水或乙二醇溶液	
流体存储的环境参数要求	存储温度和相对湿度范围	−40~70℃,长期 5%~85%无凝露,短期 5%~95%无凝露	

（续）

参数要求		参数值	备注
设计过程中，系统环境参数要求	海拔要求	对于建设在海拔超过 1000m 的机楼，最高环境温度应按海拔每增加 300m 降低 1℃进行设计	一次冷却环路非水冷却工质要求可见附录 D 的参考建议

[条文] 6.1.3　非水液冷散热系统配置要求

非水液冷散热系统的配置设计应满足下列要求：

1）应满足 24h 不间断运行。

2）散热单元、换热单元、动力循环设备等应按照 $N+X$（$X=1\sim N$）冗余配置。

3）内循环管路宜采用架空地板下走管方式，管路宜采用双回路设计，互为备份，系统须具备在线维护功能。

4）A 级数据中心及重要通信设备机房的空调末端及控制系统应设置不间断电源保障，散热系统不间断电源供电的后备时间应不小于电子信息设备不间断电源的后备时间。一般不间断电源供电时间不小于 15min。

5）若采用开式冷却塔，补水箱（池）的容量宜按照不低于 12h 配置。

6）同一数据中心内液体管路设计原则应相同。

7）液泵、阀门等的设置应满足系统运行安全性及可维护性要求。

8）为防止冷却液因泄漏或冷却液挥发而出现数据中心内环境变差而影响人员健康的问题，风口宜布置在冷却液易泄漏和挥发的管道、设备以及连接处的附近。

[条文] 6.1.5　一次冷却环路及 manifold 要求

一次冷却环路的管路除应满足数据中心基本要求外，还应满足以下要求：

1）manifold 应冗余备份，支持在线更换和维护，同时 manifold 顶部应设置排气阀。

2）管路使用材料与工质要求具有良好的兼容性，宜使用 304 以上不锈钢管路。

3）一次冷却环路的管路应确保洁净度，杂质粒径不得超过 $100\mu m$。

4）一次冷却环路的管路末端应支持便捷维护，维护不影响其他末端的运行，且末端插拔无泄漏。

5）正常工作液压小于等于 1MPa，管路承压能力不低于工作压力的 1.5 倍，最低不低于 0.6MPa。

6）正常工作液压大于 1MPa，管路承压能力则为工作压力加 0.5MPa。

7）管路设计应保证流量分配均匀，不均匀度推荐小于 20%。

[条文] 6.2.1　通风散热系统负荷计算

通风散热系统应满足除了采用非水液冷散热的通信设备以外的冷负荷以及湿负荷要求，冷负荷主要包括供电等设备的发热、剩余少量的通信设备发热、建筑围护结构的传热、通过外窗进入的太阳辐射热、人体散热、照明装置散热、新风等；湿负荷主要包括人员散湿和新风湿负荷。通风散热系统负荷应按照 GB 50174—2017 的要求进行计算。

[条文] 6.2.2　通风散热系统环境参数要求

通风散热系统环境设计参数依据 GB 50174—2017 的要求，并结合 GB 50736 的有关规定，同时应符合表 10-14 的规定。

表 10-14　通风空调系统环境要求

环境要求	参数值	备注
冷通道或机柜进风区域的温度	18～35℃	
冷通道或机柜进风区域的相对湿度和露点温度	露点温度宜为 5.5～15℃,同时相对湿度不宜大于60%	
主机房环境温度和相对湿度(停机时)	5～45℃,8%～80%,同时露点温度不宜大于27℃	
主机房和辅助区温度变化率	使用磁带驱动时,应小于5℃/h;使用磁盘驱动时,应小于20℃/h	不得结露,机房内可设置独立的除湿系统
开机时: 辅助区温度 相对湿度	18～28℃ 35%～75%	
停机时: 辅助区温度 相对湿度	5～35℃ 20%～80%	
电力电池室环境温度	20～30℃	

10.4.3　《单相浸没式直接液冷数据中心设计规范》

浸没式直接液冷散热系统一般由液冷机柜、冷量分配单元 CDU、冷源、循环管路、阀门、冷却液、检测系统组成,相关详细介绍参见本规范的附录 B、附录 C、附录 D、附录 E。浸没式直接液冷系统设计应根据数据中心的等级,按本规范附录 A 的要求执行。除应符合本标准规定外,未提及部分应遵循 GB 50174—2017 的有关规定。

[条文] 6.2.1　液冷机柜 (LCC)

液冷机柜安装要求如下:

1) 液冷主机房机柜布置应综合考虑机柜尺寸、房间布局、系统运行、使用要求、人员操作和安全等的要求。

2) 主机房内设备搬运通道净宽不应小于1.5m,每列机柜间的巡检和维修通道净宽不应小于0.8m。

机柜上方宜预留不小于1.2m的操作空间,以满足服务器上架或下架操作。

3) 正常使用的液冷机柜,如电子信息设备之间有空余 U 位,应安装盲板或填充块,来减少冷却液的使用量以及防止低温冷却液短路。

4) 液冷机柜应水平放置于平整、清洁的地方,远离尘土及异物。正面操作空间不宜小于0.8m,顶部不宜小于1.2m。

[条文] 6.2.2　冷却液管路

管路系统设计应符合以下要求:

1) 供液管路形成的高点、系统局部高点及末端高点设置自动排气装置,并保证排气装置可靠运行。

2) 管路系统设计采取措施保证各机柜之间水力平衡,管网上各末端的阻力偏差应≤10%。

3) 管路系统设计根据各机柜宜根据发热功率的不同,调节供液量,供液量宜采用供回液温差控制，实际供回液温差与设计值的偏差应≤10%。

4）根据数据中心的等级，按本标准附录A要求进行管路设计。

5）布置管道需考虑阀门和端口的可操作性，是否穿越防火墙或防爆墙等问题。同时考虑操作性、能耗和冗余。

6）管路的保温、消声材料和黏结剂，选用符合GB 50016—2014标准中难燃B1级以上材料。

7）根据冷却液的系统运行性能及参数选择管道材料和密封材料。

8）管道系统内部保持清洁，除在安装过程中必须清除管道内杂物外，安装完毕在进行系统强度试验或严密性试验前还需将系统内部管道，分段进行吹扫和清洗，根据系统特性选择合理方式，参见GB 50235—2010。

9）管路系统使用前进行压力试验。试验压力高于管路系统中的传感器或压力表的工作压力，应提前拆除或隔离。冷却液系统的试验压力为设计压力的1.5倍，但不应低于0.6MPa。试验压力稳定后，在120min内压力不得下降、外观检查无渗漏为合格。试验介质采用干燥空气或氮气。当进行压力试验时，应注意人身安全，无关人员不得进入试验区域。

[条文] 6.3 二次冷却环路

液冷分配单元提供热交换冷源的设计和选型应满足以下要求：

1）根据数据中心的等级，二次冷却环路设计满足附录A要求。

2）选择冷源设备时综合考虑室外环境气象参数，如干球温度和湿球温度，以及建筑物规模等因素。优先使用室外自然冷源进行散热，如干冷器或者冷却塔等设备。冷却液供液温度8~28℃，推荐采用机械制冷形式，冷却液供液温度25~50℃，推荐采用自然冷却形式。

3）当冷源设备采用干冷器时，保证干球温度与供液温度不宜小于10℃。

4）配置冷源设备时，如冷水机组（或换热器），冗余配置。

5）在防止冷冻水管结露的前提下可相应地提高供回水温度，降低冷源设备的功耗。

6）在冬季为了冷冻水管道结冰，可在冷冻水循环中添加防冻液降低水的凝固点，同时在选择防冻液时，应选择添加会导致混合液的物理性质和换热设备的性能产生变化较小的防冻液，一般常见的如乙二醇等。

7）二次冷却环路系统设计采用经济效益大的节能设计方案，尽可能地采用自然冷却和余热回收技术。

8）二次冷却冷源可根据情况选用单一形式的冷却设备或是多种冷却设备结合。

9）冷却水管进入液冷主机房时，确保配电列头柜远离水管，并在机房内设有漏水报警，同时设置防止水漫溢和渗漏措施。

[条文] 7.1 温湿度要求

液冷主机房、液冷设备间或其他有人员使用的辅助区域，应配备舒适性空调。机房的环境要求，应按表10-15的要求执行。

表 10-15 机房温湿度要求

环境要求	参数值	备注
主机房环境温度和相对湿度（停机时）	5~45℃，8%~80%，同时露点温度不大于27℃	不得结露
主机房环境温度和相对湿度（开机时）	18~30℃（推荐值），35%~75%	

（续）

环境要求	参数值	备注
辅助区温度、相对湿度（开机时）	18~28℃，35%~75%	
辅助区温度、相对湿度（关机时）	5~35℃，20%~80%	不得结露
不间断电源系统电池室温度	20~30℃	

［条文］7.2　机房内新风量

空调系统的新风量应取下列中三项的最大值：

1）按工作人员需求计算，每人 40m³/h。

2）维持室内正压所需风量。

3）主机房区域应满足按换气次数计算，新风量不小于 1 次/h。当采用氟碳类冷却液时，机房须设置气体泄漏检测报警装置，当室内冷却工质的气体浓度超过最大允许浓度的 25% 即报警。同时机房需开启事故排风装置，其中事故排风不小于 12 次/h。

10.4.4　《数据中心蒸发冷却空调技术规范》（TDZJN 10—2020）

［条文］2.0.1　干燥地区　dry area

夏季空气调节室外计算湿球温度小于 23℃ 的地区。

［条文］2.0.4　亚湿球温度　sub wet bulb temperature

蒸发冷却设备出风（出水）温度介于室外空气的湿球温度与露点温度之间，把这种状态的温度定义为亚湿球温度。

［条文］2.0.5　直接蒸发冷却（DEC）　direct evaporative cooling

空气和水直接接触，因水蒸发吸收汽化热而使空气温度下降。

［条文］2.0.6　一次空气　primary air

被冷却后送入机房供冷的空气，也称为产出空气。

［条文］2.0.7　二次空气　secondary air

与水接触使其蒸发从而降低换热器表面温度以冷却一次空气的辅助空气，也称为工作空气。

［条文］2.0.8　间接蒸发冷却（IEC）　indirect evaporative cooling

二次空气与水直接接触，通过热湿交换降低二次空气干球温度，一次空气通过间接蒸发冷却器被二次空气冷却的过程。

［条文］2.0.9　复合式蒸发冷却　composite evaporative cooling

一次空气经过直接蒸发冷却和间接蒸发冷却的复合过程而被冷却。

［条文］2.0.10　蒸发式冷凝　evaporative condenser

利用空气强制循环和喷淋冷却水的蒸发将制冷剂凝结热带走，此过程称为蒸发冷凝。

［条文］2.0.11　直接蒸发冷却效率　direct evaporative cooling efficiency

水直接蒸发冷却器（段）在试验工况下，进口空气和出口空气干球温度差与进口空气干、湿球温度差的百分比。

［条文］2.0.12　间接蒸发冷却效率　indirect evaporative cooling efficiency

根据间接蒸发冷却器（段）中制冷介质的不同，间接蒸发冷却效率如下：

当间接蒸发冷却段为空气-空气间接蒸发冷却器，在试验工况、不同一次空气与二次空气风量比下，回风和一次空气送风干球温度差值与回风干温度和二次空气湿球温度差值的百分比。

当间接蒸发冷却段为空气-表冷器间接蒸发冷却器，在试验工况、不同一次空气风量和表冷器水流量比下，空气进出口干球温度差值与制冷表冷器的二次空气干、湿球温度差值的百分比。

[条文] 2.0.13 亚湿球效率 sub wet bulb efficiency

间接蒸发冷却器（段）在试验工况下，室外空气湿球温度和出风湿球温度差值与室外空气湿球、露点温度差值的百分比。

[条文] 2.0.14 蒸发冷却全空气空调系统 evaporative cooling all-air air conditioning system

用蒸发冷却空调机组处理后的空气承担对应空调区全部显热负荷和湿负荷的空调系统。

[条文] 2.0.15 蒸发冷却空气-水空调系统 evaporative cooling air-water air conditioning system

用蒸发冷却空调机组处理后的空气与蒸发冷却冷水机组提供的冷水，通过空调区末端装置共同承担对应空调区全部显热负荷和湿负荷的空调系统。

[条文] 2.0.16 蒸发冷凝式散热空调系统 evaporative condensation heat dissipation air conditioning system

用蒸发冷却技术给冷水机组的冷凝器散热，制取的冷水通过空调区末端装置来承担空调区热负荷和湿负荷的空调系统。

[条文] 2.0.17 制冷耗水比 rated water consumption ratio of cooling

在额定工况下，机组额定制冷量与额定耗水量的比值，单位：$kW/(h \cdot kg)$。

[条文] 2.0.18 间接蒸发冷却风量比 air volume ratio of indirect evaporative cooling

间接蒸发冷却器中，二次空气风量与一次空气风量的比值。

[条文] 3.1.1 室内外设计参数

1）数据中心蒸发冷却空调技术规范室外空气计算参数可按照现行国家标准《工业建筑供暖通风与空气调节设计规范》（GB 50019）和《民用建筑供暖通风与空气调节设计规范》（GB 50736）选取。

2）数据中心蒸发冷却空调技术规范室内设计参数可按照现行国家标准《数据中心设计规范》（GB 50174）选取。

3）室内所需新风量应满足《数据中心设计规范》（GB 50174）中数据中心对新风量的要求。

4）根据室外气象参数可把全国分为以下三种不同类型的地区：

① A 类地区为湿球温度 $t_s < 23℃$ 的干燥地区。

② B 类地区为湿球温度 $23℃ \leqslant t_s < 28℃$ 的中等湿度地区。

③ C 类地区为湿球温度 $t_s \geqslant 28℃$ 的高湿度地区。

[条文] 3.1.2 空气处理方式

1）数据中心蒸发冷却空调空气处理方式应遵循以下原则；

① A 类地区（干燥地区）宜采用间接蒸发冷却，空气质量、气象条件、机房环境允许

的情况可采用直接蒸发冷却。

②　B 类地区（中等湿度地区）宜优先采用间接蒸发冷却+直接蒸发冷却。

③　C 类地区（高湿度地区）宜优先采用间接蒸发冷却+机械制冷。

2）在设计工况下，不同地区蒸发冷却效率宜不小于表 10-16 的值。

表 10-16　不同地区蒸发冷却效率推荐表

区域划分	湿球温度	DEC 效率	IEC 效率
干燥地区	$t_s < 23℃$	85%	65%
中等湿度地区	$23℃ \leqslant t_s < 28℃$	80%	60%
高湿度地区	$t_s \geqslant 28℃$	75%	55%

注：1. 表中湿球温度为夏季空气调节室外计算湿球温度。

2. 表中直接、间接蒸发冷却效率为推荐值。

3）蒸发冷却定风量空调系统宜采用机器露点温度送风，不宜在蒸发冷却器后设置再热调节装置对空气做升温处理。

4）空气冷却装置的选择，应符合下列规定：

①　采用循环水蒸发冷却或天然冷源时，宜采用直接蒸发冷却器、间接蒸发冷却器或其他空气冷却器。

②　采用人工冷源时，宜采用表面式空气冷却器或直接膨胀式空气冷却器。

③　采用循环水蒸发冷却或天然冷源时，水质应符合本规范 4.3 的要求。

[条文] 3.1.3　系统运行要求

1）蒸发冷却空调系统应用于数据中心时，应根据当地气象条件、自然资源条件、空气污染条件选择蒸发冷却冷水机组提供高温（中温）冷水的形式或蒸发冷却空调机组提供冷却空气的形式。

2）蒸发冷却技术应用于数据中心，可采用以下方式：

①　直接蒸发冷却空调机组。

②　间接蒸发冷却空调机组。

③　间接-直接多级蒸发冷却空调机组。

④　间接蒸发冷却+机械制冷（直接膨胀式冷却辅助）。

⑤　间接蒸发冷却+机械制冷（外接冷冻水冷却辅助）。

3）采用蒸发冷却技术为末端供冷设备使用时，宜以间接蒸发冷却空调机组为主，干燥地区且室外空气质量条件较好的情况下，可采用直接蒸发冷却空调机组或复合式蒸发冷却空调机组；若仅采用间接及直接蒸发冷却空调机组无法满足全年供冷需求时，应采用间接蒸发+机械制冷。全年系统运行方式包括干工况运行模式、湿工况运行模式、湿工况+机械制冷补充运行模式。

4）采用蒸发冷却技术为冷源设备使用时，当冷源设备无法保障夏季使用要求时，应补充机械供冷措施，全年系统运行方式包括蒸发冷却冷源独立供冷运行、蒸发冷却冷源与机械冷源串联或并联运行。当冷源设备无法保障冬季使用要求时，应考虑系统防冻措施，包括乙二醇自然冷却、氟泵自然冷却等方式。

5）当采用直接蒸发冷却、间接蒸发冷却或复合式蒸发冷却方式仍不能满足空气处理要求时，应采用机械制冷盘管进行二级冷却，且机械冷源应满足实时启动及按需变容量调节功能。

6）蒸发冷却空调系统应满足数据中心连续供冷需求。

[条文] 3.2.1 直接蒸发冷却全空气空调系统设计，应根据典型气象年全年室外空气状态参数、空气质量、送风状态参数、数据中心加（除）湿量等要求，进行技术经济比较分析。

[条文] 3.2.2 夏季空气调节室外计算湿球温度较低的干燥地区，在空气质量、送风状态参数满足要求时，空气处理宜采用直接蒸发冷却方式。

[条文] 3.2.3 蒸发冷却空调送风控制系统宜根据室外气象参数、室内空气状态点、送回风温度等来控制，空调系统送风温度应至少大于室内露点温度2℃。

[条文] 3.2.4 直接蒸发冷却全空气空调系统应按本规范附录 B 规定的内容进行热工计量，并应符合以下规定：

1）直接蒸发冷却段填料厚度应根据直接蒸发冷却效率、入口干湿球温度、迎面风速等经计算确定。

2）蒸发冷却器的迎风面风速宜采用 2~3m/s。

3）直接蒸发冷却设备的效率不宜小于 70%。

4）填料式蒸发冷却器填料厚度和填料比面积宜为 400~500m²/m³。

5）直接蒸发冷却装置的填料及喷嘴数量宜附加 15%~20% 的余量。

[条文] 3.2.7 直接蒸发冷却全空气空调系统应具有可靠的过滤功能，应设置粗效过滤器和中效过滤器，必要时可设置亚高效空气过滤器或化学过滤装置。

[条文] 3.3.1 夏季空气调节室外计算露点温度较低的地区，宜采用间接蒸发冷却空调系统。在严寒地区、寒冷地区宜优先选用间接蒸发冷却全空气空调系统。

[条文] 3.3.2 采用间接蒸发冷却空调的数据中心可根据机房IT设备负荷的分布特点调整数据中心内气流组织形式，模块化配置间接蒸发冷却空调设备，可采用屋顶式安装、四周式安装等方式。

[条文] 3.3.3 间接蒸发冷却全空气空调系统应按本规范附录 C 规定的内容进行热工计量，并应符合以下规定：

1）间接蒸发冷却空调机组可采用管式间接蒸发冷却器、板翅式间接蒸发冷却器、动力热管式间接蒸发冷却器等形式。

2）采用管式间接蒸发冷却器时，换热管内空气流速宜按 8~10m/s 取值。

3）机组结构应稳定、安全可靠，具有可靠的防雷设计。

4）蒸发冷却器在设计过程中应考虑因结垢等因素带来的冷量衰减。

5）机组应有良好的气密性，漏风率不应大于 1%。

[条文] 3.3.5 间接蒸发冷却空调机组的布置应符合下列规定：

1）在机房内布置时，应设置二次空气排风管并引出机房。

2）在室外布置时，应避免一、二次空气短路。

[条文] 3.4.1 采用蒸发冷却全空气空调系统的数据中心，符合下列条件时，宜采用蒸发冷却与机械制冷联合的空调系统：

1）间接蒸发冷却和直接蒸发冷却处理后的送风空气状态参数不能满足设计要求值。

2）经技术经济性分析之后，蒸发冷却与机械制冷联合的空调系统优于蒸发冷却全年运行的空调系统。

[条文] 3.4.3　采用蒸发冷却与机械制冷联合的全空气空调系统时，空气处理功能段的配置应满足夏季和过渡季节空气处理的需要，并应符合以下规定：

1）蒸发冷却段宜按适应当地过渡季节气候特征配置。

2）当设有集中制冷站时，空气处理机组内应配置低温冷水空气冷却器对空气进行热湿处理。

3）当未设置集中制冷站时，空气处理机组应配置制冷剂直接膨胀式空气冷却器对空气进行热湿处理。

[条文] 3.4.4　当采用蒸发冷却与机械制冷联合全空气空调系统时，经空气处理过程分析后，机械制冷补冷容量应根据20年极端气象条件进行计算配置，并经技术经济性综合分析后做出合理选择。

[条文] 3.5.1　应用于数据中心的蒸发冷却空气-水空调系统设备配置应符合以下要求：

1）当数据中心设有集中蒸发冷却冷水系统时，各机房空调末端设备由集中制冷站供冷，新风系统可采用蒸发冷却新风处理机组。

2）蒸发冷却新风处理机组宜配置空气冷却加湿段。

3）末端设备宜选用干式显热末端设备。

4）蒸发冷却冷水机组供水温度应满足设计要求。

5）应具备在线维护条件并满足日常运维需求。

[条文] 3.5.2　蒸发冷却空气-水空调系统的供回水温差应满足工艺设备供冷需求，并根据系统形式按以下原则确定：

1）蒸发冷却冷水机组仅对机房末端设备供冷，供回水温差宜综合当地湿球温度以及末端处理能力确定，一般供回水温差为5℃。

2）蒸发冷却冷水机组对机房末端设备与新风机组空气冷却器串联供冷时，供回水温差不宜大于10℃。

3）分别对机房末端设备与新风机组空气冷却器并联供冷时，供回水温差不宜大于5℃。

[条文] 3.5.3　蒸发冷却空气-水空调系统应设置一次管网系统和二次管网系统，且二次管网系统宜采用变流量系统。

[条文] 3.5.6　当蒸发冷却空气-水空调系统无法满足数据中心全年运行的要求时，应配置其他辅助冷源，辅助冷源的形式经技术经济比较确定。

[条文] 3.5.7　蒸发冷却空气-水空调系统的冷水流量应按照机房末端设备和蒸发冷却新风机组承担的机房负荷需要确定。

[条文] 3.5.8　位于中等湿度和高湿度地区的数据中心采用蒸发冷却空气-水空调系统时，新风系统宜采用蒸发冷却与机械制冷相结合的空气处理方式，水系统宜采用蒸发冷却冷水机组与机械制冷联合制取的冷水作为机房末端设备和新风机组的冷源。

[条文] 3.5.10　采用蒸发冷却新风机组对机房供冷时，应对新风的温度、相对湿度、空气含尘浓度等参数进行检测和控制。

[条文] 3.5.11　寒冷和严寒地区采用蒸发冷却空气-水空调系统时，冬季应对水系统

采取防冻措施，且保证机房不结露。

［条文］3.5.12 蒸发冷却空气-水空调系统中的冷水可供给到数据中心房间级空调末端、列间级空调末端、机架级空调末端中。

［条文］3.5.13 采用蒸发冷却冷水机组作为蒸发冷却空气-水空调系统的冷源时，应考虑不间断供冷需求，其补水箱（池）的容量宜按照不低于12h配置。

［条文］3.6.1 蒸发冷凝式散热空调系统应符合下列规定：

1）应结合数据中心建筑结构特点、技术可靠性及经济性综合分析做出合理设计。

2）蒸发冷凝式散热空调系统可包括蒸发冷凝式空调机组或蒸发冷凝式冷水机组。

3）冬季为防止系统结冰，蒸发冷凝式散热空调系统中的冷却水应全部排出，蒸发冷凝式空调机组或冷水机组可切换成风冷式。

［条文］3.6.2 蒸发式冷凝器的选择应符合下列规定：

1）蒸发式冷凝器在设计选型时，要充分考虑当地水质、环境对其产生的影响，计算时要根据设备的结构及材质考虑必要的污垢系数。

2）蒸发式冷凝器的类型、构造、材质应与空调系统的使用要求相适应，当选用钢管或不锈钢板作为换热材料时，板厚不能小于2.0mm。

3）应选择效率高、结构紧凑、使用寿命长、便于维护的产品。

4）应充分考虑防结垢措施，且应定期对其进行除垢清洗。

5）宜在排风口处设置挡水板，且应符合本规范7.3.4的规定。

6）设计时应预留维修空间，宜设置成模块化的产品。

7）寒冷和严寒地区应对蒸发式冷凝器采取防冻措施。

［条文］3.6.3 除使用地表水外，蒸发冷凝式散热空调系统中的冷却水应循环使用，且水质应符合本规范4.3.2的规定。

［条文］3.8.1 主机房空调系统的气流组织形式，应结合蒸发冷却空调的制冷形式，根据电子信息设备本身的冷却方式、设备布置方式、设备散热量、室内风速、防尘和建筑条件等综合确定，并宜采用计算流体动力学对主机房气流组织及室外全年气象参数进行模拟和验证。

［条文］3.8.2 采用蒸发冷却全空气空调系统的数据中心，宜采用地板下送风或弥漫式送风方式，采用活动地板下送风时，地板的高度应根据送风量确定，地板下送风的送风横截面风速不宜大于3m/s，送风距离不宜大于15m，且满足近端机柜的供冷要求。

［条文］3.8.3 采用蒸发冷却空调系统的数据中心应进行排风系统设计和风量平衡计算，在保证室内外一定压差的情况下，送排风应保持平衡。主机房应维持正压，主机房与其他房间、走廊的压差不宜小于5Pa，与室外静压差不宜小于10Pa。

［条文］3.8.5 数据中心蒸发冷却空调系统排风宜通过风道排出室外，且排风与新风不应形成短路。

［条文］3.8.7 数据中心采用全空气蒸发冷却空调系统宜采用"低处进风，高处排风"，建筑结构形式可采用以下几种形式：

1）宜将蒸发冷却系统与数据中心分层布置。

2）"鸡舍"风格设计，从建筑侧面进风，再由建筑顶部出风。

［条文］3.9.2 单独安装的直接蒸发冷却段应符合下列规定：

1）水泵压力应根据布水高度确定。

2）直接蒸发冷却填料的安装宜满足清洗、更换的需要。

3）水箱内应设有双水位自动控制器，保证箱内的水位，水箱应防止漏水和渗水。

4）填料厚度应根据蒸发冷却效率、直接蒸发冷却段进口干湿球温度、迎面风速等确定。

5）直接蒸发冷却段可采用不锈钢及铝箔或树脂浸渍纸材料。

[条文] 3.9.3　间接蒸发冷却机组相关配置应符合以下要求：

1）间接蒸发冷却机组可以设计自带风阀，风阀应进行技术经济性综合分析选择，必要时可选配防火阀。

2）间接蒸发冷却机组电气线根据电流值大小来选择合适的线材。

3）间接蒸发冷却机组应根据数据中心等级需求，可配置双路供电接口。

4）间接蒸发冷却机组断路器电流小于 63A 时采用微型断路器，电流大于 63A 时采用塑壳断路器。

5）间接蒸发冷却段二次空气出口处应设置挡水装置。

6）间接蒸发冷却段材料应采用金属铝箔或高分子塑料材料。

[条文] 3.9.4　间接蒸发冷却冷水机组应符合下列规定：

1）应采取防风、防渗雨、防冻、防腐蚀措施。

2）冬季停用时对风机和盘管应采取防护措施。

3）应避免进风与排风短路。

4）应设排水口、溢水口，排水、溢水应畅通，且应无渗漏和从水箱中直接溢水现象。

7）数据中心用蒸发冷却空调系统风管内的空气流速宜按表 10-17 选用。

表 10-17　蒸发冷却空调系统的风管内的空气流速推荐表

室内允许噪声级/dB(A)	主管风速/(m/s)	支管风速/(m/s)	出风口/(m/s)
<35	3.0~4.0	≤2.0	1.2~1.8
35~50	4.0~7.0	2.0~3.0	1.5~2
50~65	6.0~9.0	3.0~5.0	2.5~4

[条文] 4.1.1　直接蒸发冷却系统还应设置粗效或中效过滤器，必要时可设置化学过滤器装置，末级过滤装置宜设置在正压段。

[条文] 4.1.2　空气过滤器效率应符合现行国家标准《空气过滤器》（GB/T 14295）的规定，并宜选用低阻、高效、能清洗、难燃和容尘量大的滤料制作。

[条文] 4.2.1　蒸发冷却通风、空调系统应按以下规定设置空气过滤器：

1）蒸发冷却通风系统，由室外直接进风的蒸发冷却机组内宜设置粗效空气过滤器，必要时可设置中效或高效空气过滤器。

2）蒸发冷却空调系统，新风应经粗效过滤器处理，新、回风混合后应经中效过滤器处理。

3）蒸发冷却空调系统的新风粗效过滤器应满足全新风运行时的过滤风速和阻力要求。

[条文] 4.2.2　风沙较大、杨柳絮较多地区，全年运行的蒸发冷却通风、空调机组宜设置进气过滤装置防止换热器出现堵塞。

[条文] 4.2.3 直接蒸发冷却机组的空气过滤器选择应符合以下要求：

1）防火性能不应小于现行国家标准《建筑材料及制品燃烧性能分级》（GB 8624）中B1级标准。

2）宜采用干式过滤器。

3）过滤器应可清洗、可更换，拆装方便、清洗简单。

4）过滤器前宜设置金属网格，网孔尺寸不宜大于 10mm×10mm。

[条文] 4.3.1 数据中心蒸发冷却循环水补充水系统的水源选择宜符合下列要求：

1）开式循环水系统补水可采用工业水、生活水。

2）闭式循环水系统补水可采用化学除盐水、软化水和生活水。

[条文] 4.3.2 蒸发冷却循环水及补充水水质应符合表10-18的规定。

表 10-18　蒸发冷却循环水及补充水水质要求

检测项	单位	直接蒸发		间接蒸发	
		补充水	循环水	补充水	循环水
pH(25℃)	—	6.5~8.5	7.0~9.5	6.5~8.5	7.0~9.5
浊度	NTU	≤3	≤3	≤3	≤6
电导率(25℃)	μS/cm	≤400	≤800	≤400	≤800
总硬度(以 $CaCO_3$ 计)	mg/L	≤80	≤160	≤100	≤200
总碱度(以 $CaCO_3$ 计)	mg/L	≤150	≤300	≤200	≤400
Cl^-	mg/L	≤100	≤200	≤150	≤300
总铁	mg/L	≤0.3	≤1.0	≤0.3	≤1.0
硫酸根离子(以 $SO4^{2-}$ 计)	mg/L	≤250	≤500	≤250	≤500
NH_3-N	mg/L	≤0.5	≤1.0	≤5	≤10
CODcr	mg/L	≤3	≤5	≤30	≤60
菌落总数	CFU/mL	≤100	≤100	—	—
异氧菌总数	个/mL	—	—	—	—
有机磷(以 P 计)	mg/L				

[条文] 4.3.3 闭式冷水循环系统的水质应符合表10-19的规定。

表 10-19　闭式冷水循环系统水质要求

检测项	单位	补充水	循环水
pH(25℃)	—	7.0~9.5	7.6~10
浊度	NTU	≤5	≤10
电导率(25℃)	μS/cm	≤600	≤2000
Cl^-	mg/L	≤250	≤250
总铁	mg/L	≤0.3	≤1.0
钙硬度(以 $CaCO_3$ 计)	mg/L	≤300	≤300
总碱度(以 $CaCO_3$ 计)	mg/L	≤200	≤500
溶解氧	mg/L	—	≤0.1
有机磷(以 P 计)	mg/L	—	≤0.5

［条文］4.3.4　蒸发冷却空调系统在全年运行过程中，蒸发冷却循环水及补充水水质不满足要求时，应分别设置水质处理装置。

［条文］4.3.5　蒸发冷却机组内的循环水系统宜采用以下防垢措施：

1）当循环水电导率超过本规范4.3.2要求时，及时排污。

2）定期加药，pH 值控制在 7.0~9.5 范围内。

［条文］4.3.10　蒸发冷却空调循环水处理的常用方法，主要分为三大类：物理法、化学加药法及臭氧法。针对各蒸发冷却设备系统，根据设备在数据中心现场运行的不同情况宜采取相应的水质处理方法和设置相应的循环水水质控制装置。

［条文］4.4.3　蒸发冷却空调系统的补水系统应按照设计工况下最大小时耗水量设计。

［条文］4.4.4　蒸发冷却空调机组内设置自动水位控制器，补水装置应能快速自动补水。

［条文］5.1.1　蒸发冷却空调系统宜设置监测和控制系统，内容应包括参数检测、参数与设备状态显示、自动调节与控制、工况转换、设备连锁与自动保护、能量计量以及中央监控与管理等。具体内容和方式应考虑项目的功能与要求、系统类型、设备运行时间以及管理的要求等因素，通过技术经济比较确定。

［条文］5.1.6　监控系统测量元件的安装位置应符合下列要求：

1）就地测量仪表应安装在易观察、检修和操作处。

2）测量室内参数的测量元件应设在不受局部热源影响、空气流通的地点，避免装设在经常开启的门旁。

3）测量管道系统运行参数的测量元件应安装在直管段上。

4）测量元件设在风管内时，应装设在气流稳定段的截面中心。

5）安装在易燃易爆区域内的测量元件应采用防爆型。

［条文］5.1.7　设备监控系统设计应符合下列规定：

1）设备监控系统应支持开放式系统技术，宜建立分布式控制网络。

2）应选择先进、成熟和实用的技术和设备，符合技术发展的方向，并容易扩展、维护和升级。

3）自动控制的软件应是可扩展可编辑调整的。

4）选择的第三方子系统或产品应具备开放性和互操作性。

5）应从硬件和软件两方面充分确定系统的可集成性。

6）根据系统的功能、重要性等确定采取冗余、容错等技术。

［条文］5.2.2　蒸发冷却控制系统宜包括以下功能：

1）室内风机、水泵，室外风机、水泵，压缩机纳入控制系统。

2）控制系统应采用自动控制。

［条文］5.2.3　控制系统宜纳入设备监控系统，通信协议应满足设备监控系统的要求。

［条文］5.2.4　控制系统应根据数据中心的等级要求配置不间断电源系统。

［条文］5.3.4　蒸发冷却空调系统宜对以下参数进行监测：

1）室内外空气温度、相对湿度。

2）送风，回风，新风、回风混合点的温度和相对湿度。

3）加热介质参数。

4）冷却介质的进出口温度、压力。

5）空气过滤器进出口压差及越限报警。

6）风机、水泵，换热器、加湿器等设备运行状态及风阀开度。

7）补水装置运行状态、水流量。

8）多工况运行的系统监控。

9）调节阀的阀位。

10）故障报警装置。

11）如有补充制冷，压缩机冷却系统应符合相关标准的监测要求。

［条文］5.3.5　蒸发冷却空调系统中对于水质监测应符合下列规定：

1）蒸发冷却循环水系统应设置水质监测取样装置，定期对循环水的水质进行化验分析。

2）水质监测参数宜根据蒸发冷却空调系统使用性质确定，水质监测参数包含以下内容：

① pH 值。

② 浊度。

③ 电导率（25℃）。

④ 总硬度（以 $CaCO_3$ 计）。

⑤ 总碱度（以 $CaCO_3$ 计）。

⑥ Cl^-（以 Cl^- 计）。

⑦ 总铁（以 Fe 计）。

⑧ SO_4^{2-}（以 SO_4^{2-} 计）。

⑨ 氨氮。

⑩ COD。

⑪ 直接蒸发机组增加菌落总数。

⑫ 间接蒸发机组增加异氧菌总数，磷酸盐（以 P 计）、有机磷。

［条文］6.2.1　应当将蒸发冷却设备作为一个整体进行安装，配套的风管系统应满足《通风与空调工程施工质量验收规范》（GB 50243）和《通风管道技术规程》（JGJ 141）的有关规定。

［条文］6.2.3　空调设备的安装位置应符合设计要求，还应满足冷却风循环空间的要求。

［条文］6.2.4　蒸发冷却设备进、排风口应配防护网或其他安全措施，可由设备整体配套或由现场配套。当由现场配套时，风口规格、位置及方向应满足设备进风或排风的需求，不得造成进、排风气流短路，当需要配套风管时，其安装位置、支撑位置应符合设备的安装要求和通风管道安装规定。

［条文］6.2.5　安装在室外的设备及风管应根据工程所在地气候条件采取保温、防冻、隔热或防雨、防紫外线措施。

［条文］6.2.6　现场装配式蒸发冷却设备安装时应符合下列要求：

1）安装前应按部件清单校核组件的型号、规格、参数。

2）确认现场基础尺寸、预埋件等条件符合安装要求。

3）安装时应保障气流、水流方向正确，各功能段应按顺序组装并连接牢固可靠。

4）固定风管时，不宜在风管连接处、风阀安装处及传感器的安装点设置固定支架。

5）风管相关部件安装应牢固可靠，安装完成后应进行相关工序检验。

6）各功能段的组装应符合设计规定的顺序和要求，且各功能段之间的连接应严密，整体应平直。

7）机组的框架应具有耐腐蚀及防锈能力，且无扭曲、变形现象。

8）应符合产品安装说明的规定。

9）喷水管和喷嘴的排列、规格、填料等直接蒸发冷却器部件的安装位置、间距、角度及方向应符合产品安装说明的要求，且连接应牢固紧密。

10）水箱及与水接触的材料应具有耐腐蚀性，且应无扭曲、变形和渗漏。

11）间接换热器内部之间通道的密封应严密，不应出现串风及串水的现象。

12）空气过滤器应清洁，安装应平整牢固，方向正确，过滤器与框架、框架与围护结构之间应严密且无穿透缝。

13）机组表冷式换热器、加热器及管路应在最高点处及所有可能积聚空气的高点处设置排气阀，在最低点处应设置排水点及排水阀。

14）机组安装完毕应做漏风量检测，漏风量应符合现行国家标准《组合式空调机组》（GB/T 14294）的有关规定。

［条文］6.3.2　设备与管道连接处应采取防漏和防结露措施。

［条文］6.3.3　设备与管道连接应为柔性接管，与柔性短管连接的管道应设置独立支架。

［条文］6.4.1　室外设备、管道、阀门附件等应有防腐、绝热、防紫外线及其他必要的保护措施。

［条文］6.4.2　当采用电伴热防冻措施时，应配套具有超温报警功能及实时状态监测功能的监控设施。

［条文］6.4.3　室外型设备的防腐绝热材料应采用难燃材质，且应优先采用闭孔材料。

［条文］6.4.4　风管、水管的防腐处理应按《工业大设备及管道防腐蚀工程施工规范》（GB 50726）和《工业设备及管道防腐蚀工程施工质量验收规范》（GB 50727）的有关规定执行。

［条文］7.1.1　系统调试前，应编制调试方案，并应报送专业监理单位审核；试运行与调试应做好记录，调试结束后应提供完整的调试资料和报告。

［条文］7.1.2　系统调试所使用的测试仪器和仪表的精度等级应满足测试的要求。

［条文］7.1.3　按照本规范的规定完成综合测试工作，测试结果应符合设计文件的要求。

［条文］7.1.4　系统调试及验收内容，除应执行本规范外，尚应符合现行国家标准《通风与空调工程施工质量验收规范》（GB 50243）、《建筑给水排水及采暖工程施工质量验收规范》（GB 50242）、《建筑电气工程施工质量验收规范》（GB 5030）的有关规定。

［条文］7.2.1　系统调试应在设备安装调试合格后进行。先进行空调系统设备单机调试，单机调试完毕后应根据设计指标进行联合试运转及系统调试。

［条文］7.2.2　空调系统调试前应先对系统进行渗漏检查。试验标准参考现行国家标

准《通风与空调工程施工质量验收规范》（GB 50243）的规定要求。

[条文] 7.2.3 调试内容包括温度、相对湿度、风量、风压、冗余备份功能的调试，满足参数要求。

[条文] 7.2.4 设备单机试运转及调试应符合下列规定：

1）空调机组中的风机叶轮旋转应方向正确、运转平稳、无异常振动与声响，电动机功率应符合设备技术文件的规定。在额定转速下连续运行 2h，滑动轴承外壳最高温度不得超过 70℃，滚动轴承不得超过 80℃。

2）水泵叶轮旋转应方向正确，无异常振动与声响，紧固连接件无松动，电动机功率应符合设备技术文件的规定。在额定转速下连续运行 2h，滑动轴承外壳最高温度不得超过 70℃，滚动轴承不得超过 75℃。

3）间接蒸发冷却冷水机组、蒸发冷却空调机组试运行不应小于 2h，运行应稳定、无异常振动，噪声应符合设备技术文件的规定。

4）机组补水、泄水、排污水阀的操作应灵活、可靠，信号输出应准确。

5）蒸发冷却空调机组直接段和冷水机组应无明显的带水、溅水现象，喷嘴应能将水均布且无堵塞。

6）蒸发冷却空调机组、冷水机组运行应稳定、无异常振动，噪声应符合设备技术文件的规定。

[条文] 7.2.5 系统联合试运转及调试应符合下列规定：

1）设备与主要部件的联动应符合设计要求，动作应正确，且无异常现象。

2）空调设备各风口风量与设计风量的偏差不应大于 15%。

3）水系统应冲洗干净，不含杂物，并应排除管道系统中的空气，系统连续运行应正常、平稳；水泵的压力和水泵电动机的电流不应出现大幅波动，空调冷水的总流量、主干管冷水流量测试结果与设计流量的偏差不应大于 10%。

4）房间内空气的温湿度、噪声应符合设计要求。

5）各种自动计量检测元件和执行机构应运作正常，且应正确显示系统的工作状态，设置连锁、自动调节、自动保护应能正确动作。

6）多台间接蒸发冷却冷水机组运行时，各机组制冷量与水流量应达到均衡一致。

[条文] 7.3.1 工程竣工验收应符合现行国家标准《建筑工程施工质量验收统一标准》（GB 50300）中的有关规定。其中，各部分的质量验收均应合格，质量控制资料、有关安全和功能的检测资料应完整。

[条文] 7.3.2 交接验收应由施工单位、建设单位或监理单位共同进行，并应在验收记录上签字。

[条文] 7.3.3 竣工验收整理的归档及移交文件应符合现行国家标准《建设工程文件归档规范》（GB/T 50328）的有关规定。

[条文] 7.4.1 工程综合效果检验条件应符合下列要求：

1）测试区域所含的各分部、分项工程及设备质量均应自检合格。

2）检验前应对空调系统进行清洁处理，空调系统连续运行不应少于 24h。

[条文] 7.4.2 工程交工前，应进行系统带负荷综合效果检验。

[条文] 7.4.3 工程应在满足接近设计文件中规定的室外气候条件下进行综合效果

检验。

[条文] 7.4.4　空调系统的技术指标及性能和功能的测试应符合设计文件、技术文件和本规范的要求。

[条文] 7.4.5　测试温度、相对湿度的仪表精度等级不应低于 2 级。

[条文] 7.4.6　综合效果检验可包括下列内容：

1）送、回风口空气温度、相对湿度和风量的测定。

2）机组空调温度、相对湿度、风量、水温、水量的测定。

3）室内空调温度、相对湿度的测定。

4）室内噪声的测定。

5）室外空气温度、相对湿度的测定。

6）蒸发冷却设备各功能段性能的测定。

7）各设备电压、电流、耗电功率的测定。

10.4.5　《液/气双通道散热系统通用技术规范》（T/CIE 050—2018）

本标准规定了液/气双通道散热系统在散热子系统、供电子系统、智能化子系统、整系统指标等的关键技术要求。

[条文] 4.1　液/气双通道散热系统应符合本标准，本标准未明确的内容应符合 GB 50462 等国家、行业及机房所在地现行的有关标准、规范。

[条文] 4.2　液/气双通道散热系统以散热子系统为主体、以供电子系统和智能化子系统作为辅助，共同保障电子信息设备安全运行、数据中心整体绿色节能。其总体架构如图 10-3 所示。

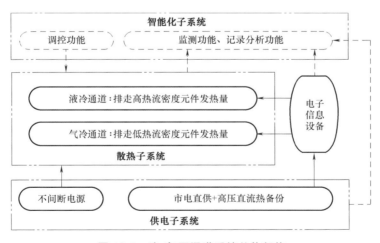

图 10-3　液/气双通道系统总体架构

[条文] 5.1.1　液冷通道总体架构

液冷通道是实现整个系统绿色节能的关键，其总体架构如图 10-4 所示。

[条文] 5.1.2　智能化功能

1）应具备内、外循环进出水温度、流量自检测功能。

2）应具备来电自启动、漏水自检测和告警、远程监控功能。

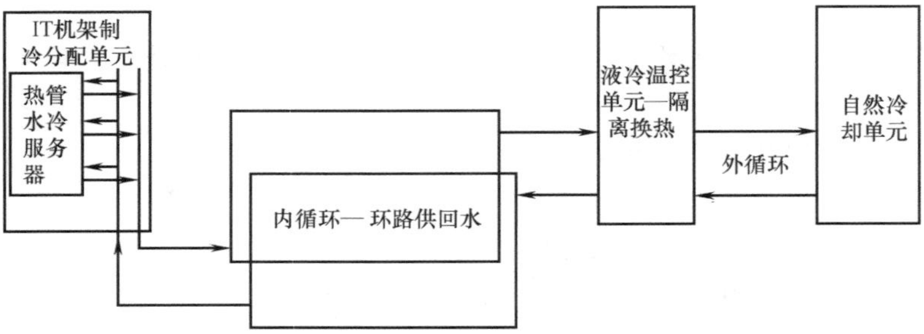

图 10-4　液冷通道总体架构

3）应具备自动补液功能。

4）应具备设备故障自动切换、计划性轮换功能，并宜设置主要仪器故障维修旁路。

[条文] 5.1.3.2　温度控制功能

[条文] 5.1.3.2.1　温度常规控制功能通过调节外循环液泵频率、水流量，应可实现内循环供水有效控温。

[条文] 5.1.3.2.2　温度下限控制功能。

应具备外循环旁通机制，当外循环液泵频率达到最小值，内循环供水温度仍然偏低，可启动该旁通机制来提高内循环供水温度。内循环供水温度不应低于 20℃，且液冷通道内循环管路不应结露。

[条文] 5.1.3.2.3　温度上限控制功能。

电子信息设备满负载运行条件下，内循环系统应能进行自动调节，使得当外界大气湿球温度低于 28℃ 时，内循环供水温度不高于 35℃，当外界大气湿球温度超过 28℃ 时，内循环供水温度相比外界大气湿球温度的升温值不得超过 7℃。

测试方法：从智能化系统读取温度值。

[条文] 5.1.3.3　压力控制功能及密闭性

压力控制功能及密闭性要求如下：

1）通过调节内循环水泵频率，应可控制内循环管路各处压力、区间压差，且任意处工作压力不应高于 0.6MPa。

2）压差下限控制。应具备内循环旁通机制，当内循环水泵频率达到最小值，内循环供回水压差仍然偏大时，可启动该旁通机制来降低内循环供回水压差。

3）内循环管路系统安装完毕，外观检查合格后，应按设计要求进行水压试验，管路须在试验压力为 1.0MPa 的条件下稳压 10min，压力变化不大于 0.02MPa，外观检查无渗漏。

测试方法：从智能化系统读取压力值。

[条文] 5.1.3.4　液冷分配单元

液冷分配单元应采用可插拔逆止防漏快速接头（电子信息设备端）和高承压的柔性耐腐蚀软管组成，实现快速防漏液插拔、便捷维护。

宜按标准机柜附加门框式设计，能与标准机柜匹配安装。

[条文] 5.1.3.5　液冷通道内、外循环工质指标

下列要求适用于内、外循环均采用水作为循环换热工质的场景。

1）液冷通道循环水体管路应具备杀菌（缓蚀阻垢，杀菌灭藻）、过滤等水处理功能，

防止循环水在管道系统中产生结垢等情况，影响液冷通道系统换热性能。

2）液冷通道内循环水质应符合 GB/T 29044—2012 中 4.2 的要求。

3）液冷通道外循环若采用开式水循环系统，水质应符合 GB/T 29044—2012 中 4.1 的要求。液冷通道外循环若采用闭式水循环系统，水质应符合 GB/T 29044—2012 中 4.3 的要求。

测试方法：按 GB/T 29044—2012 中 5.2 要求执行。

［条文］5.1.4　循环管路

循环管路应满足下列要求：

内循环管路宜采用不锈钢管等耐腐蚀的管材，内循环管路与液冷分配单元应采用柔性耐腐蚀软管总成。

内循环管路应于架空地板以下走管，应采用环路供回水设计等具备单点故障隔离功能的管路配置方案，以提高机架之间供液平衡度和故障保护能力。

［条文］5.2　气冷通道

气冷通道应满足下列要求：

1）气冷通道冷量设计应满足除液冷通道冷量之外的散热、除湿需求，满足正常运行条件下 IT 设备运行环境设计要求。

2）在外界环境湿球温度不大于 28℃、所有电子信息设备满负载运行、液冷通道内循环供水温度不超过 35℃条件下，气冷通道换热设施需能进行自动调节，使得电子信息设备进风温度不超过 30℃（或电子信息设备要求进风温度，取两者的低值）、不低于 18℃。

测试方法：从智能化系统中读取温度值。

10.5　相关白皮书

10.5.1　《绿色数据中心白皮书》—2019

第三章　绿色数据中心技术现状

一、绿色数据中心技术概述

绿色数据中心、绿色基站、绿色电源等相关的先进技术，对节能效果显著的微模块产品、液态制冷、冷热通道隔离、液冷服务器、自然冷却系统、高频模块化 UPS、分布式 HVDC、高送风地板、冷水机柜等产品进行重点推介，针对数据中心节能产业链条，规划出不同的节能技术选项和技术分类。统筹数据中心布局、服务器、空调等设备和管理软件应用，选址考虑能源和水源丰富的地区，利用自然冷源等降低能源消耗，选用高密度、高性能、低功耗主设备，积极稳妥引入虚拟化、云计算等新技术；优化机房的冷热气流布局，采用精确送风、热源快速冷却等措施，这些技术已经实践检验，属于节能效果显著、经济适用、有实施案例的成熟节能技术。

同时也要对节能技术进行系统评价，仅从某一层次孤立解决节能问题的战略，不但不能使节能效果最大化，相反可能降低基础设施的功能，增大建设和运营成本。数据中心综合节能策略组合如图 10-5 所示。

1. 提高制冷系统效率的主要方向

传统的未进行节能规划设计的数据中心，制冷系统的能耗是 IT 设备的 1.4 倍左右。经

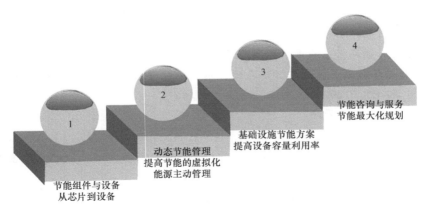

图 10-5　数据中心综合节能策略组合

过精心规划设计并最大可能采用节能的制冷方案和设备后，在 IT 设备满负荷时，制冷系统能耗与 IT 设备能耗之比，在没有自然冷源的环境下可降到 0.5 左右，而在全年都有自然冷源的环境下，可降到 0.2 左右。除提高设备容量利用率以提高制冷设备的工作效率之外，节能改造的要点如下：

减少和消除机房内冷热气流混合，改善冷却效果；防止冷热气流混合，可提高机房专用空调机的回风温度。具体措施包括机架隔板配置、机房冷热通道布局、空调设备的正确安放、冷通道或热通道封闭。

缩短冷热气传输距离，减少传输阻力。相关技术涉及 IT 机房面积和长宽尺寸、送风方案（下送上回或上送下回）、是否铺设送风和回风管道、下送风地板高度、房间层高、线缆铺设方案等一系列内容。

直接利用自然冷源，大幅度降低制冷功率；可利用地下水或地表水作为冷源，或利用部分地区冬季或春秋季室外温度较低空气作冷源。这就涉及数据中心选址、冷源的采集、传输和热交换方法问题。

改造提高空调的性能，包括使用涡旋式压缩机；使用变频技术空调机组；适当放大冷凝器，增加散热面积，降低冷凝温度、提高制冷系数；添加冷冻油添加剂，减阻抗磨，增强冷凝器和蒸发器的换热；夏季对风冷冷凝器进行遮阳，水雾降温等措施。

在方案设计阶段，应对多种方案进行技术经济比较，选取节能型的空调系统，如：带板式换热器的水冷型冷水机组，带乙二醇自然冷却系统的空调机，带氟泵节能模块的机房专用空调机等。大型数据中心还可以进一步考虑采用冷热电三联供方案（燃气内燃发电机产生的余热，供吸收式冷水机组制冷和冬季采暖用）。

提高建筑物围护结构热工性能；合理控制窗墙比；采用新型墙体材料与复合墙体围护结构；采用气密性好的门窗；尽量采用具有隔热保温性能的吸热玻璃、反射玻璃、低辐射玻璃等，避免使用单层玻璃；机房围护结构应严格密封，减少漏风量等。

随着科技的进步和电子技术的不断发展，IT 设备电子元器件的可靠性、耐热性得到了进一步的提升，低耗能 CPU 系统也已涌现，使得 IT 设备对环境温度的苛刻要求得到进一步缓解，也为机房环境温度的提升创造了条件。因此，适当提高机柜进风温度，可以减少空调系统的能耗，同时针对单机柜功率较大的情况下，大力推广液冷系统。数据中心制冷节能产品与技术细分见表 10-20。

表 10-20　数据中心制冷节能产品与技术细分

产品名称	节能技术及效果	应用场合
氟泵机组	自然冷源技术:过渡季节及冬季采用氟泵循环的技术,减少压缩机开启的时间,节能效果可达 30%	北方各地区的各种数据中心均可
地板送风机组	气流组织:采用高效风机技术,风机功率低;采用气流组织优化的技术	机房气流组织不良的场合
湿膜机组	其他:采用湿膜加湿技术,加湿过程无须加热水,减少电功率消耗,也避免了普通加湿带来的额外热负荷,节电量高达 90%	需要加湿的数据中心
热管空调机组	采用热管技术,过渡季节及冬季开启,能效可达 10W/W	北方各地区的各种数据中心均可
热管背板机组	采用热管技术以及贴近热源送风技术,提升回风温度,减少风机功率消耗	各种数据中心均可
定点制冷机组	采用热管技术以及贴近热源送风技术,提升回风温度,减少风机功率消耗	局部有热点的场合,气流组织不良的数据中心
模块化数据中心	气流组织:封闭冷通道,进行冷热气流隔离	各种数据中心均可
室外冷凝器二次冷却	改善室外机散热:采用水冷的方式进行二次散热,优化室外散热	炎热地区数据中心

2. 提高水资源利用效率的主要方向

提高供水温度:在冷机开启的时间段内,提高冷却水温度,不仅仅节省冷塔风扇做功消耗的电量,而且还会使水蒸发量有所减少。在冬季板式换热器开启的时间段,提高冷冻水供水温度,使冷却水温提升(板换开启后冷却水直接给冷冻水降温),蒸发量也有所减少。

提高冷却水浓缩倍数:冷却水做水处理加药,必定要配合着排污来控制冷却水的浓缩倍数,从而控制冷却水中钙镁离子的含量,延缓管道及设备结垢。一般情况做水处理的厂商会建议 4 倍浓缩倍数,跟进每周检测补充水的电导率调整冷却水排污电导率设定值。由于冷却水排污量比较大,尝试逐步提升排污电导率设定,控制冷却水浓缩倍数在 5 倍左右。

提高反渗透进水水质及温度:适当增加反渗透膜的数量或提升进水水质,会提高产水量,减少废水排放。进水水温每提升 1℃,产水量会提升 2.5%~3.0%(以 25℃ 为标准)。

适当安排设备日常维护:数据中心有一项例行维护是冷塔清洗,最初的清洗频次为每月一次,后来由于冷却水系统做了加药处理后,清洗频次修改为累计运行 2 个月后清洗,这样安排后就更加合理,不仅仅节省了人力成本,也提供了数据中心用水效率。

废水污水处理二次利用:对数据中心排放的废水(冷却水排污、冷凝水、生活用水等)回收再利用。对于雨水充足地区可做雨水收集利用。

3. 提高可再生能源利用效率的主要方向

数据中心的能耗问题已经引起了全球的广泛关注,对计算机系统可持续能力的设计已不可避免。虽然可再生能源具有间歇不稳定的特点,但是设计可再生能源驱动的数据中心除了可以降低数据中心的碳排放外还有许多其他的好处。

4. 提高资源循环利用的主要方向

数据中心每天都产生大量的废热,如果允许数据中心热源接入城市供热系统,同时接收供热、开放区域供热，使用专门用于热回收的热泵，热泵的冷凝器侧与区域供热系统进行热交换，在那里传递热量，而不是将其散发到外部空气中。

数据中心热回收可以以两种方式进行。其一是数据中心可以使用热泵生产自己的冷却，并在合适的温度下将多余的热量排入区域供热网络。其二是采用数据中心的多余热量通过回水管被运送到生产工厂，在生产工厂中多余的热量进入大型集中式热泵的蒸发器侧，为区域供热网络供热。

二、绿色数据中心技术方向

1. 数据中心主要节能方向分析

数据中心制冷设备是为保证 IT 设备运行所需温、湿度环境而建立的配套设施，主要包括：①机房内所使用的空调设备，包括机房专用空调、行级制冷空调、湿度调节设备等；②提供冷源的设备，包括风冷室外机、冷水机组、冷却塔、水泵、水处理等；③如果使用新风系统，还包括送风、回风风扇、加/除湿设备、风阀等。在当前中国数据中心建成后，电费占运维总成本 60%～70%，而空调所用电费在其中占 40%左右。在纯产品的角度上看，机房精密空调为了节能，主要利用冷水机组、free cooling、精确送风、氟泵等多种节能方式和产品类型。相关分析见表 10-21、表 10-22、图 10-6。

表 10-21　数据中心液冷与风冷的比较分析

优势	指标	风冷	冷板式	浸没式
节能	PUE	1.6	1.3 以下	1.2 以下
	数据中心总能耗单节点均摊	1	0.67	0.58
成本低	数据中心总成本单节点均摊(量产后)	1	0.96	0.74
节地	功率密度/(kW/机柜)	10	40	200
	主机房占地面积比例	1	1/4	1/20
CPU 可靠	核温/℃	85	65	65
机房环境	温度、湿度、洁净度、腐蚀性气体(硫化物、盐雾)	要求高	要求高	要求低

表 10-22　数据中心制冷的模式分析

每平方米功率	数据中心密度	制冷方式
1.2kW/机柜以下	超低密度数据中心	房间级-风冷
1.2～2.7kW/机柜	低密度数据中心	房间级-风冷
2.7～7.5kW/机柜	中、低密度数据中心	行间级-风冷;水冷
7.5～18kW/机柜	中、高密度数据中心	行间级-水冷;液冷-冷板式
18～30kW/机柜	高密度数据中心	液冷-冷板式;液冷-浸没式

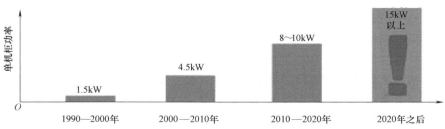

图 10-6　中国数据中心单机柜功率密度分析及预测

三、绿色数据中心先进适用技术

10. 数据中心浸没式液冷技术

将 IT 设备完全浸没在冷却液中直接散热，冷却液通过小功率变频泵驱动，循环到板式换热器与水循环系统换热，水循环系统再将换取的热量带到冷却塔进行冷却。通过液体的沸点的不同，可以分为两种形式，相变和非相变。相变是散热过程中液体从液态到气态再到液态的一种转换；非相变表现形式和相变有一些差异，在热交换过程当中，液体的形态是没有发生变化的。该技术可以极大地降低数据中心的电能利用效率，是非常绿色环保的技术手段。

11. 热管背板冷却技术

热管背板冷却技术是利用工质相变实现热量快速传递的一项传热技术，该技术采用"自然冷源"或"自然冷源+强制制冷"的方式，通过小温差驱动热管系统内部工质形成自适应的动态气液相变循环，把数据中心内 IT 设备的热量带到室外，实现室内外无动力、自适应平衡的冷量传输。热管背板冷却技术可实现数据中心机柜级按需供冷和低能耗供冷，具有系统安全性高、空间利用率高、换热效率高、可扩展性强、末端 PUE 值低、可维护性好等特点。与传统精密空调系统相比，空调系统可节电约 30%。该产品采用自然冷源节能效果好，但受环境条件限制；采用自然冷源+强制冷源适用范围更广，但节能效果不及自然冷源。

第五章　中国绿色数据中心发展趋势分析

3. 可再生能源

虽然可再生能源具有间歇不稳定的特点，但是设计可再生能源驱动的数据中心除了可以降低数据中心的碳排放外还有许多其他的好处。例如，可再生能源发电是高度模块化的，可以逐渐增加发电容量来匹配负载的增长。如此，减小了数据中心因电力系统超额配置的损失，因为服务器负载需要很长一段时间才能增长到升级的配置容量。此外，可再生能源发电系统规划和建造的间隔时间（又称为筹建时间）要比传统的发电厂短很多，降低了投资和监管的风险。而且，可再生能源的价格和可用性相对平稳，使 IT 公司的长远规划变得简单。

第七章　报告建议

1. 推广数据中心绿色节能技术方案

重点评选绿色数据中心、绿色基站、绿色电源等相关的先进技术，对节能效果显著的微模块产品、液态制冷、冷热通道隔离、液冷服务器、自然冷却系统、高频模块化 UPS、分布式 HVDC、高送风地板、冷水机柜、三联供等产品进行重点推介，针对数据中心节能产业链条，规划出不同的节能技术选项和技术分类。统筹数据中心布局、服务器、空调等设备和管理软件应用，选址考虑能源和水源丰富的地区，利用自然冷源等降低能源消耗，选用高密度、高性能、低功耗主设备，积极稳妥引入虚拟化、云计算等新技术；优化机房的冷热气流布局，采用精确送风、热源快速冷却等措施，这些技术已经实践检验，属于节能效果显著、经济适用、有实施案例的成熟节能技术。

6. 完善绿色数据中心标准体系的建立和推广

数据中心是一整套复杂的设施，它不仅仅包括计算机系统（例如服务器、系统软件等）和其他与之配套的设备（例如通信和存储系统等），还包含冗余的数据通信连接、供配电及制冷设备、监控设备以及各种安全装置。

首先分析数据中心生命周期各阶段的标准化需求，跟踪和借鉴国际先进标准和评价方法，完善绿色数据标准体系及关键标准研制，发挥标准化工作对绿色数据中心建设重要支撑作用。加快绿色数据中心重点标准研制与推广。结合数据中心产业发展需求，加快绿色数据中心相关标准研制，推动国家标准在能源、生产制造、金融财税、公共机构等领域的应用；在已有评价标准的基础上，制定完善涵盖节能、节水、低碳、运维管理办法等绿色指标的评估和评价方法。加强国家标准、地方标准和团体标准等各类标准之间的衔接配套。积极参与绿色数据中心国际标准化工作。加强我国数据中心标准化组织与相关国际组织的交流合作。组织我国产学研用资源，加快国际标准提案的推进工作。支持相关单位参与国际标准化工作并承担相关职务，承办国际标准化活动，扩大国际影响。

针对当前数据中心节能标准不完善现状，尽快启动制定能耗等级、节能设计、节能运维等标准。提高对数据中心节能减排工作重要性紧迫性的认识、坚持把节能减排作为调结构转方式的重要抓手、抓好数据中心节能减排重大科技研发和推广应用、加强企业节能减排技术改造和重点领域节能减排、强化目标责任加强监督执法、综合运用市场法律标准手段推进节能减排等方面，研究并提出加强和改进工作的意见比较全面、针对性较强，采取的措施具体可行。出台以上标准的意义如下：

节能设计标准：通过对不同行业数据中心能耗和效率的研究和检测，得出当前的主要节能方法、当前能耗现状、未来节能发展趋势、节能的主要方向等，形成具有指导意义的数据中心绿色节能设计标准；能效等级标准；形成不同行业的数据中心能耗的采集平台，对比不同行业数据中心能耗现状和趋势，制定地方数据中心能耗等级认定标准，为市内数据中心提高能效提供有效参考，为数据中心节能降耗提供指标评价。

节能运维标准：建立数据中心能耗的检测标准流程，梳理当前国际和国内的主要检测方法，形成具有指导意义的通用数据中心节能运维标准，指导当前企业对已经运行的数据中心在正确、高效的运营下，取得较好的可靠性和节能性。

10.5.2 《数据中心间接蒸发冷却技术白皮书》

以间接蒸发冷却空调系统与数据中心传统空调系统的全年自然冷却时间为线索，进行全国各地区空气环境参数分析。

5.3.1 基于间接蒸发冷却技术空气环境参数对比分析

数据中心间接蒸发冷却空调采用风侧间接自然冷却技术，自然冷却时利用空气-空气换热器与室外空气换热，从而使机房送风温度达到要求。

1. 标准工况

数据中心设计规范要求机房送风温度区间为18~27℃，考虑空调送风温度精度等相关因素，将空调送风温度设定为25℃。如图10-7所示，间接蒸发冷却空调空-空换热器在湿工况下一般能达到70%的换热效率。

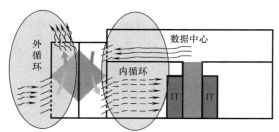

图10-7　间接蒸发冷却空调原理图

$$\eta_{\mathrm{IEC}} = \frac{t_1 - t_2}{t_1 - t_{1\mathrm{S}}} \times 100\% \qquad (10\text{-}1)$$

式中　η_{IEC}——间接蒸发冷却器的换热效率；

　　　t_1——间接蒸发冷却器室内侧回风温度（℃）；

　　　t_2——间接蒸发冷却器室外侧送风温度（℃）；

　　　$t_{1\mathrm{S}}$——室外空气湿球温度（℃）。

由式（10-1）可知在室外空气湿球温度小于等于 19.4℃ 时，空调可以完全利用室外的自然冷源，给数据中心机房降温。

2. 中国间接蒸发冷却自然冷却地图（该图略，请参见间接蒸发冷却白皮书）

该图根据中国各气象站典型年逐时气象参数统计，并通过空间插值，展示了全国各地区全年小于等于 19.4℃ 的时长在空间上的分布情况。

在中国东南部地区采用间接蒸发冷却空调，自然冷却时间一般小于 6000h，而在中国西北地区自然冷却时间能达到 8000h 以上，在部分地区甚至全年都处于自然冷却状态。

5.3.2　基于传统空调技术空气环境参数对比分析

数据中心传统空调技术采用水侧自然冷却，自然冷却时冷冻水通过板式换热器与冷却水换热，从而使冷冻水达到供水温度要求。

如图 10-8 所示，与间接蒸发冷却空调类似，采用传统空调，为提高自然冷却时间，机房末端精密空调采用 25℃ 送风，根据板换、冷却塔的换热温差以及离心冷机的最高冷冻水供水温度，当室外湿球温度小于等于 12℃ 时，传统空调可进入自然冷却状态。

中国水侧自然冷却地图（该图略，请参见间接蒸发冷却白皮书）。

该图根据中国各气象站典型年逐时气象参数统计，并通过空间插值，展示了全国各地区全年小于等于 12℃ 的时长在空间上的分布。

在中国东南部地区采用传统空调方案，自然冷却时间一般小于 4000h，在西北地区自然冷却时间能达到 6000h 以上。

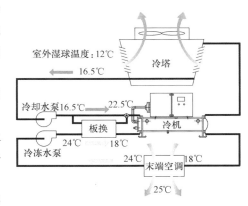

图 10-8　水侧间接自然冷却原理图

5.4　小结

中国东南部地区，间接蒸发冷却空调的自然冷却时间比传统空调水侧自然冷却的自然冷却时间全年大约多出 2000h。北京、天津、河北和山东等地区，间接蒸发冷却空调的自然冷却时间比传统空调的自然冷却时间多出 1000~2000h。中国西北部地区，间接蒸发冷却空调的自然冷却时间比传统空调的自然冷却时间大约多出 1000h。当送风温度降低，或送风温差减小，各自然冷却方式的自然冷却的全年冷却时间将减少。

8.2　辅助冷源的配比建议

8.2.1 按照 200kW 制冷量，50000m³/h 风量，温差换热效率 70% 计算，配比如下：

城市	送风温度/℃	回风温度/℃	补充制冷量占比
哈尔滨	23	35	54%
	25	38	41%
	28	40	25%
北京	23	35	76%
	25	38	62%
	28	40	47%
呼和浩特	23	35	69%
	25	38	55%
	28	40	40%
乌鲁木齐	23	35	21%
	25	38	11%
	28	40	0%
西安	23	35	69%
	25	38	55%
	28	40	40%
成都	23	35	73%
	25	38	59%
	28	40	43%
武汉	23	35	83%
	25	38	68%
	28	40	54%
上海	23	35	77%
	25	38	62%
	28	40	48%
广东	23	35	67%
	25	38	54%
	28	40	38%
贵阳	23	35	49%
	25	38	37%
	28	40	20%

8.2.2 按照 200kW 制冷量，50000m³/h 风量，温差换热效率 80% 计算，配比如下：

城市	送风温度/℃	回风温度/℃	补充制冷量占比
哈尔滨	23	35	47%
	25	38	33%
	28	40	14%
北京	23	35	73%
	25	38	56%
	28	40	39%
呼和浩特	23	35	65%
	25	38	49%
	28	40	31%
乌鲁木齐	23	35	10%
	25	38	0%
	28	40	0%
西安	23	35	65%
	25	38	49%
	28	40	31%

（续）

城市	送风温度/℃	回风温度/℃	补充制冷量占比
成都	23	35	69%
	25	38	53%
	28	40	35%
武汉	23	35	81%
	25	38	64%
	28	40	47%
上海	23	35	73%
	25	38	57%
	28	40	40%
广州	23	35	63%
	25	38	47%
	28	40	29%
贵阳	23	35	42%
	25	38	28%
	28	40	9%

说明：本表补充仅作参考。对于间接蒸发冷却产品采用 DX 形式作为补充冷却的，应以实际产品配置的压缩机容量为准。

10.5.3 《数据中心冷源系统技术白皮书》

本白皮书作为数据中心冷源系统技术的参考文献，适用于新建、改建和扩建的数据中心的设计、建设和运维管理。为降低数据中心能耗，提高冷源系统能效成为数据中心关键技术之一。在保证可靠性的前提下，数据中心应充分利用自然冷源和热回收等技术降低空调能耗和水资源的消耗，力争做到 PUE<1.4 和 WUE<2.5 的目标。

希望通过这本白皮书，能够让大家对数据中心冷源系统的组成、工作原理以及数据中心冷源应用的特殊性有一定的了解，为数据中心设计、建设和运维管理人员提供有益的帮助。

5.1.1　数据中心标准和可靠性等级

随着 IT 技术不断的创新和发展以及人民日益提高的物质文化需求，越来越多的企业逐渐意识到数据处理、存储和交换对企业的价值影响重大，数据已经逐渐成为企业最重要的资产，数据中心也处于快速发展的时期。数据中心的业务不同，功能要求也不同，其基础设施的架构也会有所区别，投资费用也有很大差别。所以，选择合适的数据中心功能，对数据中心建设的决策者意义重大。可靠性要求过高，会造成投资和运行费用偏高。可靠性要求过低，又可能无法满足业务需求，宕机事故会对企业造成较大的经济损失。

我国现行的国家标准《电子信息系统机房设计规范》（GB 50174）将数据中心分为 A、B、C 共三个级别，在国内数据中心设计中已经被广泛使用。

A 级数据中心的基础设施宜按容错系统配置，在电子信息系统运行期间，基础设施应在一次意外事故后或单系统设备维护或检修时仍能保证电子信息系统正常运行。

B 级数据中心的基础设施应按冗余要求配置，在电子信息系统运行期间，基础设施在冗余能力范围内，不应因设备故障而导致电子信息系统运行中断。

C 级数据中心的基础设施应按基本需求配置，在基础设施正常运行情况下，应保证电子信息系统运行不中断。

国内外对数据中心级别和功能的分类有很多种方式，综合来看，全球行业内普遍认可的有 UPTIME INSTITUTE 和美国通信工业协会（TIA）发布的分类方法。

UPTIME INSTITUTE 把数据中心分为 Tier Ⅰ、Tier Ⅱ、Tier Ⅲ、Tier Ⅳ 共四个级别，其对应的功能分别是"基本需求""主要设备冗余""在线维护"和"容错"。这种分类方法由 UPTIME INSTITUTE 率先提出，影响深远，数据中心的建设者和设计者对其认可程度都很高，在数据中心行业被广泛引用。在 UPTIME INSTITUTE 的白皮书中，对各种级别所能达到的功能和要求都做了严格的定义和描述，但没有提及各系统的设计细节，这也给数据中心从业者提供了更为广泛的空间和更宽阔的设计思路。

美国通信工业协会（TIA）发布的《ANSI/TIA—942，Telecommunications Infrastructure Standard for Data Centers》（数据中心的通信基础设施标准），也是国际上较为通用的以数据中心为对象的技术规范标准，其内容从通信、土建、电气、机械制冷等角度，也将数据中心分为四个级别，并对各个级别的数据中心做了一些详细要求和推荐做法，它提出了很多的设计理念、系统构架与技术指标，对数据中心工程建设具有很高的指导意义。

此外，还有一些其他分级方法，可以参考部分区域、国家、行业团体或企业的标准。这些标准都是数据中心建设定位、功能指标、设计技术、施工工艺、验收标准等的具体技术要求与体现。

5.1.2 不同级别的数据中心应采用不同的空调和制冷系统架构

传统空调系统是没有可靠性要求的，系统中的大多数设备都会根据气象条件或人员活动情况间歇运行，一般也会存在可以用做维护及大修的非运行时段，即使偶尔发生中断也不会造成太大的损失。而数据中心承载的电子信息业务对基础设施的可靠性是有要求的，数据中心一旦投入运营，空调系统往往数年不停，只能做局部的、冗余范围内的改造和维护。空调系统必须根据可靠性要求，预先规划出不同等级的架构，采取必要防范手段，以应对市电中断、设备故障、组件维护等事件对空调系统的影响。

数据中心内拥有多种功能的房间和区域，需要依靠空调和冷源设施实现散热，冷源系统一旦出现故障，造成制冷中断或制冷量不足，就会引起数据中心内安置的电子信息设备的进风温度攀升，引发服务器性能降低或发生故障，甚至引起宕机等重大事故。冷源设备及输配管路、阀门、附件等，应按业务的重要程度，采用不同的配置架构。

C 级机房的制冷与空调系统应满足最大散热需求。制冷与空调系统及其供配电、输配管路等设施发生故障或需要维护时，可以中断电子信息设备的运行。

C 级机房属于运行可以中断的数据中心，不宜承载特别重要的业务。其制冷与空调系统配置应满足正常运行的需要，容易受到有计划和非计划活动的影响，存在许多单点故障。在每年履行的预防性维护和维修期间，基础设施应该全部关闭。紧急情况可能要求频繁的关闭。有计划的运行维护、操作错误和现场基础设施组件自发的故障将导致数据中心的中断。

采用风冷直膨机房空调的冷却系统，需要配置满足需求的空调设备。

设有集中冷源的空调系统，冷源、空调设备、输配路径都可不设冗余，满足需求即可。

采用冷冻水系统的 C 级机房，制冷与空调系统架构可参考图 10-9 和图 10-10（仅为举例，并未列举所有方式，满足 C 级机房性能要求的制冷与空调架构也可采用其他方式）。

B 级机房的制冷与空调系统不得低于 C 级机房的配置，应设置冗余，在设备冗余能力范

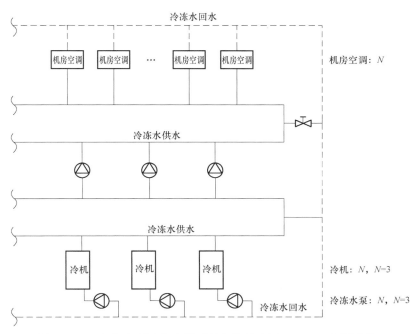

图 10-9　C 级机房制冷与空调系统架构示意图（一、二级泵系统）

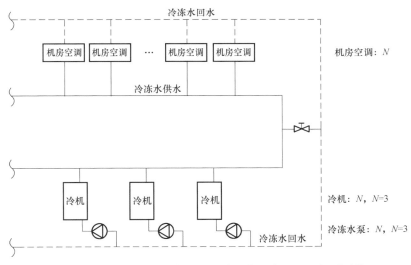

图 10-10　C 级机房制冷与空调系统架构示意图（一级泵系统）

围内，设备故障不会影响电子信息设备的正常运行。

　　制冷与空调设施的供配电、输配管路等装置故障或需要维护时，可以中断电子信息设备的运行。

　　B 级机房的制冷与空调系统配置会受到有计划和非计划活动的影响，但在冗余设备范围内，可以减少中断的可能性。B 级机房的空调系统通常只有一个单线的分配路径。维护输送路径和部分无冗余的组件时会引起数据中心的中断。

　　采用风冷直膨机房空调或风侧自然冷却机组时，每套空调都可以独立完成制冷功能，空调之间没有必须存在的联系，不会涉及供回水管路的问题。为满足 B 级机房的性能要求，需要配置冗余的空调设备。

设有集中冷源的空调系统，制冷与空调设备需要设置冗余，输配冷量的管段和阀门以及为其服务的供配电、自控等设施可不设冗余。

采用冷冻水系统的 B 级机房，制冷与空调系统架构可参考图 10-11 和图 10-12（仅为举例，并未穷举所有方式，满足 B 级机房性能要求的制冷与空调架构也可采用其他方式）。

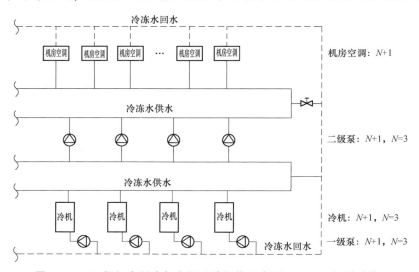

图 10-11　B 级机房制冷与空调系统架构示意图（一、二级泵系统）

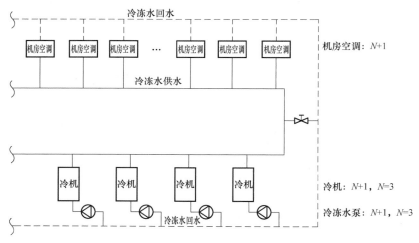

图 10-12　B 级机房制冷与空调系统架构示意图（一级泵系统）

A 级机房的制冷与空调系统不得低于 B 级机房的配置，且应符合下列规定：

1）数据中心制冷与空调设施应设置冗余，任一组件故障或维护时，不应影响电子信息设备的正常运行。

2）数据中心制冷与空调设施的供配电系统、输配管路应设置冗余，任一组件故障或维护时，不应影响电子信息设备的正常运行。

　　3）A 级机房的空调系统宜设置连续供冷设施。

　　4）数据中心需要分期部署时，应有技术措施避免新增设备和管路影响已有电子信息设备的正常运行。

　　这类数据中心的空调系统不应有单点故障，单一事件，不应对电子信息设备的运行产生影响。支持电子信息设备运行的空调系统的任一组件（包括空调系统自身，以及为其服务的冷源、供配电等系统）都可以从服务中拆除或测试，这种维护不会造成供冷中断或供冷不足，不会对电子信息设备的运行产生影响。这一功能可通过设备和分配路径的冗余来实现。维护期间则可能会降低数据中心的性能。

　　采用风冷直膨机房空调或风侧自然冷却机组时，每套空调都可以独立完成制冷功能，空调之间没有必须存在的联系，不会涉及供回水管路的问题。

　　设有集中冷源或水冷直膨机房空调的水系统，输配冷水的管段和阀门需要设置冗余，确保任一组件维护，不会引起供冷中断或制冷不足，不会导致电子信息设备的运行中断。

　　采用冷冻水系统的 A 级机房，其制冷与空调系统架构可参考图 10-13 和图 10-14（仅为举例，并未穷举所有方式，满足 A 级机房性能要求的制冷与空调架构也可采用其他方式）。图中所示管段和阀门的设置是为了满足数据中心性能等级的需要，维持制冷与空调系统正常操控的阀门并未全部显示。

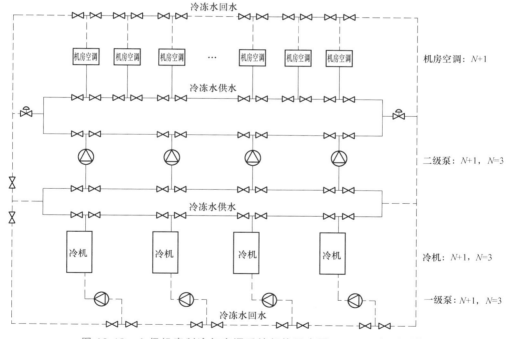

图 10-13　A 级机房制冷与空调系统架构示意图（一、二级泵系统）

　　某些特别重要的数据中心的冷源还会采用 2N 配置，实现数据中心的冷却功能，其系统架构可参考图 10-15。

　　数据中心的供电中断时，通常需要启动柴油发电机，冷机也会重新启动，逐渐恢复正常供冷。在这个过程中，如果没有连续供冷设施，就会导致制冷中断或冷量不足（不同产品，不同系统架构会影响中断时间的长短）。设置连续供冷设施，就是为了保证供电中断或其他

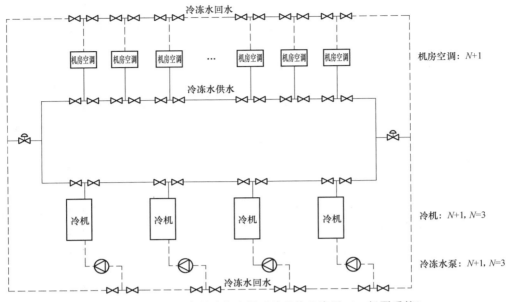

图 10-14　A 级机房制冷与空调系统架构示意图（一级泵系统）

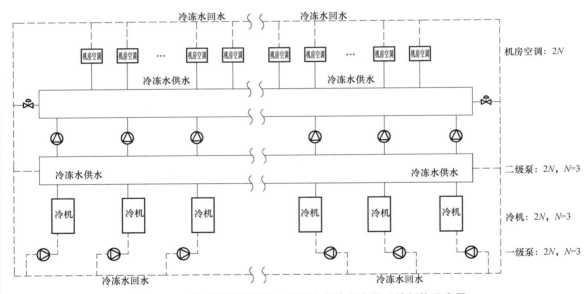

图 10-15　设有两套冷源的 A 级机房制冷与空调系统架构示意图

事故发生时，制冷不会中断。

采用冷冻水系统的数据中心，实现连续制冷的措施包括冷源系统设置蓄冷装置（通常蓄冷时间不小于不间断电源设备的供电时间），控制系统、末端冷冻水循环泵、空调末端风机由不间断电源供电。

风冷直膨机房空调采用不间断电源供电时，也可实现连续供冷。

设有蓄冷罐的 A 级机房的冷源系统，其系统架构可参考图 10-16（仅为举例，并未穷举所有方式，满足 A 级机房性能要求、设有蓄冷罐的冷源系统也可采用其他方式）。

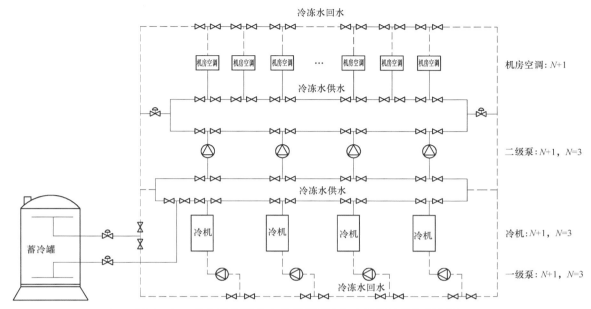

图 10-16　设有蓄冷罐的 A 级机房制冷与空调系统架构示意图

为 IT 机房及辅助区服务的通风系统、新风系统、加湿系统、给排水系统、排风系统、冷冻水的补水系统、冷冻站的排风系统、加药等水处理设施、冬季可以关闭的自然冷却装置，等等。这些机械设施的故障不会马上引起服务器的宕机或中断，但长期失去，则会对数据中心的运行、管理、安全防范、节能等造成不便。此类设施属于非关键设施，其配置原则应以满足需要，安全节能为主。

5.3.1　自然冷却方案

自然冷却技术方案根据应用冷源的方式又可以分为直接自然冷却和间接自然冷却。

直接自然冷却又称为新风自然冷却，直接利用室外低温冷风作为冷源引入室内，为数据中心提供免费的冷量。新风自然冷却节能有很多的优点：相对于间接自然冷却，新风自然冷却无须冷液作为媒介，无须水泵及室外风机的功耗，节能效果更佳显著。

间接自然冷却，利用循环液（水、制冷剂、乙二醇水溶液等）为媒介，用泵作为动力驱动循环液循环，将数据中心的热量带到室外。间接自然冷却应用解决方案主要有：

1）机房精密空调解决方案：带有自然冷却盘管的水冷型机房精密空调机组+干冷器等配件（DX 系统的自然冷却技术在节能白皮书中）。

2）风冷冷水机组解决方案：带有自然冷却盘管的风冷冷水机组+冷冻水型机房精密空调。

3）水冷冷水机组解决方案：利用冷却塔、板式换热器+冷冻水型机房精密空调。

风冷冷水机组的自然冷却可以通过两种方式实现，一种是整体式自然冷却风冷冷水机组，通过在风冷冷水主机冷凝器上增加自然冷却水盘管，实现低环境温度下的自然冷却，此系统专一内置 Free cooling 控制算法，三种制冷模式智能切换，完全无须人工干预。第二种是在水路系统上增加干冷器，实现冬季和过渡季节的节能运行。第二种配置灵活但需额外配置干冷器和水泵及自控系统。

10.5.4 《数据中心蒸发冷却冷水系统及高效空调末端集成技术白皮书》

第六章 蒸发冷却冷水系统工作原理及系统组成

数据中心蒸发冷却冷水系统主要包含蒸发冷却冷水系统和蒸发冷凝冷水系统,其原理都属于采用蒸发方式来获取冷冻水,只是其具体形式不同,本白皮书统称为"蒸发冷却冷水系统"。以下分别进行介绍。

6.1 蒸发冷却冷水系统

6.1.1 工作原理

数据中心蒸发冷却冷水系统是指以蒸发冷却冷水机组为全年主用冷源的数据中心空调系统,即机房的热量依靠水蒸发吸热带走。该系统应用时,常需要根据室外气候条件等因素,选用蒸发冷却新风机组(简称 MAU 机组)或压缩机制冷主机作为极端高温高湿时的应急备份冷源,来保证在夏季极端高温高湿天气时数据中心空调系统仍然安全、平稳运行。蒸发冷却冷水系统因应急备份的冷源形式或系统设计的不同,其运行原理和模式不同,如图 10-17 所示为一种典型的数据中心蒸发冷却冷水系统原理。

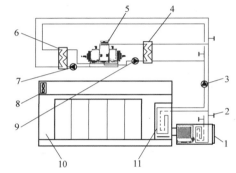

图 10-17 一种典型的数据中心蒸发冷却冷水系统原理

1—外冷式蒸发冷却 MAU 机组 2—自动控制阀
3—末端侧循环水泵 4—水-水板式换热器
5—蒸发冷却冷水机组 6—乙二醇-水板换
7—乙二醇循环泵 8—排风装置 9—冷源侧循
环水泵 10—数据机房 11—精密空调末端

在标准工况下,该系统蒸发冷却冷水机组产出的冷水通过水-水板式换热器传递给数据中心精密空调末端水系统,实现机房制冷需求;当数据中心位于严寒地区时,蒸发冷却冷水机组内常复合乙二醇干冷器,冬季温度较低时,为避免蒸发冷却冷水机组结冰,此时排空冷源侧的循环水,开启乙二醇循环泵和蒸发冷却冷水机组的风机带走机房热量,此时经自由冷却后的乙二醇溶液应通入乙醇-水板式换热器,吸收末端侧机房回水热量后再返回乙二醇自由冷却段,形成循环。当夏季极端高温高湿天气出现时,若备份冷源采用 MAU 机组,则此时开 MAU 机组和对应的排风装置,来实现机房制冷需求。但需注意的是,若选用外冷式蒸发冷却 MAU 机组,蒸发冷却冷水机组和 MAU 机组同时开启,为数据机房提供所需制冷量。通过阀门切换,将蒸发冷却冷水机组产出的本应供至机房精密空调末端的冷水切换到 MAU 机组的表冷器,对进入机房的新风进行预冷后,再经过直接蒸发冷却等焓加湿降温后送入机房,升温后的热湿空气通过排风机排出机房;若选用内冷式蒸发冷却 MAU 机组,蒸发冷却冷水机组关闭,MAU 机组开启,新风经过间接蒸发冷却等湿冷却后,再经过直接蒸发冷却等焓加湿降温后送入机房,升温后的热湿空气通过排风机排出机房。若备份冷源采用压缩式制冷主机时,根据系统配置,需要同时开启蒸发冷却冷水机组和压缩机制冷主机或单独开启压缩机制冷主机来满足机房制冷需要。

室外新风质量应做相关评估,以满足机房环境要求,不在本白皮书范畴。

6.1.2 系统组成

蒸发冷却冷水系统主要由蒸发冷却冷水机组、MAU 机组或压缩式制冷主机、室内精密空调末端、输配水系统和控制系统组成,如图 10-18 所示。

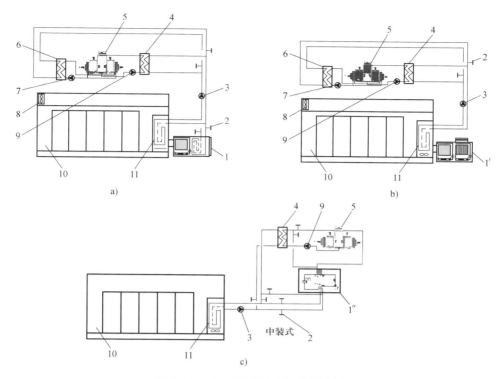

图 10-18　蒸发冷却冷水系统示意图

a）外冷式蒸发冷却新风机组作为极端天气备份冷源的蒸发冷却冷水系统
b）内冷式蒸发冷却新风机组作为极端天气备份冷源的蒸发冷却冷水系统
c）压缩式制冷主机作为极端天气备份冷源的蒸发冷却冷水系统

1—外冷式蒸发冷却 MAU 机组　1′—内冷式蒸发冷却 MAU 机组　1″—压缩式制冷主机　2—自动控制阀
3—末端侧循环水泵　4—水-水板式换热器　5—蒸发冷却冷水机组　6—乙二醇-水板式换热器
7—乙二醇循环泵　8—排风装置　9—冷源侧循环水泵　10—数据机房　11—精密空调末端

6.2　蒸发冷凝冷水系统

6.2.1　工作原理

蒸发冷凝技术是指蒸气压缩循环制冷系统中采用蒸发式冷凝器的技术，该冷凝器通过喷淋装置直接与冷却水接触，并且利用空气强制循环和喷淋冷却水的蒸发来将制冷剂的冷凝热带走。相比于干式空冷冷凝器，蒸发冷凝器的散热性能受环境湿球温度与管内工质温差影响，而不是环境干球温度与管内工质的温差，因此工质的冷凝温度会更低，机组整体能效更高。与直接蒸发冷却和间接蒸发冷却相比，由于冷凝器内工质经过压缩机压缩升温，在极端高温工况下也能散热并通过蒸气压缩循环为给水系统提供冷量。空气经过蒸发冷凝器的过程为增焓加湿过程，直接或间接蒸发冷却为等焓加湿过程，如图 10-19 所示。

6.2.2　系统组成

蒸发冷凝系统主要由蒸发冷凝器、布水装置、喷淋水循环装置、脱水装置、冷凝风机和填料等组成。

其中核心设备为蒸发冷凝器，主要分三种结构形式，包括管式、板式、管板式蒸发冷凝器。管式蒸发冷凝器采用防腐处理的金属管或不锈钢管折弯成型，中间没有焊点，制作工艺简单；板式蒸发冷凝器由两片特定形状的金属板焊接在一起，金属板与喷淋水接触的表面采

265

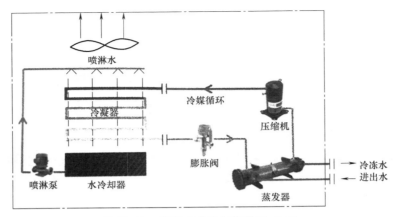

图 10-19　蒸发式冷凝工作原理（二）

用防腐处理，板式蒸发冷凝器换热面积较大，水膜分布均匀，换热性能优异，但是由于表面有多个焊点，存在腐蚀风险，金属板也需要更大厚度来保证焊接质量和系统运行可靠性，因此成本更高，工艺更复杂；管板式蒸发冷凝器由蛇形管及金属薄板组成，蛇形管内部为制冷剂，金属薄板包裹蛇形管，增大散热面积，防止喷淋水与蛇形管接触，同时也便于清洗水垢，但由于金属薄板与蛇形管之间存在缝隙，会增大热阻，因此也有厂家直接采用金属薄板安装在蛇形管的管与管之间，这样增加了水膜的表面积，加强了水膜蒸发散热，也减少了工艺的难度。

　　冷凝风机的风量和喷淋水循环水量需要经过合适的理论计算或试验来选择，风量过大会破坏水膜，蒸发冷凝器表面出现更多干点，同时造成漂水现象，增加系统运行成本；风量过小会间接增大蒸发冷凝器设计尺寸，增加系统初投资；水量过大，水膜厚度增加导致换热热阻增加；水量过小蒸发冷凝器表面也容易出现干点。

　　填料通过降低喷淋水的水温可以减少水垢的形成，并通过喷淋水的显热带走蒸发冷凝器的一部分热量，可以缩减蒸发冷凝器的尺寸，减少成本。

6.2.3　高温冷冻水

　　高温冷冻水能够提高蒸气压缩循环制冷系统的蒸发温度，进而提高系统的能效比，以300kW制冷量的螺杆式蒸发冷凝冷水主机为例，不同的冷冻水回水温度对应系统能效比如下表和图10-20。

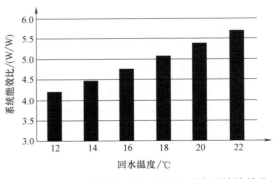

图 10-20　不同的冷冻水回水温度对应系统能效比

回水温度/℃	12	14	16	18	20	22
系统能效比/（W/W）	4.2	4.49	4.78	5.09	5.39	5.7

　　即冷冻水温度每提高1℃，系统节能2%~4%。

6.2.4　低冷凝温度

　　蒸发冷凝系统：随着环境湿球温度降低，系统的冷凝温度会降低，能效比会逐渐升高。以300kW制冷量的螺杆式蒸发冷凝冷水主机为例，不同的冷凝温度对应系统能效比如下表和图 10-21。

冷凝温度/℃	37	39	41	43	45	47
系统能效比/(W/W)	5.43	5.21	4.97	4.72	4.48	4.24

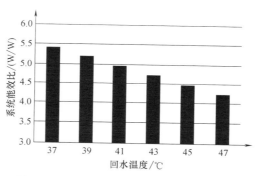

图 10-21　不同的冷凝温度对应系统能效比

即冷凝温度每降低 1℃，系统节能 2%～3%。

需要注意的是以上是环境湿球温度变化导致的冷凝温度变化，通常设计中降低冷凝温度的方式是增大蒸发冷凝器的尺寸，但同时冷凝风机和冷却水泵功率也会提高，设计方案时需要综合考虑系统成本和节能需求。

6.2.5　带自然冷却蒸发冷凝冷水系统

带自然冷却蒸发冷凝冷水系统是在常规蒸发冷凝系统中集成自然冷却模块，自然冷却模块主体部分为干式空冷换热器，通过三通阀或者板式换热器等装置与蒸发冷凝系统中的蒸发器串联在输配水系统之中，如图 10-22、图 10-23 所示。其中在全年环境温度都高于 0℃的地区一般采用三通阀，自然冷却模块工质为水，其他地区则采用板式换热器，工质采用凝固点

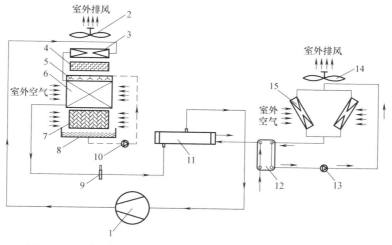

图 10-22　采用板式换热器的带自然冷却蒸发冷凝冷水系统原理

1—压缩机　2—冷凝风机　3—预冷器　4—脱水装置　5—水分配系统　6—蒸发式冷凝器
7—填料　8—循环水箱　9—节流装置　10—循环水泵　11—蒸发器
12—乙二醇-水板式换热器　13—乙二醇泵　14—自然冷却风机　15—自然冷却盘管

低于0℃的载冷剂（如乙二醇）。该系统有三种运行模式，包括高温工况时运行蒸气压缩制冷模式、过渡季节时运行混合制冷模式、低温工况时运行完全自然冷却模式。

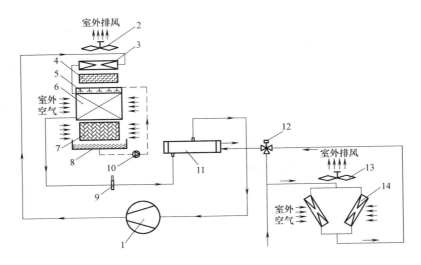

图 10-23　采用三通阀的带自然冷却蒸发冷凝冷水系统原理

1—压缩机　2—冷凝风机　3—预冷器　4—脱水装置　5—水分配系统　6—蒸发式冷凝器　7—填料
8—循环水箱　9—节流装置　10—循环水泵　11—蒸发器　12—三通阀　13—自然冷却风机　15—自然冷却盘管

7.1.8　新型机房显热末端单元

当夏季极端高温高湿时，蒸发冷却冷水机组提供的冷量不满足机房制冷需求，此时可采用蒸发冷却空调新风机组作为辅助和备份冷源，蒸发冷却新风机组与机房专用高温冷冻水空调机组结合而成为新型机房显热末端单元，如图 10-24 所示，二者共用一套 EC 风机，机房专用高温冷冻水末端置于室内，间接蒸发冷却 MAU 机组置于室外，通过墙体开洞，将两个独立的机组连接，形成一个可以实现全回风运行、全新风运行、新回风混合运行的新型机房显热末端单元。若采用压缩式制冷主机作为辅助冷源，则机房精密空调末端仍为传统的机房专用高温冷冻水空调机组，根据项目实际情况，蒸发冷却 MAU 机组可选外冷式或内冷式机组。

图 10-24　新型机房显热末端单元

参 考 文 献

［1］　黄群骥. 数据中心国家标准建设［J］. 智能建筑，2019（1）：30-33.

［2］　万积清，谯崤，马金平.《数据中心和通信机房用制冷剂泵—压缩机双循环单元式空气调节机》标准制定解读［J］. 制冷与空调，2018，18（11）：79-82.

［3］　安真《数据中心制冷与空调设计标准》（T/CECS 487—2017）解读［J］. 工程建设标准化，2017（12）：26-28.

［4］　钟景华《数据中心等级评定标准》（T/CECS 488—2017）解读［J］. 工程建设标准化，2017（12）：29-30.

［5］　殷平. 数据中心研究（3）：标准分析比较［J］. 暖通空调，2017，47（1）：11-19.

［6］　殷平. 数据中心研究（2）：标准［J］. 暖通空调，2016，46（12）：61-73，108.

［7］　朱滨，吴晓晖，聂志华. 数据中心空调系统国内外设计标准的分析和探讨［J］. 智能建筑与城市信息，2015（09）：86-88.

［8］　钟景华. 国家标准《数据中心设计规范》解读［J］. 工程建设标准化，2015（6）：39-41.

［9］　王延松. 数据中心标准制定研究进展综述［J］. 电子质量，2015（03）：49-53，56.

［10］　黄锴. 美国数据中心标准 ANSI/BICSI 的基础设施可用性类别综述［J］. 智能建筑与城市信息，2014（2）：27-30.

［11］　徐珣，印骏. 数据中心设计标准 TIA—942 解读［J］. 建筑电气，2009，28（11）：17-19.

［12］　数据中心设计的标准依据——全面介绍 TIA/EIA—942 数据中心标准［J］. 智能建筑与城市信息，2006（6）：54，56-57.

国家绿色数据中心先进适用技术产品目录（2020）高效制冷/冷却技术产品

序号	名称	适用范围	技术原理	主要节能减排指标	应用实例	备注
1	蒸发冷却式冷水机组	新建数据中心/在用数据中心改造	蒸发冷却和闭式冷却水塔相结合的方式，充分利用空气流动及水的蒸发热冷却压缩机制冷剂，实现对自然冷源的充分利用	1. 能效比（COP）：≥15 2. 与传统的水冷式冷水机组相比，可以节电15%以上，节水50%以上 3. 与风冷式冷水机组相比，节能35%以上	某数据中心：节能量：104MW·h；节水量：40824m³；补水量：0.8m³/h	不适用于：缺水场合、相对湿度较大地区
2	磁悬浮变频离心式冷水机组	新建数据中心	磁悬浮压缩机采用电动机直接驱动转子，电子转轴和叶轮组件通过数字控制的磁轴承在旋转过程中悬浮运转，在不产生磨损且完全无油运行情况下实现制冷功能	与常规离心机组及螺杆机组相比，空调系统可节电10%~15%	某数据中心：季节综合COP可高于14，运行费用约为传统冷水机组的47.6%	
3	变频离心式冷水机组	新建数据中心	针对数据中心空调系统需求，依据数据中心高温出水工况优化设计，结合数字变频技术，可实现较高的COP及IPLV	与普通、定频离心式冷水机组相比，可节电约20%	某数据中心：总建筑面积6万m²。总装机容量约3万kW。全年综合效率提升65%，节能40%以上，年节电量约900万kW·h	在严寒地区使用可能导致产品性能衰减
4	集成自然冷却功能的风冷螺杆冷水机组	新建数据中心/在用数据中心改造	风冷螺杆冷水机组集成自然冷却功能，具有压缩机制冷、完全自然冷却制冷、压缩机制冷+自然冷却制冷三种运行方式	1. 综合能效：大于6.0 2. 与常规风冷螺杆冷水机组相比，节能36%以上	某数据中心：安装自然冷却风冷全封闭螺杆冷水机组4台（3用1备），年节省电力约200万kW·h	
5	节能节水型冷却塔	新建数据中心/在用数据中心改造	在传统横流式冷却塔的基础上，应用低气水比技术路线，降低冷却塔耗能比，同时减少漂水	1. 热力性能：≥100% 2. 耗电比：≤0.030kW/(h·m³) 3. 漂水率：0.000092%	某数据中心冷却水流量3200m³/h，每年节省用电26.1万kW·h，节约用水约1.1万t	缺水地区不适宜使用

（续）

序号	名称	适用范围	技术原理	主要节能减排指标	应用实例	备注
6	氟泵多联循环自然冷却技术及机组	新建数据中心/在用数据中心改造	低温季节,压缩机停止运行,制冷剂通过制冷剂泵在室外和室内进行循环,将冷量带入室内;过渡季节压缩机与制冷剂泵一起使用,最大限度地利用自然冷源;在高温季节,开启压缩机制冷模式		某数据中心:总制冷量70kW,相对于传统风冷型机房空调满负荷运行下节电达36.6%以上	适用于全年气温有较多时间低于15℃的地区
7	间接蒸发冷却技术及机组	新建数据中心	利用湿球温度低于干球温度的原理,通过非直接接触式换热器将通过加湿预冷的室外空气的冷量传递给数据中心内部较高温度的回风,实现风冷和蒸发冷却相结合,从自然环境中获取冷量的目的	年综合能效比可大于15	某数据中心:建设规模:占地2000m²;机柜数量480个;节能量:28%;节水量:60%	
8	风墙新风冷却技术	新建数据中心	将室外自然新风经过处理以后引入机房内,对设备进行冷却降温	与传统精密空调系统相比,系统可节电约60%	北方某数据中心:建设容量10万台服务器。充分利用自然冷源,配合高效供电系统,可实现PUE低至1.1	适用于空气质量相对较好的区域
9	模块化集成冷源站	新建数据中心	以集装箱为载体,将冷水机组、冷却水泵和冷冻水泵等系统进行集成,通过工厂预制的方式,做成不同冷量的模块化集成冷源站。各冷源站模块之间相互独立,可以实现灵活部署	1. PUE值可降低至1.24 2. 整体能效运行效率可达0.65kW/Ton	某高性能计算中心:采用模块化集成冷源站冷站2套,制冷量130RT,节能约50%	
10	模块化机房空调	新建数据中心/在用数据中心改造	采用多维度回风换热技术、模块化组合技术、匹配负荷动态变化控制技术,实现机组噪声降低、风机数量减少,提升能效	1. 全年能效比(AEER):4.48 2. 机组占地面积减小10%	广东某数据中心:采用30~100kW冷量机房空调83台。运行可节省电量288.5万 kW·h	强磁场、高盐碱、高酸性以及电压极不稳定场合不适宜使用;海拔超1000m需降级使用

（续）

序号	名称	适用范围	技术原理	主要节能减排指标	应用实例	备注
11	直流变频行级/列间空调	新建数据中心/在用数据中心改造	空调部署在机柜排中,紧靠热源安装,动态匹配数据中心负载需求,是中高密度数据中心的一种高效散热方案。该技术采用永磁同步变频压缩机、EC直流无刷风机、电子膨胀阀等关键节能器件,实现低载高效;行级应用可以实现接近100%的显热比,节省了湿负荷对能源的浪费	与传统方案相比,部分低负载条件下相比传统定频房间级空调可节电约55%	某数据中心:采用直流变频行级空调技术。与传统房间级下送风方案相比,部分负载可实现节电率约55%	
12	制冷系统智能控制系统	新建数据中心/在用数据中心改造	通过各类数字技术采集制冷系统各部分运行参数,利用智能技术对数据进行分析诊断,结合制冷需求给出最优控制算法,使制冷系统综合能效最高	系统节能率15%~50%	某数据中心:建筑面积:20000m²;机柜数量:1500个;年节约用电量:275万kW·h	
13	精密空调调速节能控制柜	在用数据中心改造	在精密空调压缩机、室内风机供电前端增加节能控制柜,节能控制柜采集室内的温度信号,根据蒸气压缩式制冷理论循环热力计算结果输出相应控制信号控制压缩机、室内风机工作频率,进而达到降低能耗的目的	精密空调应用后: 1. 整体(包括压缩机和风机)年节能率可达30% 2. 空调实际制冷效率可提升到3.36以上	某数据中心:额定制冷量1MW,共安装10台空调节能控制柜。改造后日均节能量1331.2kW·h,节能率21.6%	适用于直膨式定频空调;不适用于冷冻水型空调及变频空调
14	空调室外机雾化冷却节能技术	新建数据中心/在用数据中心改造	雾化器将水雾挥洒并覆盖在空调冷凝器进风侧的平行面,通过水雾的蒸发冷却降低冷凝器进风侧空气的温度,并实现智能控制	与传统风冷式精密空调相比,可节电12%~25%	某数据中心:安装268套空调雾化节能冷却技术设备。节能率约16.93%,年节电量约93万kW·h	需要关注水质和翅片腐蚀以及冬季水管防冻问题
15	风冷空调室外机湿膜冷却节能技术	新建数据中心/在用数据中心改造	在风冷空调(或热管)的室外冷凝器进风口增加一个湿膜过滤装置,空气经过湿膜时,通过湿膜中的水蒸发冷却降低冷凝器的进风温度	室外机冷凝器的冷凝温度每降低1℃: 1. 相应主机电流会降低2% 2. 产冷量提高1% 3. 综合计算可节能3%	某数据中心:项目规模:55台机房精密空调室外机节能改造;节能率:≥3%	一般要求室外干球温度≥10℃,且干湿球温差≥2℃

（续）

序号	名称	适用范围	技术原理	主要节能减排指标	应用实例	备注
16	热管冷却技术及空调	新建数据中心	通过小温差驱动热管系统内部工质形成自适应的动态气液相变循环，把数据中心内IT设备的热量带到室外，实现室内外无动力、自适应平衡的冷量传输。具体实现有热管背板、热管列间空调等形式，具有系统安全性高、空间利用率高、换热效率高、可扩展性强、末端PUE值低、可维护性好等特点	与传统空调系统相比，可节电约30%	某数据中心：机柜数量约3000台。采用热管冷却技术可实现年节电量约7000kW·h/机柜	1. 采用自然冷源节能效果好，但受环境条件限制 2. 采用重力式热管空调，要求DCU底部距机组顶部距离大于1m，且不得有回环管路
17	复合冷源热管冷却技术及空调	新建数据中心/在用数据中心改造	在热管冷却技术基础上，冷源端集成强制风冷、蒸发冷却、氟泵、压缩机等制冷方式，以进一步增强热管技术的适用性和节能性	年综合能效比（COP）>6.0	某数据中心：机房建设面积500m²，机架数104架，节能量92万kW·h/年	需保障热管系统利用重力循环驱动所需高度差
18	无机相变储能材料蓄冷技术	新建数据中心/在用数据中心改造	利用相变潜热远高于显热的特点被动存储和释放能量	1. 使用周期：≥10年 2. 相变温度1~40℃ 3. 可以通过并联的方式，形成超过2000kW的备冷能力；无须热备或管路开关的切换，零秒启动	某数据中心：2015年12月建设，年节电28908kW·h	
19	水蓄冷技术	新建数据中心/在用数据中心改造	利用数据中心峰谷电价差，在夜间电价低谷时段启动备用主机给蓄冷设备蓄冷，白天电价高峰时段释冷。当发生停电事故时，蓄冷设备切换为释冷模式，与二次循环泵，循环水管路及末端空调机组成应急冷系统为数据机房供冷	1. 蓄冷密度：7~11.6kW/m³ 2. 放冷速度、大小可依需冷负荷而定 3. 可即需即供，无时间延迟	某数据中心：空调冷负荷为21500kW。在室外设水蓄冷罐，体积约5000m³，夜间利用电谷价蓄冷，白天电峰价时放冷。蓄冷罐可同时满足连续供冷和冷却水蓄水要求。整个系统PUE能达到1.5以内	
20	水平送风AHU冷却技术	新建数据中心	将空调设备机房与数据中心机房同层设置，冷却空气通过中间隔墙直接送入机房对服务器进行冷却。通过改变空气流动方向，减少约50%的气流转向，降低空气流动阻力，减少了风机电能消耗，并可取消架空地板设置	与传统精密空调相比，可节电约20%	某数据中心：约600台机架采用水平送风AHU技术，PUE为1.21	

（续）

序号	名称	适用范围	技术原理	主要节能减排指标	应用实例	备注
21	全密闭动态均衡送风供冷节能技术	在用数据中心改造	在机柜前后门全密闭冷热隔离供冷的基础上，机柜内垂直方向保持恒压，水平方向分上、中、下三个区域分别通过控制模型计算控制送风和回风，通过末端冷量需求精准控制前端冷源供给量，实现区域差异化动态均衡送风供冷	与简单冷热通道隔离相比，空调系统可节电35%～40%	某数据中心：采用8套全密闭动态均衡送风供冷节能单元（16个42U机架），IT设备设计总功率为60kW。可实现节电率约35%，年节电量约24万kW·h	
22	顶置自然对流零功耗冷却技术	新建数据中心/在用数据中心改造	顶置冷却单元OCU由表冷器以及辅助结构件构成，表冷器布置在服务器机柜上方，利用热压效应实现自然对流冷却。并通过动态冷却控制方案，实现冷量按IT设备所需进行供给	顶置冷却单元OCU采用无风扇冷却设计，无机械运动部件，实现空调末端"零功耗"	某数据中心：1. 规模：约1800个8.8kW服务器机柜；2. 节能量：对比传统精密空调方案，IT负荷平均约4000kW，PUE降低约0.1	要求机房层高不低于4.5m
23	机柜/热通道气流自适应优化技术	新建数据中心/在用数据中心改造	以计算机控制技术为基础对服务器机柜或封闭热通道内的温度，压力等进行测量，控制风机的运行，优化气流组织，使服务器在任何负荷都能在适当温度的状况下正常工作	与普通冷热通道方式相比，可提高空调出风口温度3～5℃，节省能源15%～20%，提升机房机柜密度50%～100%	某数据中心：改造后IT设备的总功率由原来的139.6kW，增加到405kW（未增加机房空调，5备1用）	
24	节能高效通风冷却系统	新建数据中心/在用数据中心改造	通过叶片及叶轮基于空气动力学的优化，以及高效电机、智能调整转速技术的应用，使风机实现节能降噪，并可根据制冷量需求实现智能控制转速	1. 通风机效率高于国家1级能效 2. 比A声级≤35.0dB	某数据中心：项目配套节能高效轴流风机，降低能耗30%以上	适应环境－40～80℃，湿度不限
25	一体式智能变频泵	新建数据中心/在用数据中心改造	通过对变频器的二次开发，内置水泵特性曲线，实现根据负荷变化自动调节水泵频率	1. 频率变化范围15～60Hz 2. 节能（电机功耗减少）70%以上	某数据中心：实际流量为设计流量的54%时，实际功耗为设计功耗的36%，满足ASHRAE的节能要求	

（续）

序号	名称	适用范围	技术原理	主要节能减排指标	应用实例	备注
26	数据中心液/气双通道冷却技术	新建数据中心	根据数据中心服务器的热场特征，采用液/气双通道制冷路线:高热流密度元器件(例如CPU)采用"接触式"液冷通道制冷;低热流密度元器件(例如主板等)采用"非接触式"气冷通道散热	1. 数据中心PUE:≤1.2 2. 服务器CPU满负荷条件下工作温度:低于60℃ 3. 单机架装机容量:≥25kW	某数据中心:采用14台液冷系统业务机架，装机容量93kW。项目节能量约每年134t标准煤	
27	数据中心用单相浸没式液冷技术	新建数据中心/在用数据中心改造	将IT设备完全浸没在冷却液中，通过冷却液循环进行直接散热，无须风扇	1. 制冷/供电负载系数(CLF)为0.05~0.1 2. 可实现静音数据中心	某数据中心:应用80kW产品共三组，IT设备运行平均负载33kW。PUE累计值1.1	
28	冷板式液冷服务器散热系统	新建数据中心/在用数据中心改造	由CDM中输出制冷剂，由竖直分液器送入机箱，由水平分液器送入服务器中。通过液冷板等高效热传导部件，将被冷却对象的热量传递到冷媒中	1. 风扇功耗降低60%~70%，空调系统降低80%(北方地区) 2. PUE值低于1.2	某数据中心:机房总功率超过700kW，主要设备包括36个机柜、18台液冷分配模块等。实测平均PUE为1.17	
29	R-550制冷剂	新建数据中心/在用数据中心改造	四元混合制冷剂，凝固点低，蒸发潜热大，单位时间内降温速度快	1. 节能率达到25%~35% 2. 在大气中生存年限0~3年，温室效应指数为0~3，不破坏臭氧层，也不会造成温室效应	某数据中心:节能改造后平均节能率28%	原HBR-22A制冷剂
30	氟化冷却液	新建数据中心/在用数据中心改造	可广泛实现物质兼容，具有良好的介电常数和强度，可实现电性能绝缘性，具有完备的毒性数据、完善的职业接触指导，可用于浸没液冷系统对IT设备进行冷却	1. 产品沸点可选范围34~174℃ 2. 不含nPB、HAP、三氯乙烯和全氯乙烯等受限物质及26种电子设备常见的有害物质 3. 臭氧消耗潜能值(ODP)为零	某数据中心:服务器总功率约为2000kW，PUE约为1.07	
31	湿膜加(除)湿机	新建数据中心/在用数据中心改造	加湿方式为:输送机房相对干燥、高温的空气通过湿膜加湿、降温。除湿方式为:输送机房相对湿润的空气通过冷凝器液化除湿。智能控制器实现对湿度的控制。并对水进行循环利用	相比常规红外恒湿机、电极恒湿机，节能率80%以上	某数据中心:应用湿膜加(除)湿机(10kg/h加湿量)4台，项目年节能量6.36万kW·h	

（续）

序号	名称	适用范围	技术原理	主要节能减排指标	应用实例	备注
32	自加湿机房精密空调	新建数据中心/在用数据中心改造	根据环境湿度,控制布水器将净水从精密空调蒸发器(或表冷器)的翅片顶部均匀流下,在翅片表面形成水膜。不饱和空气从翅片间穿过时,达到加湿效果。此外还具备飘水监测功能、冲洗功能	相比同等加湿量的电极式加湿器,加湿所需能耗仅为其 1.1%	某数据中心：采用加湿量为 5kg/h 的自加湿精密空调 3 台,年节约电能约 6000kW·h	